Funktionsbegriff und Unsicherheit
in der Ökologie

Theorie in der Ökologie

Herausgegeben von Broder Breckling

Band 2

PETER LANG
Frankfurt am Main · Berlin · Bern · Bruxelles · New York · Oxford · Wien

Kurt Jax (Hrsg.)

Funktionsbegriff und Unsicherheit in der Ökologie

Beiträge zu einer Tagung des Arbeitskreises „Theorie" in der Gesellschaft für Ökologie vom 10.-12. März 1999 im Heinrich-Fabri-Institut der Universität Tübingen in Blaubeuren

PETER LANG
Europäischer Verlag der Wissenschaften

Die Deutsche Bibliothek - CIP-Einheitsaufnahme

Funktionsbegriff und Unsicherheit in der Ökologie : Beiträge zu einer
Tagung des Arbeitskreises "Theorie" in der Gesellschaft für Ökologie
vom 10. bis 12. März 1999 im Heinrich-Fabri-Institut der Universität
Tübingen in Blaubeuren / Kurt Jax (Hrsg.). - Frankfurt am Main ; Berlin ;
Bern ;
Bruxelles ; New York ; Oxford ; Wien : Lang, 2000
   (Theorie in der Ökologie ; Bd. 2)
   ISBN 3-631-37238-8

Mit Unterstützung der
Stiftung
Landesbank Baden-Württemberg

LB≡BW

ISSN 1615-374X
ISBN 3-631-37238-8
© Peter Lang GmbH
Europäischer Verlag der Wissenschaften
Frankfurt am Main 2000
Alle Rechte vorbehalten.

Das Werk einschließlich aller seiner Teile ist urheberrechtlich
geschützt. Jede Verwertung außerhalb der engen Grenzen des
Urheberrechtsgesetzes ist ohne Zustimmung des Verlages
unzulässig und strafbar. Das gilt insbesondere für
Vervielfältigungen, Übersetzungen, Mikroverfilmungen und die
Einspeicherung und Verarbeitung in elektronischen Systemen.

DIE AUTORINNEN UND AUTOREN DES BANDES

Jan Barkmann (Kiel)	Ökologiezentrum der Christian Albrechts Universität zu Kiel, Schauenburger Str. 112, 24118 Kiel
Prof. Dr. Carl Beierkuhnlein (Rostock)	Institut für Landschaftsplanung und Landschaftsökologie, Universität Rostock, Justus von Liebig Weg 6, 18051 Rostock
PD Dr. Broder Breckling (Kiel)	Universität Bremen, Zentrum für Umweltforschung und Umwelttechnologie (UFT), Abt. 10, Postfach 33 04 40, 28334 Bremen
Dr. Thomas Clemen (Sindelfingen)	HP Consulting Germany, Posener Str. 1, 71065 Sindelfingen
Prof. Dr. Juliane Filser (Bremen)	Universität Bremen, FB 2, Zentrum für Umweltforschung und Umwelttechnologie (UFT), Abt. 10 (Ökologie), 28334 Bremen
Prof. Dr. Rolf Grützner (Rostock)	Universität Rostock, FB Informatik, Albert-Einstein-Str. 21, 18059 Rostock
PD Dr. Heidrun Hesse (Heidelberg)	Dossenheimer Landstraße 96, 69121 Heidelberg
Dr. Jochen Jaeger (Stuttgart)	Akademie für Technikfolgenabschätzung, Industriestr. 5, 70565 Stuttgart
PD Dr. Kurt Jax (Tübingen)	Interfakultäres Zentrum für Ethik in den Wissenschaften, Eberhard-Karls-Universität Tübingen, Keplerstr. 17, 72074 Tübingen
Karin Lehniger (Kiel)	Ökologiezentrum der Christian Albrechts Universität zu Kiel, Schauenburger Str. 112, 24118 Kiel
Ulrike Meyer (Kiel)	Ökologiezentrum der Christian Albrechts Universität zu Kiel, Schauenburger Str. 112, 24118 Kiel
Dr. Thomas Potthast (Berlin)	Max-Planck-Institut für Wissenschaftsgeschichte, Wilhelmstr. 44, 10117 Berlin
Anja Schulte (Köln)	Botanisches Institut, Universität zu Köln, Gyrhofstr. 15, 50931 Köln
Magadalena Steiner (Kiel)	Ökologiezentrum der Christian Albrechts Universität zu Kiel, Schauenburger Str. 112, 24118 Kiel
PD Dr. Hubert Wiggering (Wiesbaden)	Geschäftsstelle des Rats von Sachverständigen für Umweltfragen, 65180 Wiesbaden
Frank Wittmer (Tübingen)	Interfakultäres Zentrum für Ethik in den Wissenschaften, Eberhard-Karls-Universität Tübingen, Keplerstr. 17, 72074 Tübingen

INHALTSVERZEICHNIS

Jax, Kurt
Einführung 1

Jax, Kurt:
Verschiedene Verständnisse des Funktionsbegriffs in den Umweltwissenschaften 7

Hesse, Heidrun:
Vom Zweck zur Funktion – Hinweise aus wissenschaftsphilosophischer Sicht 19

Filser, Juliane:
Redundanz von Arten, funktionellen Gruppen und
ganzen Nahrungsnetzen in Abhängigkeit von äußeren Bedingungen:
Definitions- und Verständnisproblematik am Beispiel von Bodenorganismen 31

Beierkuhnlein, Carl und Schulte, Anja:
Plant Functional Types: Einschränkungen und Möglichkeiten
funktionaler Klassifikationsansätze in der Vegetationsökologie 45

Potthast, Thomas:
Funktionssicherung und/oder Aufbruch ins Ungewisse? Anmerkungen zum Prozeßschutz 65

Wittmer, Frank:
Diskussionsanstoß: Was ist ein „natürlicher Prozess"? 83

Steiner, Magdalena und Wiggering, Hubert:
Normativer Gehalt in den Konzepten „Ecosystem Health"
und „Ecosystem Integrity" und ihre Verwendung des Funktionsbegriffs 87

Breckling, Broder:
Funktionalität und Ungewißheit in einfachen Modellen ökologischer Prozesse 99

Jaeger, Jochen:
Zur Unterscheidung zwischen verschiedenen Arten von Unsicherheit
bei der Bewertung von Landschaftseinheiten 115

Barkmann, Jan:
Eine Leitlinie für die Vorsorge vor unspezifischen ökologischen Gefährdungen 139

Meyer, Ulrike; Lehniger, Karin und Clemen, Thomas:
Neue Methoden der ökosystemaren Umweltbeobachtung
unter Einbeziehung eines Umweltinformationssssystems 153

Grützner, Rolf:
Ausgewählte Methoden zur Behandlung unsicheren Wissens
bei der Modellierung und Simulation ökologischer Systeme 165

EINFÜHRUNG

Kurt Jax

*Interfakultäres Zentrum für Ethik in den Wissenschaften,
Eberhard-Karls-Universität Tübingen, Keplerstr. 17, D-72074 Tübingen,
e-mail: kurt.jax@uni-tuebingen.de*

und

Lehrstuhl für Landschaftsökologie, TU München-Weihenstephan

Funktion und Unsicherheit – ein Spannungsfeld

Zwei einander auf den ersten Blick widersprechende Eindrücke prägen unser Bild von der Natur. Zum einen erscheint uns Natur als ein wohlgeordnetes Ganzes, das seit Jahrmillionen auch ohne menschliches Zutun funktioniert, in dem die Einzelteile ineinandergreifen, aufeinander bezogen sind; sogar eine gewisse Zweckmäßigkeit vieler Naturphänomene scheint oft nahezuliegen, so nahe, daß die Physikotheologen des 18. Jahrhunderts die Natur als die Realisierung eines perfekt eingerichteten Schöpfungs*plans* auffaßten und erforschten. Andererseits stellt sich Natur als das Unberechenbare, Wilde, sich menschlicher Planung Entziehende dar, als ein – oft bedrohlich empfundener Quell von Unsicherheit, den man mit den Mitteln der Technik zu bändigen versucht, sei es präventiv, wie durch den Bau von Deichen, oder reaktiv, etwa bei der Bekämpfung von Wildfeuern, wie das während ich diese Zeilen schreibe gerade in großem Maß im Westen der USA geschieht.

Es ist unmittelbar einsichtig, daß diese Bilder, die wir uns von der Natur machen, unseren Umgang mit der Natur bestimmen. Auch wenn es nur bestimmte interessengeleitete Perspektiven im Blick auf die Natur sind, die nie vollständig erkannt werden kann, spiegeln diese Bilder in ihrer Verschiedenheit, ja Widersprüchlichkeit, vorhandene Aspekte von Natur. Natur beinhaltet beides: ein „Funktionieren", ein Inandergreifen und Aufeinanderbezogensein von immer aufs Neue in ähnlicher Form beobachtbaren Phänomenen, d.h. eine basale Ordnung, die die Voraussetzung bildet, überhaupt wissenschaftlich über Natur reden zu können, aber zugleich auch Unsicherheit, Überraschungen, scheinbare oder wirkliche Unberechenbarkeit. Die beiden Grundtypen von Naturbildern, harmonische versus unberechenbare Natur, gegeneinander auszuspielen, führt daher nicht weiter, und es gilt vielmehr, wie dies auch zunehmend geschieht, beides in den Blick zu nehmen.

So verwundert es nicht, daß sowohl der Funktionsbegriff, der häufig für das erstgenannte Bild steht, als auch der der Unsicherheit eine Rolle bei der Diskussion innerhalb der Ökologie und zunehmend auch bei der Bestimmung von Naturschutzzielen und Umweltqualitätsstandards spielen. Der Weg von einem auf den ersten Blick plausiblen Bild von Natur zu seiner wissenschaftlichen Beschreibung und deren Anwendbarkeit in der Praxis der Umweltwissenschaften ist jedoch mit mancherlei Schwierigkeiten versehen.

Der Biberteich mit einer Biberburg, der das Titelbild dieses Buches schmückt, illustriert diese Schwierigkeiten und auch das Wechselspiel von Funktion und Unsicherheit. Wir kennen den

Lebenszyklus des Bibers und seinen Einfluß auf die Landschaft recht gut und wissen, wie ein System mit Bibern „funktioniert", welche Randbedingungen gegeben sein müssen, damit ein Biber seinen Damm bauen kann, und wie er den Bau seiner Biberburg und seine Ernährung bewerkstelligt. Der Biber ist nicht nur fester Bestandteil der Landschaft, in der er lebt, er ist sogar eine Schlüsselart, die diesen Lebensraum maßgeblich beeinflußt. Er hat die Rolle, die Funktion, eines „ecosystem engineers", wie es kürzlich einmal bezeichnet wurde. Man könnte sagen, daß der Biber mit seiner Tätigkeit im Detail mancherlei Funktionen ausübt: die Erhaltung seiner Population, die Bereitstellung von Stillgewässern für andere Organismenarten, die Erhöhung der Heterogenität der Landschaft, die Verjüngung eines Baumbestandes (?) usw. Aber: wäre der „gleiche" Lebensraum ohne den Biber in seiner Funktionsfähigkeit beeinträchtigt? Der Wald, der andernfalls durch den Dammbau des Bibers abstirbt, würde möglicherweise sogar wesentlich besser „funktionieren". Ist die Art nicht in Hinblick auf den Wald, den der Biber überschwemmt, gänzlich dysfunktional? Ist eine Landschaft *mit* oder *ohne* Biber „funktionsfähiger"? Welchen Zustand soll man anstreben bei der Suche nach Umweltqualitätsstandards? Der Bauer, dessen Terrain der Biber unter Wasser setzt, wird die Situation ganz anders bewerten als ein Naturschützer, der sich um Feuchtgebiete sorgt. Soll das Urteil über die Funktion des Bibers in einer Landschaft, in einem Ökosystem, davon abhängig gemacht werden, ob diese Tierart dort ursprünglich heimisch ist oder nicht? Gerade diese Tiere verändern ihren Lebensraum sehr massiv. Ist die Funktionsfähigkeit eines Ökosystems, in dem ein Biber einwandert oder eingeschleppt wird (wie z.B. seit einigen Jahren in Feuerland) nun durch seine schon optisch deutlich wahrnehmbaren Aktivitäten verändert? Wie kann man dies messen, mittels welcher Variablen?

Auch wenn die Funktion des Bibers und die kausalen Abläufe innerhalb des von ihm geprägten ökologischen Systems gut beschreibbar und z.T. prognostizierbar sein mögen, bleibt das Tier samt seiner Aktivitäten zugleich sowohl eine Ursache von Unsicherheit und Unbeständigkeit als auch dieser unterworfen. Selbst wenn man die Mindestbedingungen nennen kann, die für die Anlage eines Biberdamms gegeben sein müssen, ist nicht garantiert, daß die Tiere auch an einer bestimmten Stelle aktiv werden. Ebenso gilt, daß Biberdämme nur temporär sind. Biberburgen werden verlassen, die Teiche verlanden oder die Dämme brechen und die Teiche laufen aus. Letzteres kann auch einem von den Tieren noch bewohnten Teich widerfahren, etwa aufgrund von Starkregenereignissen. Wieder verändert sich die Landschaft, verändern sich die ökologischen Systeme, z.T. langsam, z.T. sprunghaft, ereignishaft, ohne daß sich in den meisten Fällen eine klare Prognose der realisierten Alternative geben ließe. Auch hier stellt sich die Frage: Wie soll man mit solchen Unsicherheiten umgehen? Welcher Art sind diese Unsicherheiten? Stellen sie einen (zukünftig behebbaren) Mangel an Wissen oder vielmehr inhärente Eigenschaften der Natur dar, die im Detail prinzipiell nicht prognostizierbar sind? Kann man ihnen vorbeugen, sich auf sie einrichten (ohne gleich aller Biber ausrotten zu müssen)? Wie kann dies praktisch geschehen? *Soll* man ihnen überhaupt vorbeugen oder ist es nicht besser, der Natur einfach ihren Lauf zu lassen und Unsicherheiten und Unberechenbarkeiten als Teil der Natur und ihres „Funktionierens" zu akzeptieren oder sogar gutzuheißen?

Die Beiträge des vorliegenden Buchs gehen in einer allgemeineren Form Fragen solcher Art nach und diskutieren Grundlagen und Anwendung der Begriffe „Funktion" und „Unsicherheit" im Kontext der Ökologie und ihrer Anwendungsfelder. Der Ausgangspunkt liegt in der Suche nach einer Schärfung dieser theoretischen Begriffe. Diese ist ein Voraussetzung für ihre produktive Anwendung im deskriptiven naturwissenschaftlichen Bereich ebenso wie im Bereich des Umwelt- und Naturschutzes, in dem normative Aspekte hinzutreten. Gebrauch und Bedeutungen dieser Begriffe im ökologischen Kontext differerieren bisher stark, was ihre widerspruchsfreie Anwendung in der Praxis erschwert. Ziel des Buches ist es daher, die theoretischen Grundlagen der verschiedenen Anwendungen zu beleuchten und zu einer effektiveren Nutzung der Ansätze beizutragen.

Die Beiträge des Buchs im Überblick

Der erste Teil des Buches widmet sich schwerpunktmäßig dem Funktionsbegriff. Im ersten Aufsatz gehe ich selbst den unterschiedlichen Bedeutungen nach, in denen der Terminus „Funktion" in den Umweltwissenschaften verwendet wird und die ganz unterschiedliche Anforderungen an die praktische Ausfüllung mit sich bringen. Der Beitrag greift eine Reihe von Aspekten der verschiedenen Funktionsbegriffe auf, die in den folgenden Aufsätzen ausführlicher zur Sprache kommen werden und setzt sie in einen größeren Kontext. Für grundlegend halte ich die Unterscheidung zwischen „Funktion" als eines Synonyms für deskriptiv-kausalanalytische Beschreibung von „Prozessen" und der „Funktion" im engen Sinne, nämlich als Bezeichnung der *Rolle* eines Objekts in einem größeren Zusammenhang, d.h. die „Funktion" von etwas *für* etwas. Es wird diskutiert, daß mit diesem eng gefaßten Begriff unter der Hand wertende, normative Bestimmungen verbunden werden, die sich nicht naturwissenschaftlich begründen lassen. Sie müssen explizit gemacht werden und in ihrem je eigenen Recht diskutiert werden.

In den Naturwissenschaften ist die Verwendung eines engen Funktionsbegriffs, wenn überhaupt, sonst nur in einer Anwendung auf Artefakte üblich. Er ist somit ein – z.T. umstrittenes – Spezifikum der Biologie. Die Philosophin Heidrun HESSE nimmt sich in ihrem Beitrag der Entgegensetzung von kausalanalytischer Forschung und funktionalistischen Ansätzen innerhalb der Ökologie an und fragt nach der von einigen Ökologen postulierten Erklärungskraft funktionaler Ansätze. Sie stellt heraus, daß letztere keinesfalls als Ersatz für kausalanalytische Forschungsansätze zu sehen sind, sondern von diesen ausgefüllt werden müssen. Aus einer wissenschaftsphilosophischen Perspektive und unter Rückgriff auf Kants Unterscheidung von innerer und äußerer Zweckmäßigkeit macht sie deutlich, wie sehr ein funktionalistisches Denken innerhalb der Ökologie häufig noch einem teleologischen Denken in (inneren) Zweckmäßigkeiten verhaftet ist, das auf supraorganismische Systeme wie Ökosysteme nicht anwendbar sei und bei unkritischem Gebrauch leicht dazu führe, wissenschaftliche Erkenntnisse und Werturteile zu vermengen.

Die beiden folgenden Beiträge behandeln eine spezielle aber wichtige Anwendung des Funktionsbegriffs in der Ökologie, und zwar die Einteilung von Organismen in funktionelle Gruppen. Diese Idee, die auf eine Komplexitätsreduktion ökologischer Daten abzielt, ist, wie die historischen Exkurse der Autoren zeigen, keineswegs neu. Sie wird in den vergangenen Jahren aber zunehmend als theoretisches Werkzeug zur Beschreibung und Prognose von ökologischen Systemen weiterentwickelt und eingesetzt. Juliane FILSER behandelt das Thema unter dem Blickpunkt der Frage, inwieweit Arten, die einer bestimmten, so gebildeten funktionellen Gruppe angehören, einander in Hinsicht auf bestimmte Prozesse in Ökosystemen gegenseitig ersetzen können. Diese gegenwärtig unter dem Begriff der „ökologischen Redundanz" geführte Debatte illustriert die Autorin nach einer Auseinandersetzung mit dem benutzten Begriffsgebäude anhand empirischer Daten aus der Bodenökologie, speziell mittels eigener Arbeiten an Collembolen. Filser zeigt auf, wo die Mängel bisheriger theoretischer Ansätze liegen und gibt Hinweise zu ihrer Weiterentwicklung. Sie weist auch auf Schwierigkeiten hin, die mit dem Begriff der Redundanz verbunden sind und schlägt vor, statt dessen von „Artenkompensation" oder „Komplementarität" zu reden.

Auf einer weit allgemeineren Ebene beschäftigen sich Carl BEIERKUHNLEIN und Anja SCHULTE mit der Idee der funktionalen Klassifikation von Pflanzenarten. Solche Typisierungsansätze – „plant functional types" – sind in der Vegetationsökologie wesentlich vielfältiger und detaillierter entwickelt als in der Tierökologie. Die Autoren stellen einige theoretische Grundlagen der Entwicklung von funktionellen Typisierungen vor und erläutern verschiedene Anwendungsformen dieses Ansatzes in der Vegetationsökologie. Nicht zuletzt diskutieren sie zum Schluß ihres Beitrags das für und wieder einer Einteilung von Organismen jenseits des Artniveaus.

Thomas POTTHAST analysiert in seinem Beitrag die Idee des „Schutzes ökologischer Prozesse", die sich im Verlauf der letzten 20 Jahre zu einer der bedeutendsten Naturschutzmaximen entwickelt hat. Er macht deutlich, wie gerade in diesem Konzept eine Verbindung von Funktion(ieren) und Unsicherheit angelegt ist. Problematisch ist die in der gegenwärtigen Anwendung der Prozeßschutzidee häufig zu findende strikte Trennung von „natürlichen" und „anthropogenen" Prozessen und eine Abwertung letzterer als scheinbarer Bedrohung für das Funktionieren ökologischer Systeme. Auch „natürliche Prozesse" als solche seien keine Garantie für das „optimale Funktionieren" ökologischer Systeme. Nötig sei vielmehr zu fragen, welche Prozesse aus welchem Grund geschützt werden sollen, und wie Kriterien für die Angemessenheit von Managementmaßnahmen gefunden werden könnten.

In seinem an Potthasts Aufsatz anschließenden Diskussionsanstoß problematisiert Frank WITTMER noch einmal die für den Naturschutz immer wieder wichtige und kaum ausreichend thematisierte Frage, was eigentlich ein *natürlicher* Prozeß sei. Auch er warnt vor einer fraglosen Gleichsetzung von „natürlich" und „gut" und regt an, den schwierigen Begriff „natürlich" gegen den des „Bedrohten" zu ersetzen.

Die normative Verwendung des Funktionsbegriffs steht auch im Zentrum der Ausführungen von Magdalena STEINER und Hubert WIGGERING. Sie analysieren die Debatte um die Begriffe „Ecosystem Health" und „Ecosystem Integrity", die in den USA als explizit normativ aufgeladene Zielgrößen für den Umwelt- und Naturschutz entwickelt wurden, und deren Verwendung des Funktionsbegriffs. Die Anklänge der Metapher „Gesundheit" an die Idee von ökologischen Systemen als „Superorganismen" habe sich als problematisch erwiesen. Was geleistet werden müsse sei einerseits eine naturwissenschaftliche Ausfüllung (Was genau bedeuten die Begriffe? Wie mißt man die dahinter stehenden Größen? Welche ökologischen Theorien finden Anwendung?) und andererseits die methodisch explizite Verbindung von gesellschaftlichen Werten und naturwissenschaftlichen Ergebnissen. Die Autoren kommen nach einer Diskussion dieser beiden Punkte zu dem Schluß, daß in der gegenwärtigen Literatur die notwendige analytische Trennung von Wertaussagen und naturwissenschaftlichen Tatsachenfeststellungen nur unzureichend geschieht.

Im zweiten Teil des Buches steht das im Aufsatz von Potthast schon angesprochene Thema „Unsicherheit" im Mittelpunkt. Broder BRECKLING schlägt erneut eine Brücke zwischen Funktionalität und Unsicherheit, indem er zeigt, daß bereits in simplen Modellen ökologischer Prozesse beide Dinge aufs engste verzahnt sind, und daß Modelle helfen können, neben begrenzten Prognosen auch die Grenzen unserer Naturerkenntnis deutlich zu machen. Er versteht „Funktionalität" in einem weiteren Sinne und geht eher vom Funktionsbegriff der Mathematik aus und weniger von einer „Funktion *für* etwas". In mehreren Beispielen mathematischer Modelle zeigt Breckling auf, daß sowohl aus streng determinierten funktionalen Systemen unerwartet chaotische Muster resultieren können, wie umgekehrt aus stark stochastischen, von Ungewißheit geprägten Prozessen selbstorganisierte Muster entstehen können. So weist auch er eine Dichotomie in der Betrachtung von Natur im allgemeinen und von ökologischen Systemen im speziellen als entweder funktional determiniert oder durchgängig unberechenbar und jeweils einzigartig als wenig brauchbar zurück.

In der Praxis des Umwelt- und Naturschutzes stellt sich jedoch die Frage, wie man mit Unsicherheit umgehen soll, sofern nicht generell die Maxime „let nature take it's course" gelten soll. Jochen JAEGER betrachtet die Unterscheidung zwischen verschiedenen Arten von Unsicherheit als Voraussetzung für einen adäquaten Umgang mit derselben. Er differenziert zwischen Risiko, Unsicherheit im engeren Sinne und Unbestimmtheit, drei Begriffe, die zu unterscheiden versuchen, inwieweit mögliche Schadensereignisse und/oder Eintrittswahrscheinlichkeiten solcher Ereignisse bekannt sind oder nicht. Er diskutiert anhand von Experteninterviews Strategien, mit diesen Formen von Unsicherheit (hier im Falle der Abwägung über landschaftszerschneidende Eingriffe im Kontext von Umweltverträglichkeitsstudien) umzugehen. Aufgrund seiner praxisorientierten Analyse kommt er zu einem ähnlichen Schluß wie Breckling. Ökologische Auswirkungen von Umwelteinwirkungen seien prinzipiell nur teilweise prognostizierbar. In der Konsequenz fordert er nicht nur einen differenzierteren Umgang mit Unsicherheiten, sondern auch eine stärkere Vorsorgeorientierung von Planung und Gesetzgebung.

Jan BARKMANN stellt einen Ansatz zum Umgang mit Unsicherheit vor, der eine spezifische Konkretisierung des schon von Steiner und Wiggering diskutierten Konzepts der Ökologischen Integrität anwendet. Diese versteht er als ein „strikt anthropozentrisches Leitbild der nachhaltigen Entwicklung" mit klar auf menschliche Bedürfnisse bezogenen Sollzuständen, eine Position, die im Kontext umweltethischer Wertdimensionen verortet wird. Unsicherheit beinhaltet hier auch wesentlich Unsicherheit über die Art der zukünftigen Gefährdung, d.h. Unbestimmtheit im Sinne Jaegers. Eine universelle Referenzgröße für die Integrität von ökologischen Systemen, die auch so weitgehende Unsicherheiten berücksichtigen kann, findet Barkmann in der Selbstorganisationsfähigkeit ökologischer Systeme, deren Indikation und Anwendung er zum Schluß seines Beitrags erörtert.

Auf der Ebene solcher Indikatoren für die Umweltqualität, wie sie für jede Bewertung von Umweltveränderungen und auch für Vorsorgemaßnahmen nötig sind, setzen Ulrike MEYER, Karin LEHNIGER und Thomas CLEMEN an. Ihr Beitrag erörtert Methoden der ökologischen Umweltbeobachtung und der Integration der verschiedenen Daten für Umweltberichterstattung und Bewertung. Darüber hinaus stellen sie die Verknüpfung von Monitoringsystemen mit einem Umweltinformationssystem vor, das den Ansprüchen unterschiedlicher Nutzer angepaßt werden kann.

Ein Aufsatz von Rolf GRÜTZNER bildet den Abschluß dieses Buches. Er präsentiert ausgewählte Modellierungsmethoden zum Umgang mit unsicherem Wissen und ergänzt so die verschiedenen theoretischen und praktischen Ansätze, die in den vorangehenden Beiträgen vorgestellt wurden. Mathematische Modelle, so wurde schon in anderen Beiträgen deutlich, sind in der Ökologie ein wichtiges Werkzeug, z.T. in prognostischer Form, mehr aber vielleicht noch als heuristisches Werkzeug für die unterschiedlichsten Zwecke.

Funktion und Unsicherheit, so machen die Beiträge dieses Buches deutlich, sind Aspekte der Natur, mit den wir umgehen müssen, weil sich diese Polarität weder in der einen oder anderen Richtung auflösen läßt noch eine Harmonisierung beider Aspekte möglich ist. Es bleibt eine Spannung, eine Polarität. Die ökologische Forschung wie der Umwelt- und Naturschutz müssen sich beidem widmen und weiterhin Methoden zu einem differenzierten Umgang, sowohl mit den Phänomenen als auch mit den Begriffen entwickeln.

Dank

Die in diesem Buch veröffentlichten Beiträge gehen zurück auf eine Tagung des Arbeitskreises „Theorie in der Ökologie" der Gesellschaft für Ökologie (GfÖ), die vom 10. bis 12. März 1999 im Heinrich-Fabri-Institut der Universität Tübingen in Blaubeuren stattfand. Ich möchte hier all jenen danken, die an der Tagung selbst und der Erstellung des Buches mitgewirkt haben. Den Autoren danke ich für die z.T. aufwendige Überarbeitung ihrer Vortragsbeiträge zum Zwecke der Veröffentlichung. Auch den anonymen Gutachtern, die die Manuskripte gegengelesen und kritisch kommentiert haben, gilt ein herzlicher Dank. Organisation und inhaltliche Gestaltung der Tagung selbst wären nicht möglich gewesen ohne die gute Zusammenarbeit mit Broder Breckling, Klemens Ekschmitt, Uta Eser, Karin Matthes, und Tom Potthast. Ein herzlicher Dank gilt auch dem Interfakultären Zentrum für Ethik in den Wissenschaften der Universität Tübingen für die Unterstützung, ganz besonders Frank Wittmer für seine zuverlässige Hilfe vor Ort. Zu erwähnen ist auch die gute Betreuung von seiten der Mitarbeiter des Heinrich-Fabri-Instituts, welche eine angenehme, lebendige und produktive Tagungsatmosphäre ermöglichte. Schließlich danke ich der Stiftung Landesbank Baden Württemberg, die uns großzügig durch eine Druckkostenzuschuß unterstützt hat.

Verschiedene Verständnisse des Funktionsbegriffs in den Umweltwissenschaften

Kurt Jax

*Interfakultäres Zentrum für Ethik in den Wissenschaften,
Eberhard-Karls-Universität Tübingen, Keplerstr. 17, D-72074 Tübingen,
e-mail: kurt.jax@uni-tuebingen.de*

und

Lehrstuhl für Landschaftsökologie, TU München-Weihenstephan

Abstract

The word "function" is used in various meanings within the environmental sciences. It denotes "processes" – in a descriptive manner – as well as the "functioning" of and "services" provided by ecological systems, and the "roles" which particular elements play within ecological systems. The fundamental differences and implications of these different meanings are demonstrated in this paper and also used for charting the territory for the subsequent chapters of this book. Of particular importance is the distinction between function as a synonym for process or causal relations between different single objects on the one hand and that of function as the role, the meaning of objects *for* something else (especially for a complex system) on the other; the latter is the narrow meaning of the word. It is demonstrated that the different meanings of "function" pose different demands for their application to specific questions and objects. In addition, evaluative undertones are connected in different degrees with the application of the concepts. These evaluative dimensions are often not made sufficiently explicit. With regard to methodology, the circumstances have to be discussed under which the "functioning" of ecological systems and the role of the elements which constitute them can be described without using a language of teleology, implying goals of systems as given by nature itself. A necessary requirement for this is the precise definition of the system considered and of the particular state of reference chosen by the observer. The normative implications of function concepts of in particular refer to the unquestioned (mostly naturalistic) or insufficiently discussed attribution of values to "functionally relevant" species of organisms or to particular states of ecological systems. As a drawback parts of nature which have no – or "deviating" – functions are handed over to purely instrumental use.

Keywords: *function, ecological units, values, concept analysis, methodology*

Schlüsselwörter: *Funktion, ökologische Einheiten, Werte, Begriffsanalyse, Methodologie*

1 Einleitung

Ziel der folgenden Ausführungen ist es, den Bogen der Fragen aufzuspannen, die sich mit dem Funktionsbegriff in der Ökologie und den auf ihr aufbauenden Umweltwissenschaften verbinden. Dazu wird zunächst die Vielzahl der Bedeutungen dargestellt, die das Wort „Funktion" in den Umweltwissenschaften hat, und die leicht für Verwirrung sorgt. Dies ist, wie schnell deutlich werden wird, mehr als nur eine Sache von sprachlichen Konventionen. Vielmehr geht es um sehr unterschiedliche Fragestellungen, die an die Natur herangetragen werden. Im weiteren werde ich dann einige Probleme darstellen, die sich im Zusammenhang mit bestimmten Verwendungen der Wörter „Funktion" und „funktional/funktionell" stellen. Dies sind insbesondere die Fragen, inwieweit die Verwendung von „Funktion" eine teleologische Sprechweise über Naturphänomene impliziert und welche Bedingungen gegeben sein müssen, damit in einem ökologischen Kontext in einer naturwissenschaftlich sinnvollen Weise von „Funktion" geredet werden kann. Zudem gilt es zu diskutieren, inwieweit mit bestimmten Verwendungen von Funktionsbegriffen Wertaussagen verbunden werden und in welcher Weise dies für Fragen des Naturschutzes von Bedeutung ist.

2 Die unterschiedlichen Bedeutungen von „Funktion" in den Umweltwissenschaften

Der Funktionsbegriff findet sich innerhalb der Ökologie und ihren Anwendungsbereichen in vielfältiger Weise: es wird darüber geredet, daß Struktur und Funktion von Lebensgemeinschaften aufgeklärt werden sollen, daß die Funktionsfähigkeit eines Fließgewässers bedroht ist, daß Arten innerhalb eines bestimmten Ökosystems diese oder jene Funktion haben oder Lebensgemeinschaften oder Sukzessionen mit Hilfe funktionaler Typisierungen beschrieben oder prognostiziert werden können. Es werden also diverse „Funktionen" innerhalb des ökologischen Gegenstandsbereiches beschrieben. In dieser Aufzählung bezeichnet „Funktion" jedoch sehr unterschiedliche Sachverhalte.

Man betrachte zunächst einfach zwei Objekte und das, was zwischen bzw. mit ihnen vorgeht (Abb. 1). Das, was dabei als „Funktion" bezeichnet wird, ist etwa, daß ein Nagetier durch einen Fuchs gefressen wird oder daß es einen Gasaustausch bei Pflanzen gibt. Es handelt sich um Zustandsveränderungen in der Zeit, d.h. schlicht um ein Synonym für „Prozeß", manchmal spezifischer für „Interaktionen" zwischen den Objekten. Hier wird „Funktion" in einem rein deskriptiven Sinn benutzt, wobei es in den meisten Fällen um die Beschreibung kausaler Zusammenhänge geht, da im Allgemeinen nicht die Zustandsveränderungen als solche, sondern die ihnen zugrundliegenden Ursache-Wirkungszusammenhänge interessieren. Welche Phänomene jeweils nur als zeitliche Abfolge beschrieben werden, ohne Berücksichtigung der spezifischen Wirkursachen, und welche in Form von Kausalketten, ist dabei abhängig von der speziell interessierenden Fragestellung (vgl. hierzu die Unterscheidung von „pathway" und „mechanism" in PICKETT et al. 1987).

Dehnt man den Blickwinkel etwas aus, so kommen komplexere Systeme in Sicht, in denen sich eine ganze Anzahl von Prozessen finden. Dabei erscheint „Funktion" nun in einer Reihe von weiteren Bedeutungen. Eine wichtige Unterscheidung im Gebrauch von „Funktion" ist dabei die zwischen einer Perspektive, die von den einzelnen Objekten ausgeht, und einer, bei der die Relation von Teilen und Ganzem im Vordergrund steht. Im ersten Fall interessieren die jeweiligen Objekte zwar in einem bestimmten Kontext, aber sie selbst sind der zentrale Fokus der Untersuchung und nicht ein größeres System, als dessen Teil sie analysiert werden. D.h., man fragt nach „Funktion" erneut im deskriptiven-kausalen Sinne, also nach den ablaufenden Prozessen. Die Frage, um die es geht, lautet also: was passiert dort? Wie interagieren die Organismen untereinander und mit ihrer Umwelt? Eine Perspektive, welche die Relation von Teil und Ganzem in den Vordergrund stellt fragt hingegen anders: hier wandelt sich der Funktionsbegriff. Die Fragen lauten nun: Wie „funktioniert" das „Ganze", das aus den Teilen gebildet wird? Wie wird das Ganze in seinem Bestand erhalten? Was ist dazu nötig? Was tragen die einzelnen Teile dazu bei? welche Teile üben eine bestimmte „Funktion" aus?

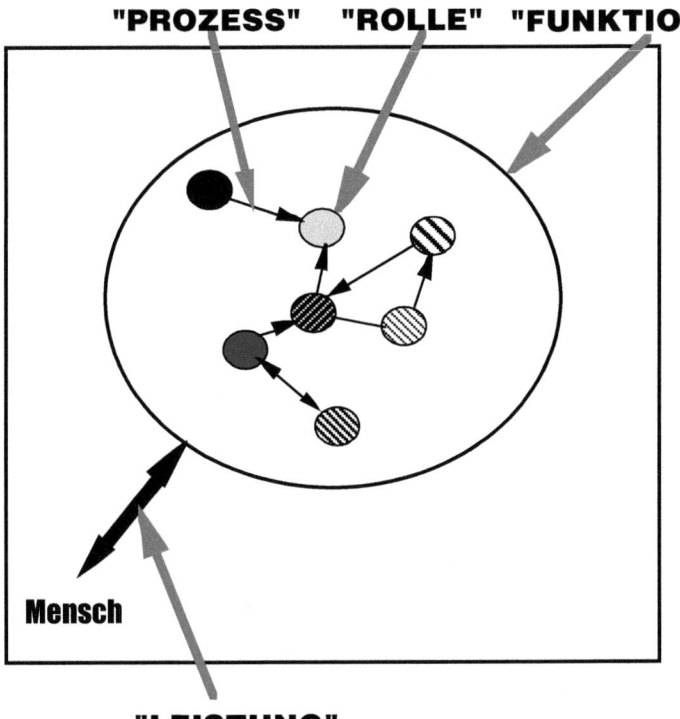

Abb. 1: Verschiedene Bedeutungen des Funktionsbegriffs in den Umweltwissenschaften. Siehe Text.

Mit der Fokussierung auf die Relation von Teil und Ganzem ändert sich die Stellung der Objekte im Vergleich zur anderen Perspektive, denn nun sind sie nicht mehr nur *Akteure* in Prozessen und Interaktionen, sondern sie werden *Funktionsträger*. Das heißt: ihnen wird eine *Rolle im System* zugeschrieben. Man kann dabei auch unterscheiden zwischen der Funktion selbst und dem Funktionsträger, von dem gesagt wird, er *übe* eine Funktion aus.

Die Zuschreibung von Rollen innerhalb eines ökologischen Systems wird klassischerweise so vorgenommen, daß die einzelnen Individuen und Arten nach interaktionsrelevanten („funktionalen") Eigenschaften in Gruppen eingeteilt werden, z.B. Produzenten, Konsumenten, Destruenten, aber auch durchaus feiner sortiert, wie beispielsweise im Modell der Eltonschen Nische (ELTON 1927: 63f., spricht vom „Beruf" einer Art) oder bei den Ernährungstypen benthischer Fließgewässerorganismen (vgl. CUMMINS 1974). Solche Gruppen werden meist als funktionale (synonym „funktionelle") Typen bezeichnet (siehe dazu die Beiträge von FILSER sowie BEIERKUHNLEIN & SCHULTE in diesem Band). Aber auch hier zeigt sich bei genauem Hinsehen, daß „funktional" im Zusammenhang mit der Einteilung von Organismen aus der Perspektive von Einzelobjekten und der von Teil und Ganzem unterschiedliche Bedeutungen hat. Die von mir genannten funktionalen Typisierungen stellen die Perspektive des Ganzen dar: die Typen sind Vereinfachungen der Komplexität eines Systems, sie bauen das System auf und sind notwendig für seine Erhaltung, indem durch sie die Funktionen oder Grundprozesse des Systems aufrechterhalten werden, wie Energie- und Stoffflüsse beispielsweise. In einer Perspektive der Einzelobjekte jedoch beziehen sich „Funktionen" sozusagen auf die Arten selbst, ihre sogenannte Strategie oder Lebensweise. Dies ist auch eine Typisierung, die kontextbezogen ist, aber in anderer Weise: zum Überleben *im* System (oder besser: in einer bestimmten Umweltkonstellation), aber nicht *für* ein System. Dieses Verständnis von Funktion kann ebenfalls an ein Nischenkonzept angekoppelt werden, nämlich an das von G.E. HUTCHINSON (1957), für den die Nische sozusagen das Kleid des Organismus im Sinne einer Anspruchsmatrix darstellt. Die „Funktionen", die mit dieser Art funktionaler Typen beschrieben werden, wechseln mit dem Umfeld; das primäre aber sind die Eigenschaften der Art, nicht des Systems. Insoweit sind sie situationsspezifisch und eine Art hat nie nur *eine* Funktion, sondern viele Funktionen – in Abhängigkeit von der jeweiligen Fragestellung. CATOVSKY hat kürzlich (1998) eine ähnliche Differenzierung vorgeschlagen, indem er bei den funktionalen Gruppen „functional effect groups" und „functional response groups" unterscheidet.

Bevor ich im Detail auf die Schwierigkeiten eingehe, die vor allem mit der Verwendung des Funktionsbegriffs im engeren Sinne verbunden sind, will ich noch auf eine weitere wichtige Verwendung des Funktionsbegriffs in den Umweltwissenschaften hinweisen. Man kann nämlich, wie das auch sehr häufig geschieht, das von mir oben dargestellte System noch einmal erweitern, indem man die Beziehung eines ökologischen Systems, sei es eines Ökosystems oder irgendeiner anderen ökologische Einheit, zum Menschen betrachtet. Hier wird „Funktion" als etwas verstanden, was einem System nach seinem *Nutzen* zugewiesen wird und für das *ganze* System gilt: „eine Funktion eines Ökosystems ist die Bereitstellung von Sauerstoff..." oder „der Bach hat die Funktion als Vorfluter" etc. – eine Bedeutung, die z.B. im Zusammenhang mit der aktuellen Diskussion um „ecosystem services" und die Monetarisierung des Wertes von Natur üblich ist (vgl. COSTANZA et al. 1997). Hier wird – das wird bereits am Schema von Abbildung 1 deutlich – das Gesamtsystem ausgeweitet, nämlich unter Einbeziehung des Menschen und gleichzeitiger Entgegensetzung zum „natürlichen" System. Das Wort „Funktion" beschreibt hier gewissermaßen die „Leistung" des Systems für den Menschen.

Die aufgeführten Bedeutungen des Begriffs „Funktion" sind zwar m.E. die wichtigsten innerhalb der Umweltwissenschaften, aber sind insgesamt noch nicht erschöpfend (vgl. ausführlich auch das für die Ökologie besonders relevante Kapitel zum Funktionsbegriff in den *Sozialwissenschaften* in NAGEL 1961, auf dessen Erläuterungen ich in diesem Kapitel teilweise zurückgreife). Erwähnt sei z.B. noch die im naturwissenschaftlichen Bereich naheliegende Bedeutung von „Funktion" als „mathematischer Funktion" (s.a. BRECKLING, dieser Band).

Die zentrale Unterscheidung, die es zum Schluß dieses Kapitels noch einmal festzuhalten gilt, ist die zwischen a) einer an der „performance" der Einzelobjekte orientierten Betrachtung von Prozessen (zeitliche Abläufe und/oder Kausalketten) und b) einer, die nach der Rolle, der Bedeutung von Objekten *für* etwas anderes, insbesondere für ein komplexeres System, fragt. In einer engeren Bedeutung des Wortes wird „Funktion" nur für b) gebraucht (vgl. auch HESSE, dieser Band) und es wäre wünschenswert, dies auch konsequent so zu handhaben. In den Umweltwissenschaften hat sich das Wort „Funktion" einstweilen jedoch in beiderlei Bedeutungen eingebürgert. Werden beide Dinge nicht methodologisch sauber getrennt, führt dies zu problematischen Zuschreibungen von Eigenschaften ökologischer Einheiten und der sie konstituierenden Objekte.

3 Probleme in der Anwendung des Funktionsbegriffs

Bei der Anwendung des Funktionsbegriffs ergeben sich eine Reihe von Schwierigkeiten, zum Teil theoretischer und methodischer Art, zum Teil solche, die mit dem Handlungsaspekt der Umweltwissenschaften zu tun haben.

Zunächst ist festzustellen, daß die Verwendung des Begriff ausgesprochen schillert, wenn es darum geht zu unterscheiden, welche der Bedeutungen gemeint ist. Unklar ist besonders oft schon, ob die Perspektive des Einzelobjekts oder von Teil und Ganzem gemeint ist. Beide Perspektiven bringen aber sehr unterschiedliche Anforderungen an ihre Operationalisierung, d.h. in der Anwendung des Begriffs in der Praxis mit sich und vor allem unterschiedliche normative Konnotationen, insoweit mit der Verwendung von „Funktion" im engeren Sinne nicht notwendig, aber doch sehr leicht normative Implikationen verbunden werden.

3.1 Teleologie und Operationalisierungsprobleme

Die Perspektive von den Einzelobjekten her ist vergleichsweise unproblematisch. Es ist ein anspruchsvolles und spannendes Thema, funktionale Typen zu finden, die beispielsweise die Sukzession unter bestimmten Störungsregimen beschreiben und prognostizieren (siehe z.B. NOBLE & SLATYER 1980, VAN DER VALK 1981, JAX 1997) oder Artenverteilungen unter bestimmten Umweltbedingungen, wie im Falle der GRIMEschen Typisierung von Pflanzen (GRIME 1979; siehe aber auch schon RAUNKIAER 1934). Es ist auch technisch schwierig und anspruchsvoll, „Struktur und Funktion" eines bestimmten Sees zu untersuchen, wobei hier die Worte „Muster und Prozeß" angebrachter wären (s.a. WIEGLEB 1989). Aber es entfallen hier einige Probleme oder sind zumindest harmloser, die sich für den stellen, der „Funktion" unter einer Perspektive des von Teil und Ganzem betrachtet.

Die Perspektive von den Einzelobjekten geht eindeutig deskriptiv-kausalanytisch vor. Das Ziel ist es, bestimmte Phänomene zunächst zu beschreiben, dann zu erklären und möglichst auch zu prognostizieren. Dazu bedient man sich der für die Naturwissenschaft paradigmatischen „Wie-Fragen". Es ist unproblematisch, in diesem Sinne zu fragen: Wie ist die Funktion eines Kometen? Wie ist die Funktion dieser oder jener chemischen Reaktion? Wie funktioniert die Muskelkontraktion oder wie funktioniert Konkurrenz? Dies sind Fragen nach Prozessen, nach Mechanismen, meist nach Interaktionen zwischen den Elementen eines Systems. Aus der Perspektive der Relation von Teil und Ganzen kommt jedoch etwas Neues hinzu; hier wird nicht mehr nur gefragt, *wie* etwas von funktioniert, sondern: *„Was ist* die Funktion *von* etwas?" Mit der damit gestellten Frage nach der *Rolle* eines Objekts in einem Ganzen findet ein bedeutsamer Schritt statt: ging es vorhin um den Vorgang selbst, so wird hier ein Vorgang bzw. ein Funktionsträger in den Kontext eines übergeordneten „Ganzen" gesetzt. Nicht nach beliebigen Prozessen wird gefragt, sondern nach Prozessen, die auf etwas anderes verweisen, *für etwas* passieren. Von der Frage *wie?* bewegt man sich dabei fast unbemerkt zu der Frage *wozu?* Die Kritik, die nun sofort auftaucht, ist die, daß dies eigentlich keine streng naturwissenschaftliche Frage mehr sei – so zumindest lautet die klassische Ansicht. Die Frage „wozu?" klingt nach einer teleologischen, gar nach einer Sinnfrage. Ist eine solche Frage also überhaupt „erlaubt", bzw. macht es Sinn, naturwissenschaftlich nach der „Funktion" des Wolfs, eines bestimmten Bakteriums oder irgendeiner anderen Art in einem Ökosystem zu fragen?

Ich halte die Frage nach der Funktion in dieser Form in der Biologie und in den Umweltwissenschaften aus heuristischen Gründen für wichtig und vielfach sogar für unverzichtbar (vgl.

dazu auch RUSE 1989, ROSENBERG 1985 Kap. 3, HESSE, dieser Band). Es gilt aber, einige Falltüren hierbei zu sehen und zu vermeiden.

Dazu ist es nützlich, sich zwei Objektbereiche anzusehen, die im Kontext von Funktionsbeschreibungen immer wieder als Metaphern für ökologische Systeme verwendet werden, nämlich die des individuellen Organismus und die der Gesellschaft. Aus einem Vergleich der Art der Verwendung von Funktionsaussagen dort läßt sich einiges für deren Anwendung auf ökologische Systeme lernen.

Ein *Organismus* besteht aus verschiedenen Zelltypen und Organen. Es macht Sinn zu fragen: welche Funktion hat das Herz? Die Antwort aus einer Perspektive der Einzelobjekte wäre eine in Ausdrücken der Physiologie, die beschreibt, welche Prozesse im Herz ablaufen, wie es zu seiner regelmäßigen Kontraktion kommt und daß dabei Flüssigkeit befördert wird. Die Antwort im Sinne einer Perspektive der Teile und des Ganzen hingegen lautet, daß es die Funktion hat, d.h. *dazu da ist*, die Blutzirkulation und damit den Stoffaustausch im Körper zu gewährleisten. Das Herz hat genau diese Funktion und keine andere. Man kann zwar sagen, daß das Herz auch die Funktion hat, Liebesgedichte zu ermöglichen, aber dies wäre nicht das, was wir mit seiner Funktion meinen. Es wäre, um mit WRIGHT (1994) zu reden, eine *zufällige Funktion*, eine *Funktion als*, ebenso etwa, wie man einen Knochen oder ein Buch als Briefbeschwerer benutzen kann, ohne daß jemand deshalb behaupten würde, es wäre „die" (wesentliche) Funktion dieser Objekte.

Etwas anders sehen die Dinge aus, wenn man Funktionen in *Gesellschaften* betrachtet. Dort gibt es – aus der Perspektive von Teil und Ganzem – vielerlei Funktionen, die von einzelnen Menschen, Organisationen, Dingen, Ideen ausgefüllt werden. Zum Beispiel: Diese oder jene politische Partei hat die Funktion der Oppositionspartei, das Wattenmeer die Funktion eines Erholungsgebietes, und die Kriminalität die Funktion eines Ventils für Aggressivität.

Man sieht schon, daß man sich bei diesen Funktionsaussagen viel mehr darüber streiten kann, ob die genannten Objekte a) tatsächlich *diese* Funktion haben, b) ob sie, wenn sie diese Funktion haben, *nur diese* und keine andere haben und schließlich c) ob diese Funktionen sich ändern können.

Hat also, um bei c) zu beginnen, die jetzt in der Opposition befindliche Partei *immer* die Rolle der Oppositionspartei? b) Hat das Wattenmeer *nur* die Funktion, als Erholungsgebiet zu dienen? oder a) ist Agressivitätsabbau *tatsächlich* die Funktion der Kriminalität?

Es kann mehrerlei daran gezeigt werden:

Zum einen ist eine Rolle/eine Funktion hier immer abhängig von einem bestimmten *theoretischen Kontext*. In einer bestimmten Theorie von Gesellschaft mag Kriminalität genau die o.g. Rolle haben. Sie mag in derselben oder einer anderen Theorie aber auch von Religion oder Sport eingenommen werden. Das ist beim Organismusbeispiel anders. Die Leber übernimmt in keiner mir bekannten Theorie die Rolle der Blutzirkulation im Körper.

Zum anderen wird deutlich, daß dasselbe Objekt viele verschiedene Funktionen innerhalb der Gesellschaft haben kann und daß dies – auch innerhalb derselben Theorie und im selben System – wechseln kann. Die Oppositionspartei kann wieder Regierungspartei werden und das Wattenmeer ist nicht nur Erholungsgebiet, sondern hat auch – im gleichen Gesellschaftsentwurf – eine Funktion als Naturschutzgebiet. Auch dies ist im Organismusbeispiel nur eingeschränkt möglich. Ein Organ kann zwar mehrere Funktionen haben (die Leber ist ein gutes Beispiel), aber wieder gilt, daß auch physisch die Leber nicht gegen das Herz austauschbar ist (und auch deren Gewebe nicht).

Schließlich kann die Funktion auch mit einem Wechsel des Systems verändert werden. So kann ein Mensch eine Funktion innerhalb einer Gesellschaft, etwa als Bürgermeister, haben, aber eine andere, wenn er als Mitglied einer gesellschaftsübergreifenden Religion auftritt. Organe oder Gewebe jedoch haben nur eine Funktion in einem klar festgelegten System, nämlich dem Organismus, dem sie angehören (das bleibt selbst gegeben, wenn man Organtransplantationen mit berücksichtigt). Das Herz bekommt keine andere Funktion, wenn man die Grenzen des betrachteten Systems anders zieht.

Unabhängig davon, welches der Modelle man präferiert, wenn von Funktionen in ökologischen Systemen die Rede ist, – und de facto wechselt dies je nach Autor und oft sogar beim gleichen Autor – stellen sich einige wichtige Fragen, wenn die Rede von der Funktion im Sinne einer Rolle in einem Ganzen Sinn machen soll. Zu klären ist vor allem:

- Was ist das Bezugsystem?
- Welches ist der Referenzzustand?

Beide Fragen sind für ökologische Kontexte höchst untrivial. Es ist keinesfalls evident und klar, was ein Ökosystem ist oder eine Biozönose. Sie sind keine Objekte, die einfach in der Natur „gefunden" werden können, sondern werden von Beobachtern in bestimmten Interessenkontexten aus dem Ganzen der Natur abstrahiert. Daß dies, beim gleichen physischen Raumausschnitt, in sehr unterschiedlicher Weise geschehen kann, ist bekannt (vgl. JAX 1998, JAX et al. 1998). Es gibt keine allgemein akzeptierten theoretisch und prognostisch aussagekräftigen Allzweckdefinitionen von „Ökosystem" oder „community", und es kann keine geben. Noch mehr gilt dies für die Referenzzustände, d.h. für jene Zustände des Systems, die als seine „normalen" angesehen werden, und in denen sich ausdrückt, wann die „Gesamtfunktion" des Systems noch gewahrt ist. Die organismische Biologie findet demgegenüber im individuellen Organismus sowohl ihren Gegenstand, ihr Bezugssystem, vor, als auch – wenn auch nicht immer einfach – bestimmte „Sollzustände" desselben, die eine Fortdauer dieses Gegenstandes inmitten fortwährender Veränderung erlauben. Die Verwendung organismischer Metaphern – wie sie z.B. explizit in dem Begriff der „ecosystem *health*" zu finden ist (vgl. RAPPORT 1989, COSTANZA et al. 1992 sowie STEINER & WIGGERING, dieser Band), – bringt die Gefahr mit sich, daß der Unterschied zwischen der metaphorischen Redeweise und der Beschreibung scheinbar vorgegebener ökologischer „Sollzustände" verwischt oder übersehen wird, so daß der Eindruck entsteht, es würden der Natur inhärente „Ziele" unterstellt. Es muß klar bleiben, daß die Ziele, die Referenzzustände, von einem Beobachter im Sinne seiner Fragestellungen bzw. Nutzungsinteressen gesetzt werden. Die Anwendung des Funktionsbegriffes auf ökologische Systeme gleicht eher der in den Gesellschaftswissenschaften – mit allen damit verbundenen Problemen (vgl. NAGEL 1961, Kap. 14).

Wenn man also von Funktionen im engeren Sinne sprechen will, so muß immer sehr deutlich das System definiert werden, von dem die Rede ist (s. dazu z.B. JAX et al. 1998). Innerhalb eines solchen Systems lassen sich bestimmte „Funktionen" (Prozesse als auch als damit einhergehende „Rollen") identifizieren, die für den Bestand dieses speziellen Systems unentbehrlich sind. Aber sobald das Bezugsystem gewechselt wird, können sich auch die Rollen der Komponenten völlig verändern. Eine Organismenart, ja ein Individuum, das in einem System unentbehrlich ist, kann in einem anderen funktional ohne Belang sein, auch innerhalb des gleichen Raumausschnittes mit den gleichen Organismen (das heißt aber nicht, daß die Organismen dort nicht in *Prozesse* eingebunden sind, denn sonst könnten sie ja nicht in dieser Umgebung existieren; sie sind lediglich für den Bestand, die Erhaltung des so definierten Systems ohne Belang).

In der Praxis zeigt sich die große Schwierigkeit, die maßgeblichen systemerhaltenden Prozesse eines ökologischen Systems zu bestimmen und solche funktionalen Gruppen von – meist Organismen – zu bilden, die adäquat im Sinne einer spezifischen Fragestellung die Erklärung und Prognose des „Funktionierens" eines Systems erlauben.

3.2 Normative Implikationen des Funktionsbegriffs

Wertende Aspekte gehen in den Funktionsbegriff in den Umweltwissenschaften häufig ein und sie werden im Umwelt- und Naturschutz schnell handlungsrelevant und normativ. Dies geschieht explizit, wenn „Funktionen" zum Schutzziel erhoben werden, sei es in Form von „Ökosystem-Dienstleistungen" (COSTANZA et al. 1997, vgl. BARKMANN, dieser Band) oder allgemeiner im Rahmen eines sogenannten „Prozeßschutzes" (SCHERZINGER 1990, PLACHTER 1996, MEYER 1997, siehe auch POTTHAST, dieser Band).

Eher implizit treten Wertdimensionen in den Fällen auf, in denen ein Teil – meist eine Organismenart – eine Funktion in einem Ganzen hat oder ihm eine solche Funktion zugeschrieben werden kann. Solche Funktionen werden schnell positiv wertend aufgeladen– und mit ihnen die diese Funktionen ausübenden Organismen. In gleichem Maße werden aber Organismen, denen keine „Funktion" im Ökosystem zukommt „entwertet", werden als überflüssig bewertet. Teile ökologischer Systeme werden auf diese Weise leicht unter dem Vorzeichen einer vermeintlich „rein naturwissenschaftlichen" Argumentation instrumentalisiert. Dies ist eine Gefahr der neuerlichen Debatte über die „Redundanz" bestimmter Arten in ökologischen Systemen (vgl. dazu LAWTON & BROWN 1994, GINDELE 1999 in WEIL & GINDELE 1999). Arten, deren „Funktionen" durch andere ersetzbar sind, bedürfen dann keines Schutzes mehr. (Daß „Redundanz" im Naturschutzkontext auch genau die umgekehrte Bewertung erfahren kann, zeigen die Schriften von WALKER 1992, 1995 zu diesem Thema).

Derartige Wertungen sind besonders dort, wo sie nicht klar als menschliche Entscheidungen gekennzeichnet werden, oft mit bestimmten erkenntnistheoretischen Positionen verbunden. Diese zeichnen sich dadurch aus, daß darin davon ausgegangen wird, daß es ökologische Einheiten als Ganzheiten in der Natur objektiv „gibt", daß sie „an sich" existieren. Solche Positionen werden im wissenschaftstheoretischen Jargon als „naiver Realismus" bezeichnet (vgl. auch WIEGLEB 1989). Dies steht im Gegensatz zu der heutigen erkenntnistheoretischen Selbstbeschränkung der Naturwissenschaften, in der davon ausgegangen wird, daß man nie die Realität „als solche", d.h. unabhängig vom Beobachter, erfassen kann. Dennoch ist sie recht häufig anzutreffen, wenn auch meist versteckt.

Oft sprechen Vertreter von Positionen, die ökologische Einheiten als „von Natur gegeben" ansehen, davon, daß es beispielsweise „nicht besetzte Funktionen" in Ökosystemen gibt. Mit der funktionalen Vollständigkeit oder Unvollständigkeit ökologischer Systeme wird häufig im Zusammenhang mit sogenannten invasiven Arten argumentiert – jüngst noch von REICHHOLF in einem SPIEGEL-Interview. Zitat:

> „Die Bisamratte hat es aus historischen Gründen nicht geschafft, über die Beringstraße von Nordamerika nach Europa einzuwandern – im Gegensatz zu einer großen Zahl anderer Tiere. In Nordamerika füllt sie eine ökologische Nische zwischen Schermaus und Biber, die in Europa frei blieb. Warum soll also die Bisamratte auf der einen Seite des Atlantiks als notwendiger Teil des Ökosystems gelten, hier aber als unerwünschter Fremdling?" (DER SPIEGEL vom 4.1.1999, p. 137)

Ein ähnliches Verständnis von Natur spiegelt sich z.B. in dem inzwischen in die österreichischen amtlichen „Richtlinien zur ökologischen Untersuchung und Bewertung von Fließgewässern" aufgenommenen Begriff der „ökologischen Funktionsfähigkeit" (für diesen Hinweis danke ich Martin DITTRICH, Jena), wenn es dort als deren Definition heißt:

„Fähigkeit zur Aufrechterhaltung des Wirkungsgefüges zwischen dem in einem Gewässer und seinem *Umland* gegebenen Lebensraum und seiner organismischen Besiedlung entsprechend der natürlichen Ausprägung des Gewässertyps [Erhaltung von Regulation, Resilienz und Resistenz]." (ÖNORM M6232, p. 4)

Eine solche Auffassung von ökologischen Einheiten leistet einem normativen Verständnis von bestimmten Zuständen von Ökosystemen Vorschub, weil behauptet wird, daß Natur so oder so „ist". Der Referenzzustand scheint von Natur aus vorgegeben, wodurch auch die maßgeblichen Prozesse eines Ökosystems vorgegeben zu sein scheinen. In der Folge werden die Rollen der Organismen in diesem Systemen nicht mehr fragestellungsabhängig betrachtet, sondern scheinen eindeutig. Diese oder jene Art hat dann nicht *eine*, definitionsabhängige, Funktion (in dem System), sondern *die* Funktion und keine andere, bzw. andersherum: es gibt nur diese und jene Funktionen in einem ökologischen System. Der *unvermittelte* Schluß von der Existenz von Dingen, von ihrem Sein, auf ihren Wert oder gar auf ein so-sein-Sollen ist problematisch und wird philosophisch als „naturalistischer Fehlschluß" bezeichnet.

Diese Art von Bewertung, die nach *der* Funktion von Arten in ökologischen Systemen fragt, ist indes nicht streng an einen „naiven Realismus", wie ich ihn oben als erkenntnistheoretische Position skizziert habe, gebunden. Auch wenn bewußt ist, daß die Konstitution von Naturobjekten immer auch beobachterabhängig ist, wird häufig nach eindeutigen Funktionen und damit verknüpften Normen für ökologische Einheiten gesucht, die dann zur Maxime von Handlungen im Umwelt- und Naturschutz dienen sollen. Ein Beispiel dafür ist die Suche nach Kriterien für „ecosystem integrity" oder „ecosystem health" in den USA, – letztgenannter Ausdruck bildet sogar den Titel einer Zeitschrift –, bei der sich unterschiedlichste Philosophien und Theorien vermischen (vgl. zu dieser Diskussion auch BARKMANN sowie STEINER & WIGGERING, dieser Band). Auch hier werden oft normative Sollzustände definiert, ohne daß die vorhandene Vielfalt und die spezielle, nicht von den Naturwissenschaften zu leistende, Herleitung und Begründung der unterstellten Werte in ausreichender Weise diskutiert werden.

4   Fazit

Soll man also in den Umweltwissenschaften überhaupt von „Funktion" reden? Für die eine Bedeutung scheint der Terminus leicht durch „Prozess", „Interaktion" oder „kausaler Zusammenhang" ersetzbar, während die andere Bedeutung, Funktion im engeren Sinne also, in vielerlei Hinsicht problematisch ist. Dennoch hat, wie auch sonst in den Biowissenschaften, auch der enge Begriff von Funktion seinen Nutzen. Zumindest hat er einen heuristischen Nutzen, d.h. er erlaubt, Fragen zu formulieren, die einen Erkenntnisgewinn versprechen. Diese Fragen bedürfen einer deskriptiv-kausalanalytischen Ausfüllung (s. HESSE, dieser Band), können von dieser aber nicht ersetzt werden. Selbst in der scheinbar „harten" kausalanalytischen biologischen Teildisziplin der Biochemie sind solche Fragen bedeutsam. Die reine Kausalerklärung bleibt hier notwendig z.B. bei der Feststellungen energetisch betrachteter „Anomalien" in der Zusammensetzung bestimmter DNA-Sequenzen stehen, während die Frage nach der Funktion dieser scheinbaren Anomalie zur Aufklärung eines komplexen zellulären Reparaturmechanismus führen kann (vgl. anschaulich ROSENBERG 1985, p. 36ff.). Obwohl ökologische Systeme weniger klar bestimmt sind und eher einer Gesellschaft als einem Organismus vergleichbar sind, kann es auch hier Fragestellungen geben, bei denen eine funktionale Betrachtung fruchtbar ist. Es kann aus menschlicher Perspektive z.B. wünschenswert sein, bestimmte Systeme, ob „naturnahe" Systeme oder stark anthropogen geprägte Agarsysteme, und vor allem bestimmte Prozesse in ihnen, zu erhalten. Unter den Bedingungen einer genauen Definition des Zielsystems und des jeweiligen angestrebten Referenzzustands kann dann z.B. gefragt werden, welche Funktion bestimmte Arten oder Prozesse für dessen Erhaltung und Perpetuierung haben.

Damit dies aber in einer naturwissenschaftlich ausfüll- und nachvollziehbaren Weise geschieht müssen bei der Verwendung des Funktionsbegriffs in den Umweltwissenschaften mindestens die folgenden Dinge bedacht und explizit gemacht werden:

- Welche der genannten oder ggf. welche andere Bedeutung von „Funktion" ist gemeint?
- Was genau ist das betrachtete System?
- Was ist der betrachtete Referenzzustand des Systems und wer oder was setzt ihn?
- Wo und in welcher Weise gehen wertende und normative Dimensionen ein?

Erst nachdem diese Fragen geklärt sind, kann einerseits naturwissenschaftlich über „Funktionen" gesprochen werden und können zum anderen empirische Streitfragen und Wertfragen in ihrem je eigenen Recht diskutiert werden.

Danksagung

Mein Dank gilt Astrid E. Schwarz, Basel, Peter McLaughlin, Konstanz, und Heike Baranzke, Essen, für ihre wertvollen Kommentare zu einer früheren Version des Manuskripts.

Literatur

BARKMANN, J. 2000: Eine Leitlinie für die Vorsorge vor unspezifischen ökologischen Gefährungen, *dieser Band*.

BEIERKUHNLEIN, C. & A. SCHULTE 2000: Plant Functional Types. Einschränkungen und Möglichkeiten funktionaler Klassifikationsansätze in der Vegetationsökologie. *dieser Band*.

BRECKLING, B., 2000: Funktionalität und Ungewißheit in einfachen Modellen ökologischer Prozesse, *dieser Band*.

CATOVSKY, S. 1998: Functional groups: clarifying our use of the term. - Bull. Ecol. Soc. Am. 79: 126-127.

COSTANZA, R., NORTON, B.G., & B.D. HASKELL (eds.) 1992: Ecosystem health. New goals for environmental management. - Island Press, Washington D.C.: 269 S.

COSTANZA, R., D'ARGE, R., DE GROOT, R., FARBER, S., GRASSO, M., HANNON, B., LIMBURG, K., NAEEM, S., O'NEILL, R. V., PARUELO, J., RASKIN, R.G., SUTTON, P. & M. VAN DEN BELT 1997: The value of the world's ecosystem services and natural capital. - Nature 387: 253-260.

CUMMINS, K.W. 1974: Structure and function of stream ecosystems. - BioScience 24: 631-641.

ELTON, C., 1927: Animal ecology. - Sidgwick & Jackson, London: 207 S.

FILSER, J., 2000: Redundanz von Arten, funktionellen Gruppen und ganzen Nahrungsnetzen in Abhängigkeit von äußeren Bedingungen: Definitions- und Verständnisproblematik am Beispiel von Bodenorganismen. *dieser Band*.

GRIME, J P. 1979: Plant strategies and vegetation processes. - Wiley & Sons, Chichester: 222 S.

HESSE, H. 2000: Vom Zweck zur Funktion Hinweise aus wissenschaftsphilosophischer Sicht. *dieser Band*.

HUTCHINSON, G.E. 1957: Concluding remarks. - Cold Spring Harbor Symp. Quant. Biol. 22: 415-427.

JAX, K. 1997: On functional attributes of testate amoebae in the succession of freshwater Aufwuchs. - Europ. J. Protistol. 33: 219-226.

JAX, K. 1998: Holocoen and ecosystem. On the origin and historical consequences of two concepts. - J. Hist. Biol. 31: 113-142.

JAX, K., JONES, C.G. & S.T.A. PICKETT 1998: The self-identity of ecological units. - Oikos 82: 253-264.

LAWTON, J.H. & V.K. BROWN 1994: Redundancy in ecosystems. - In: SCHULZE, E.-D. & H.A. MOONEY (eds.): Biodiversity and ecosystem function. - Springer, Berlin: 255-270.

MEYER, J.L. 1997: Conserving ecosystem function. - In: PICKETT, S.T.A., OSTFELD, R.S., SHACHAK, M. & G.E. LIKENS (eds.): The ecological basis of conservation. Heterogeneity, ecosystems, and biodiversity. - Chapman & Hall, New York: 136-145 .

NAGEL, E. 1961: The structure of science. Problems in the logic of scientific explanation. - Harcourt, Brace & World Inc., New York: 618 S.
NOBLE, J.R. & R.O. SLATYER 1980: The use of vital attributes to predict successional changes in plant communities subject to recurrent disturbances. - Vegetatio 43: 5-21.
ÖNORM M 6232, 1995: Richtlinie für die ökologische Untersuchung und Bewertung von Fließgewässer. – ausgegeben am 1. April 1995 – Wien.
PICKETT, S.T.A., COLLINS, S.L. & J.J. ARMESTO 1987: A hierarchical consideration of causes and mechanisms of succession. - Vegetatio 69: 109-114.
PLACHTER, H. 1996: Bedeutung und Schutz ökologischer Prozesse. - Verh. Ges. Ökol. 26: 287-303.
POTTHAST, T. 2000: Funktionssicherheit oder Aufbruch ins Ungewisse? Anmerkungen zum Prozeßschutz. *dieser Band.*
RAPPORT, D.J. 1989: What constitutes ecosystem health? - Perspect. Biol. Med. 33: 120-132.
RAUNKIAER, C. 1934: The life - forms of plants and their bearing on geography. - In: Raunkiaer, C. (ed.): The life - forms of plants and statistical plant geography. - Claredon Press, Oxford: 2-104 .
ROSENBERG, A. 1985: The structure of biological science. - Cambridge University Press, Cambridge: 281 S.
RUSE, M. 1989: Teleology in biology: Is it a case for concern ? - Trends Ecol. Evol. 4: 51-54.
SCHERZINGER W. 1990: Das Dynamik-Konzept im flächenhaften Naturschutz - Zieldiskussion am Beispiel der Nationalpark-Idee. - Natur u. Landschaft 65: 292-298.
STEINER, M. & H. WIGGERING 2000: Normativer Gehalt in den Konzepten „Ecosytem Health" und „Ecosystem Integrity" und ihre Verwendung des Funktionsbegriffs. *dieser Band.*
VAN DER VALK, A.G. 1981: Succession in wetlands: A Gleasonian approach. - Ecology 62: 688-696.
WALKER, B.H. 1992: Biodiversity and redundancy. - Conserv. Biol. 6: 18-23.
WALKER, B. 1995: Conserving biological diversity through ecosystem resilience. - Conserv. Biol. 9: 747-752.
WEIL, A. & M. GINDELE 1999: Über den Begriff des Gleichgewichts in der Ökologie - ein Typisierungsvorschlag. Die Funktion der Biodiversität: Zur Problematik der Redundanz von Arten in Ökologie und Naturschutz. - Landschaftsentwicklung und Umweltforschung. Schriftenreihe im Fachbereich Umwelt und Gesellschaft der TU Berlin 112: 172 S.
WIEGLEB, G. 1989: Explanation and prediction in vegetation science. - Vegetatio 83: 17-34.
WRIGHT, L. 1994: Functions. - In: SOBER, E. (ed.): Conceptual issues in evolutionary biology. 2. Auflage - MIT Press, Cambridge/Mass.: 27-47.

Vom Zweck zur Funktion -
Hinweise aus wissenschaftsphilosophischer Sicht

Heidrun Hesse

Dossenheimer Landstraße 96, 69121 Heidelberg

Abstract

Functionalistic approaches cannot replace causal research as some ecologists suggest. As a furtive successor of teleology functionalism in ecology rather has a tendency to mix up scientific insights and value judgements. Some differentiations which Kant presented in his Critique of teleological judgement may lead to a proper antidote.

Keywords: *causality, end, function, organism, teleology,*

Schlüsselwörter: *Funktion, Kausalität, Organismus, Teleologie, Zweck*

Die Aktualität des Funktionsbegriffs

In den erfahrungswissenschaftlichen Debatten der Gegenwart spielt der Begriff der „Funktion" eine immer wichtigere Rolle. Das gilt nicht nur für die Sozialwissenschaften, wo er einer anerkannten Forschungstradition, der funktionalistischen Soziologie (von Merton bis Luhmann), sogar zu einem Beinamen verholfen hat. Funktionalistisches Denken ist vielmehr zunehmend auch in den Biowissenschaften gefragt, aus denen übrigens die Soziologen das Konzept der Funktionsbestimmung ihrerseits zunächst entlehnt haben (vgl. HESSE 1999: 181 ff.) Ich will in den folgenden Ausführungen versuchen, zur Klärung dieser Terminologie beizutragen, mir über den Unterschied von Zwecken und Funktionen Gedanken zu machen und nicht zuletzt darüber Auskunft zu geben, was der Philosoph Kant zu diesen Fragen zu sagen hat. Als exemplarischer Beleg für die Anziehungskraft, die von funktionalistischen Konzepten heute auch und gerade in der Ökologie ausgeht, dient mir dabei ein Plädoyer von PLACHTER (1996). Ihm zufolge ist ein „funktionaler Ansatz" bei der Erforschung ökologischer Zusammenhänge geboten, weil nur ein solcher der natürlichen Dynamik gerecht werden könne, der die komplexen System-Umwelt-Einheiten unterlägen, mit denen es die Ökologie nun einmal zu tun habe. Auf diesem Felde spielten nämlich unübersichtliche Wechselwirkungen und stochastische Ereignisse eine entscheidende Rolle, die sich mit deterministisch-mechanischen Modellen gar nicht erfassen ließen (vgl. PLACHTER 1996, u.a. S. 298.).

Es sind indessen nicht nur deskriptiv-explanatorische Vorzüge, die eine funktionalistische Perspektive bieten soll, sondern nicht zuletzt evaluativ-praktische. So verspricht sich PLACHTER von der Anwendung funktionaler Konzepte in der Ökologie nicht zuletzt „die Lösung eines zentralen Bewertungsproblems im Naturschutz", die eine verbindliche vergleichende Bewertung alternativer Eingriffe in gegebene ökologische Zusammenhänge gewährleistet.

Ähnliche programmatische Erwartungen sind heute augenscheinlich weit verbreitet. Mein Text will deswegen zu ihrer Überprüfung anregen und Handreichungen zu einer realistischeren Einschätzung der theoretischen Tiefenschärfe und praktischen Leistungsfähigkeit funktionalistischer Theoriebildung geben. Zu diesem Zweck sind zunächst die Leitbegriffe zu klären. Was unterscheidet einen „funktionalen Ansatz" denn überhaupt von einem kausalen oder einem deterministischen bzw. einem mechanischen? Was haben Funktionen mit Zwecken gemein oder eben gerade nicht? Unter welchen Voraussetzungen läßt sich schließlich von funktionellen Äquivalenten sprechen und was gewinnt bzw. verliert, wer sich dieser Redeweise bedient? Um auf diese Fragen eine klare Antwort geben zu können, unterscheide ich im einem ersten Teil meiner Darlegungen zwei Typen des Funktionalismus, die sich einerseits an einem mathematischen, andererseits an einem organismischen Verständnis des Terminus „Funktion" orientieren. Beide werden zum klassischen Konzept kausalwissenschaftlicher Phänomenerklärung in Bezug gesetzt, das sie bei näherem Zusehen gar nicht ersetzen können. Anschließend gehe ich dem Verdacht nach, der Funktionsbegriff fungiere speziell im Gegenstandsbereich biologischer Wissenschaft als Ersatz für die anspruchsvollere Teleologie, weil er wissenschaftlich aussieht und doch zugleich heimlich Wertungen transportiert. Denn wo von Funktionen die Rede ist, scheint nicht nur eine komplexere Art der Beziehung in den Blick genommen zu werden als die von Ursache und Wirkung. Was eine Funktion erfüllt, gilt vielmehr auch in irgendeiner Weise als wichtig, ja vielleicht sogar wertvoll, weil es die fragliche Leistung erbringt. KANTS umstrittene Rehabilitierung einer teleologischen Heuristik in der Biologie zeichnet sich dagegen durch begriffliche Präzision und epistemologische Umsicht aus. Hilfreich erscheint vor allem seine Unterscheidung von äußerer und innerer Zweckmäßigkeit, die deswegen ausführlich dargestellt wird. Abschließend versuche ich ein Fazit meiner Überlegungen zu ziehen.

Zum Begriff der Funktion

Wer heute in der Ökologie von „Funktionen" redet, sagt selten hinreichend klar, was darunter zu verstehen ist. So versucht der schon zitierte PLACHTER (1996) geradezu beispielhaft, die Ermittlung funktionaler Zusammenhänge in erster Linie gegen die Feststellung deterministischer bzw. mechanischer Ursache-Wirkungs-Beziehungen auszuspielen, ohne daß die beiden Seiten dieser scheinbaren Alternative klare Konturen annähmen. (Es scheint mir im übrigen sinnvoller, entsprechende theoretische Ansätze „funktionalistisch" und nicht funktional zu nennen, denn, wie sich noch zeigen wird, kann man das Prädikat „funktional" auf jedes Mittel anwenden, das seinen Zweck erfüllt. In diesem Sinne ist also jede Theorie funktional, die wirklich leistet, was sie verspricht, egal auf welche konkreten Paradigmen sie setzt.) Eine gewisse Frontstellung gegen das klassische naturwissenschaftliche Programm kausaler Phänomenerklärung ist allerdings schon für die beiden ganz unterschiedlichen Traditionen charakteristisch, die, eine jede in ihrer Weise, einen vergleichsweise eindeutigen Funktionsbegriff geprägt haben.

Der mathematische Begriff der Funktion (oder Abbildung) wurde in der zweiten Hälfte des 19. Jahrhunderts verbindlich ausgearbeitet. Als Funktion bezeichnet man hier die zahlenmäßige Abhängigkeit einer Größe (y) von einer (x) oder mehreren (x,z...) veränderlichen anderen. Eine Funktion á la $y = f(x)$ gibt also die Regel an, der gemäß sich zwei Zahlenreihen einander zuordnen lassen. Sie können nicht nur die numerischen Werte von Relationen darstellen, die allein in der Sprache der Mathematik konstruierbar sind, sondern auch die Beziehungen zwischen bloß empirisch bestimmbaren Größen. So läßt sich die Fläche eines Quadrates als Funktion seiner Seitenlänge errechnen wie die Schwingungsdauer eines Pendels als

Funktion seiner Länge, ebenso der Druck eines idealen Gases bei konstanter Temperatur als Funktion seines Volumens bestimmen und die quantitative Entwicklung einer Population als Funktion von Geburten- und Sterberaten modellieren, modifiziert etwa durch die Anzahl der Konkurrenten und Jäger und einige weitere mögliche Kausalfaktoren wie die zur Verfügung stehenden trophischen Ressourcen.

Der mathematische Begriff der Funktion ist also einerseits vollkommen präzise, andererseits relativ unspezifisch. Denn er läßt sich auf geometrische Relationen ebenso anwenden wie auf dynamische und zeichnet überdies für sich genommen kausale Relationen nicht vor bloß zeitlichen Korrelationen aus. Jede Reihe von Messungen, die man an einem beliebigen System vornimmt, läßt sich zunächst in die Form einer tabellarischen Abbildung bringen und prinzipiell als veritable (unter Umständen allerdings sehr komplexe) Funktion der Zeit darstellen, ohne daß die kausalen Abhängigkeiten der Systementwicklung überhaupt in den Blick genommen wurden.

Es sind aber vor allem die kausalen Relationen, auf deren Ermittlung eine für praktisches Handeln relevante Ökologie nicht weniger erpicht sein muß als die anderen empirischen Naturwissenschaften. Für diese Ansicht sprechen wenigstens zwei Gründe. Der eine ist methodologischer Art: Was den naturwissenschaftlichen Wissenserwerb vor anderen Formen des Erkenntnisgewinns und der Erfahrung auszeichnet, ist ja wesentlich die Möglichkeit der experimentellen Überprüfung von singulären Voraussagen, die sich ihrerseits aus Theorien ableiten lassen, die sich nicht nur auf den je beobachtbaren oder die bereits beobachteten Einzelfälle, sondern auf die ganze Klasse ähnlicher Gegebenheiten beziehen. Nur die empirischen Fakten, die nach theoretischer Anleitung regelgerecht und mithin prinzipiell von jedermann reproduzierbar sind, können in diesem Rahmen als intersubjektiv verbindlich erklärt gelten. Die regelgerechte Reproduktion von Phänomenen, welcher Art auch immer, bringt aber allemal Kausalverhältnisse ins Spiel und nicht bloß zeitliche Abhängigkeiten, wie sie sich auch der einfachen Beobachtung immer wieder erschließen mögen. Denn im Experiment werden bestimmte Faktoren gezielt miteinander in Beziehung gebracht, indem Parameter kontrolliert verändert und die Randbedingungen der zu beobachtenden Systementwicklung möglichst konstant gehalten werden. Die experimentelle Prüfbarkeit nomologischer Behauptungen beruht also auf der vorsätzlichen Nutzung bzw. Herstellung von Kausalverhältnissen.

Mein anderer Grund für die Unterstellung, naturwissenschaftliche und somit auch ökologische Forschung müsse vorrangig an der Entdeckung kausaler Beziehungen interessiert sein, ist technisch-praktischer Art. Schon die frühen Propagandisten moderner Naturwissenschaft zu Beginn der Neuzeit, wie beispielsweise Francis BACON, versprechen uns, nicht anders als die Ökologie der Gegenwart, den Erwerb von handlungsrelevantem Wissen. Es kann sich dabei freilich prinzipiell nicht um moralisch-praktische Zweck-Orientierung handeln, sondern nur um hypothetisch-technische Imperative. Solche Imperative empfehlen erfolgversprechende Mittel zu Zwecken, die man ohnehin schon verfolgt oder sich, aus welchen Motiven auch immer, zu eigen machen kann. Ob die Realisierung dieser Zwecke überhaupt wünschbar oder gar normativ geboten ist, läßt sich nicht aus den empirischen Fakten herauslesen, sondern steht auf einem ganz anderen Blatt (vgl. ESER & POTTHAST 1999: 25 f.). Die instrumentellen Handlungsalternativen, zu denen in naturwissenschaftlicher Perspektive also allenfalls vorzustoßen ist, ergeben sich aber nur aus der intersubjektiv prüfbaren Einsicht in das reguläre (gesetzesförmige) Zusammenwirken isolierbarer Kausalfaktoren.

Das Archiv der Philosophiegeschichte bietet selbstverständlich reichhaltiges Material, um über den ontologischen, metaphysischen, psychologischen oder methodologischen Charakter des Kausalitätsprinzips zu streiten. Ich denke, daß sich sein Status auch in Anbetracht der Physik des 2o. Jahrhunderts in einer Kantisch-Popperischen Perspektive befriedigend klären läßt (vgl. Andeutungen dazu in HESSE 1997). Selbst HUME, dessen

Auffassung KANT als unzureichend erweist, hält immerhin fest, die - epistemologisch problematische - Kausalrelation sei weitaus relevanter als die anderen Relationen, die unsere Vorstellungen (bzw. die vorgestellten Entitäten oder Ereignisse) miteinander verknüpfen könnten, nämlich die Relationen der Ähnlichkeit und der (zeitlichen wie räumlichen) Nachbarschaft (vgl. HUME 1984: 24 ff.). In der Philosophie der Naturwissenschaften wird aber spätestens seit RUSSELLS Generalangriff gegen das „philosophische" Konzept der Kausalität (vgl. RUSSELL 1912) immer wieder diskutiert, ob der Charakter naturwissenschaftlicher Gesetzesaussagen in dieser Perspektive überhaupt zureichend zu erfassen sei. Wie RUSSELL so gibt auch ein Manifest des sogenannten Wiener Kreises der logischen Positivisten die Parole aus, das Prinzip der Kausalität müsse von allem metaphysischen Schein befreit werden und könne daher eigentlich nur noch als „Bedingungsbeziehung, funktionale Zuordnung" aufgefaßt werden (NEURATH u.a., in: SCHLEICHERT 1975: 215). HEMPEL (1977) setzt in seiner paradigmatischen Theorie wissenschaftlichen Erklärens neben kausalen Gesetzen auch Strukturgesetze und statistische Gesetze an, denen er den kausalen Charakter abspricht, was meines Erachtens irrig ist (vgl. auch dazu HESSE 1997). Wenn man meinen oben präsentierten Überlegungen folgen mag, ist aber jedenfalls der Versuch unangemessen, das Konzept der Kausalität im Rahmen einer Theorie der Naturwissenschaften durch das (mathematische) Paradigma funktionaler Zuordnung zu ersetzen. Vor der Hypostasierung und Substantialisierung von Begriffen, die eigentlich immer (und nicht nur im Falle des Kausalbegriffs) nur Relationen ausdrücken, warnen andererseits nicht nur die Logischen Positivisten, sondern schon der Neukantianer CASSIRER (1994) zu Recht. Indessen entgeht die pragmatische (handlungstheoretisch perspektivierte) Theorie der Kausalität, für die ich hier skizzenhaft werbe, dieser Gefahr von vornehherein. Schon für KANT (1971, vgl. insbesondere B 240 - 256), der eine entsprechende Theorie der Kausalität zumindest andeutungsweise entwickelt, ist Kausalität nichts anderes als die entscheidende Kategorie der Relation, die sich in eine semantisch-pragmatische Regel zur Herstellung objektiver Erfahrung übersetzen läßt. Und selbst der verdächtigte Begriff der Substanz wird nicht erst von KANT und HEGEL als Relationsbegriff aufgefaßt, sondern bereits von ARISTOTELES zumindest implizit so konzipiert. Denn substantielle Bestimmungen sind, was sich als relativ stabil erweist nur im Wechsel vorübergehender und nicht immer oder meistens, sondern nur zufälligerweise auftretender Bestimmungen. Dabei lassen sich zwei Aspekte von Identität unterscheiden: die numerische Selbigkeit eines Individuums, das im Wandel seiner Bestimmungen eines und dasselbe bleibt, und die qualitative Gleichheit verschiedener Individuen, die an verschiedenen Raum-Zeit-Stellen auftauchen, sich aber zu einer Klasse von Entitäten zusammenfassen lassen. Inwiefern dieses Problem der Identität, das im Falle des sitzenden, stehenden, sprechenden, schweigenden, alternden Sokrates, der doch allemal ein Mensch ist, noch relativ leicht lösbar scheinen mag, sich auch in der modernen Ökologie stellt, zeigen JAX et al. (1998).

Wie steht es nun mit der zweiten Quelle, aus der moderne funktionalistische Ansätze schöpfen? Der organismische Begriff der Funktion ist weniger präzise bestimmt als der mathematische, tritt aber mit weitergehenden theoretischen Ansprüchen auf und verführt zugleich zu evaluativer Aufladung. In diesem funktionalistischen Blickwinkel, mit dem wohl schon das mittelalterliche Denken vertraut war, sind es ausschließlich Teile eines Ganzen, die eine Funktion erfüllen können, indem sie eine spezifische Leistung erbringen, die für das Ganze nützlich oder sogar unentbehrlich ist. In diesem Sinne erfüllt ein Organ wie Herz, Gehirn oder Niere eine relativ eindeutig bestimmbare Funktion für die Erhaltung eines lebendigen Organismus. Und Verteidiger, Torwart oder Mittelstürmer tragen in dieser funktionellen Weise das ihrige bei zu Sieg oder Niederlage ihrer Elf. Was immer Funktionen erfüllt, kann, wie man an diesen Beispielen sogleich sieht, den ihm im Rahmen der Zielsetzung eines Ganzen zukommenden Aufgaben, handele es sich nun um einen Beitrag zur blanken Selbsterhaltung oder zur gloriosen Meisterschaft, nicht nur besser oder schlechter gerecht werden, es ist auch durch funktionelle Äquivalente (z.B. Dialysegerät, Auswechselspieler) mehr oder weniger problemlos und erfolgreich ersetzbar.

Funktionen, die Teilen eines Ganzen zugesprochen werden, bestehen also bei näherem Hinsehen in den relativ stabilen kausalen Rollen, die diese Teile im Rahmen eines komplexen kausalen Gefüges spielen. Zudem wird dieses Gefüge als Ganzes nicht einfach als Wirkung des kausalen Zusammenspiels seiner Teile aufgefaßt, sondern sozusagen als erwünschte, zweckmäßige Wirkung. Unter der zweckhaften Voraussetzung, ein Organismus solle sich in einer bestimmten Umwelt behaupten und erfolgreich vermehren können, lassen sich dann z.B.

Funktionen angeben, die unbedingt erfüllt sein müssen, aber sehr wohl durch unterschiedliche materielle Strukturen, also analoge Strukturen, realisiert sein (bzw. werden) können. Entsprechendes gilt unter der Voraussetzung, eine Fußballmannschaft wolle erfolgreich um die Meisterschaft in der Bundesliga konkurrieren. Ob es aber diese Mannschaft (und die ganze Meisterschaftsrunde), jenen Organismus, oder eine bestimmte Klasse ökologischer Phänomene bzw. Prozesse überhaupt geben sollte, wir sie also nach Kräften unterstützen, pflegen, erhalten sollten oder nicht, ist in funktionalistischer Perspektive ebenso wie in kausaler nur relativ zu weiteren vorgegebenen Zwecken feststellbar.

PLACHTER dagegen erwartet von funktionalistischen Ansätzen, was an der Aufdeckung von Kausalbeziehungen orientierte Ökologie seinem Verständnis nach prinzipiell nicht zu leisten vermag. Wo in dieser vermutlich ansteckenden Erwartung jedoch der Wurm steckt, möchte ich in knapper Kommentierung eines zusammenhängenden Zitats wenigstens andeuten. „Bei jedem Eingriff", so PLACHTER (1996: 299), „und jeder Nutzungsänderung muß die Veränderung verschiedener Naturgüter vergleichend beurteilt werden. Auf materieller Ebene ist ein solcher Vergleich im Prinzip nicht möglich, da die einzelnen Arten, Ökosysteme, Bodenzustände nicht kausal miteinander verknüpfbar sind. Das einzige, was all diese Naturelemente miteinander verbindet, sind die zwischen ihnen wirkenden Prozesse. Nur funktionale, prozeßorientierte Verfahren lassen somit eine synoptische Darstellung von Zuständen der Natur erwarten." Welcher Art, ist da allerdings zu fragen, könnten denn die zwischen Naturelementen „wirkenden" oder auch wechselwirkenden Prozesse sein, wenn nicht kausaler? Und kommt es bei einem „Eingriff" und „jeder Nutzungsänderung" nicht gerade darauf an, ihre kausalen Auswirkungen möglichst treffend vorauszuberechnen?

Etwas andere Probleme sind dagegen in der Tat mit der Forderung nach einer vergleichenden Bewertung ökologischer Einheiten unter Naturschutzgesichtspunkten verbunden. Bereits bei der basalen Einordnung individueller Systeme (egal welcher Größenordnung) in Klassen gleicher Elemente wie z.B. Arten oder Ökosystemtypen werden auch kausale Beziehungen und Dispositionen dazu eine Rolle spielen. (Es handelt sich bei solcher Klassenbildung streng genommen immer um die konstruktive Gleichsetzung bloß ähnlicher, also verschiedener, Elemente, von deren Unterschieden unter dem Leitgesichtspunkt der Einteilung abstrahiert wird.) Vor allem jedoch lassen sich die Funktionen solcher Klassenelemente in übergreifenden Systemen ebenso wie die ihnen äquivalenten anderen strukturellen Realisierungsmöglichkeiten dieser Funktionen quasi als adäquate Mittel zu einem bestimmten Zweck nur angemessen bestimmen, wenn zureichendes Wissen über die komplexen Ursache-Wirkungs-Zusammenhänge der Systemteile untereinander wie im Verhältnis System-Umwelt zur Verfügung steht. Funktionen sind also keineswegs einfacher zu bestimmen als kausale Abhängigkeiten, es sei denn man entwürfe Naturkompartimente auf dem Reißbrett, bestimmte hier selbstherrlich ihre Zwecke und ordnete ihnen in Gestalt von Funktionen probate Mittel zu, ohne sich um deren reale Verfügbarkeit zu sorgen.

Ob die kausalen Prozesse, mit denen es die Ökologie im besonderen zu tun hat, nun mit Hilfe mechanischer Parameter erfaßbar sind oder nicht, ob sie als deterministische Zusammenhänge oder nur stochastisch darstellbar sind, dies sind im Detail der Forschungsarbeit gewiß immer wieder entscheidende Fragen. Dem Erfordernis kausaler Erklärungen und dementsprechend experimentell prüfbarer Voraussagen auch komplexer ökologischer Phänomene ist mit dem Hinweis auf „funktionale Ansätze" aber schlechterdings nichts entgegenzusetzen. Denn die vergleichende funktionalistische Bewertung ökologischer Güter setzt allemal die genaue Kenntnis der faktisch wirksamen kausalen Beziehungen zwischen den Komponenten, Entitäten, Ereignissen voraus, die bewertet werden sollen. Sie erfordert darüber hinaus intersubjektiv verbindliche Wertsetzungen bzw. normative Zweckvorgaben für naturschützerisches Handeln, die nur politisch ermittelt werden können, weil keine Wissenschaft für sie geradestehen kann.

Äußere und Innere Zweckmäßigkeit der Natur

Die von PLACHTER ausgesprochene Vermutung, ökologische Zusammenhänge ließen sich im Rahmen der neuzeitlich etablierten üblichen Kausalwissenschaften des Physischen nicht angemessen erfassen, es bedürfe vielmehr zusätzlicher spezifisch ökologischer Erklärungsgesichtspunkte, findet auch in anderen Disziplinen der Biologie immer wieder Parallelen. So plädiert beispielsweise MAYR (1991: 34 ff.) in diesem Blickwinkel prinzipiell für eine „pluralistische" Modifikation des Kausalprinzips in der Biologie. Es ist indessen immer noch KANT (1968), der am pointiertesten begründet hat, warum die Wissenschaft vom Organischen auf eine besondere teleologische Heuristik angewiesen ist. Deswegen will ich versuchen, die entsprechenden Argumente aus der „Kritik der teleologischen Urteilskraft" knapp zu vergegenwärtigen und ihre Überzeugungskraft angesichts der fortgeschrittenen Wissenschaft andeutungsweise prüfen. Theoretischen Gewinn versprechen zumindest die prinzipielle epistemologische Besonnenheit und einige begriffliche Unterscheidungen, die KANTS eingeschränkte Rehabilitierung der Teleologie dem verwaschenen Funktionalismus der Gegenwart voraus hat.

KANT ist ein entschiedener Anhänger der modernen Naturwissenschaft, die ihm in Gestalt der Newtonischen Physik vor Augen stand. Vorbildhaft erscheint ihm die mathematisch-empirische Physik, weil in ihr wirklich zu intersubjektiv verbindlicher Erkenntnis vorgedrungen werde, wie sich nicht zuletzt im Fortschritt der wissenschaftlicher Erkenntnis zeige. Das Prädikat „mechanisch" verdient diese Naturwissenschaft allein deswegen, weil sie die natürliche Welt der Phänomene als kausales Wirkungsgefüge entwirft und feststellt, ohne auf die ordnende Kraft absichtlicher Zwecksetzungen eines Schöpfergottes bzw. der Natur selber zu rekurrieren. Die Teleologie, die natürliche Phänomene im Unterschied zum modernen Funktionalismus freimütig explizit auf Zweckgesichtspunkte bezieht, ist daher auch für Kant zunächst einmal kein Teil der gewöhnlichen Naturwissenschaft, sondern allenfalls als ein Thema im Rahmen ihrer Propädeutik anzusehen. „Dies geschieht", so erläutert KANT (1968, § 68, S. 248), „um das Studium der Natur nach ihrem Mechanism an demjenigen festzuhalten, was wir unserer Beobachtung oder den Experimenten so unterwerfen können, daß wir es gleich der Natur, wenigstens der Ähnlichkeit der Gesetze nach, selbst hervorbringen könnten; denn nur soviel sieht man vollständig ein, als man nach Begriffen selbst machen und zustande bringen kann:"

Es ist diese kausalwissenschaftliche Perspektive, aus der sich KANT gleichwohl genötigt sieht, teleologische Urteile zu rehabilitieren. Denn es gibt seiner Beobachtung nach Phänomene, deren besondere Natur auf andere Weise gar nicht angemessen erfaßt werden kann: Organismen. Im Unterschied zum modernen Funktionalismus ist KANT jedoch penibel darum besorgt, die Ebene wissenschaftlicher Erklärung nicht mit der Ebene normativ-praktischer Bewertung zu vermengen. Er entgeht daher jedenfalls dem Vorwurf, dem erlegen zu sein, was man heute einen naturalistischen Fehlschluß zu nennen pflegt. Kant bestimmt Geltungsbereich und Voraussetzungen der wissenschaftlich vertretbaren Rede von Zwecken so vorsichtig und umsichtig, wie man sich das auch von den Fürsprechern des modernen Funktionalismus wünschen möchte. Schließlich zeigen seine Überlegungen unmißverständlich, daß Zweckgesichtspunkte in der Naturforschung überhaupt nur eine Rolle spielen können, wo es um eine weiterführende Beurteilung von Kausalbeziehungen geht.

In diesem Blickwinkel haben Zweckgesichtspunkte nur Berechtigung, wenn sie zur Entdeckung besonderer Gesetzmäßigkeiten in gegebenen Ursache-Wirkungs-Verhältnissen führen, die jedenfalls auch den allgemeinen Kausalgesetzen gehorchen müssen. Was damit prinzipiell gemeint ist, läßt sich am überzeugendsten an der Herstellung von Artefakten erörtern. Denn wo Menschen technisch handeln, da integrieren sie Kausalfaktoren gemäß zweckvoller Planung. Das bedeutet: Zwecke als die begriffliche Antizipation der angestrebten Resultate, sind hier die zusätzliche Bedingung, unter der bestimmte Kausalrelationen allererst wirksam werden. So sind bei einem Hausbau beispielsweise die Gesetze der Statik wie überhaupt die kausalen Eigenschaften des verwendeten Materials zu beachten. Dennoch läßt sich ein fertiges Haus nicht angemessen als Resultat des blinden Ineinandergreifens absichtsloser natürlicher Kausalprozesse verstehen. Wer herausfinden will, wie ein Artefakt wirklich beschaffen ist und deshalb experimentell nach einer verläßlichen Herstellungsregel sucht, wird folglich auch nicht nur die wesentlichen kausalen Parameter richtig bestimmen müssen, er hat sie und die sie ins Werk setzenden Prozesse auch im Hinblick auf einen Zweck, nämlich den fertigen Artefakt, vorsätzlich in die richtige Ordnung zu bringen.

Kant unterscheidet nun zwei ganz verschiedene Weisen, wie wir den Gesichtspunkt zweckhafter, also handlungsanaloger, Ordnung bei der Beurteilung natürlicher Zusammenhänge geltend machen können. Von der inneren Zweckmäßigkeit eines Naturwesens dürfe, ja müsse um der besseren Erkenntnis willen die Rede sein, weil uns die eigentümliche Organisationsweise der Organismen gewissermaßen dazu zwinge, sie nicht als bloßen Kausalmechanismus, sondern als zweckmäßig organisierte Ganzheiten anzusehen. Relative oder äußere Zweckmäßigkeiten dagegen könnten wir überall entdecken, wo wir Naturelemente als Material und Mittel zu Zwecken anderer und nicht zuletzt für unsere eigenen ansähen. Ich werde gleich noch nach Anhaltspunkten dafür suchen, ob oder inwiefern wir KANTS Verständnis des Organismus heute noch teilen (können). Zunächst aber fällt die frappierende Parallele von äusserer Zweckmäßigkeit und aktuellem Funktionalismus auf. Es ist nämlich exakt die relative, äußere Zweckmäßigkeit, die unter dem Gesichtspunkt einer vergleichenden funktionalistischen Bewertung von Naturelementen in den Blick kommt. Und da KANT (1968, § 63, S. 229 ff.) selber den Sachverhalt ebenso anschaulich beschreibt wie er die Willkür unmißverständlich benennt, die ihn umstandslos bewertet, erlaube ich mir im folgenden, den Klassiker ausführlich zu zitieren (kursive Hervorhebungen von mir, H.H.), bevor ich die entscheidenden Punkte seiner Überlegung noch einmal nenne:

„Die Flüsse führen z.B. allerlei zum Wachstum der Pflanzen dienliche Erde mit sich fort, die sie bisweilen mitten im Lande, oft auch an ihren Mündungen absetzen. Die Flut führt diesen Schlick an manchen Küsten über das Land oder setzt ihn an dessen Ufer ab; und wenn vornehmlich Menschen dazu helfen, damit die Ebbe ihn nicht wieder wegführe, so nimmt das fruchtbare Land zu, und das Gewächsreich gewinnt da Platz, wo vorher Fische und Schaltiere ihren Aufenthalt gehabt hatten. Die meisten Landeserweiterungen auf diese Art hat wohl die Natur selbst verrichtet, und fährt damit auch noch, obzwar langsam, fort. - *Nun fragt sich, ob dies als ein Zweck der Natur zu beurteilen sei, weil es eine Nutzbarkeit für den Menschen enthält; denn die für das Gewächsreich selber kann man nicht in Anschlag bringen, weil dagegen ebensoviel den Meergeschöpfen entzogen wird, als dem Lande Vorteil zuwächst.*

Oder um ein Beispiel von der Zuträglichkeit gewisser Naturdinge als Mittel für andere Geschöpfe (wenn man sie als Zwecke voraussetzt) zu geben, so ist kein Boden den Fichten gedeihlicher als ein Sandboden. Nun hat das alte Meer, ehe es sich vom Lande zurückzog, so viele Sandstriche in unseren nördlichen Gegenden zurückgelassen, daß auf diesem für alle Kultur sonst so unfruchtbaren Boden weitläufige Fichtenwälder haben aufschlagen können, *wegen deren unvernünftiger Ausrottung wir häufig unsere Vorfahren anklagen*; und da kann man fragen, ob diese uralte Absetzung der Sandschichten ein Zweck der Natur war zum Behuf der darauf möglichen Fichtenwälder. Soviel ist klar, daß, wenn man diese als Zweck der Natur annimmt, man jenen Sand auch, aber nur als relativen Zweck einräumen müsse, wozu wiederum der alte Meeresstrand und dessen Zurückziehen das Mittel war; denn in der Reihe der einander subordinierten Glieder einer Zweckverbindung muß ein jedes Mittelglied als Zweck (obgleich eben nicht als Endzweck) betrachtet werden, wozu seine nächste Ursache das Mittel ist. Ebenso, wenn einmal Rindvieh, Schafe, Pferde usw. in der Welt sein sollten, so mußte Gras auf Erden, aber es mußten auch Salzkräuter in Sandwüsten wachsen, wenn Kamele gedeihen sollten, oder auch diese und andere grasfressende Tierarten in Mengen anzutreffen sein, wenn es Wölfe, Tiger und Löwen geben sollte. *Mithin ist die objektive Zweckmäßigkeit, die sich auf Zuträglichkeit gründet, nicht eine objektive Zweckmäßigkeit der Dinge an sich selbst, als ob der Sand für sich, als Wirkung aus seiner Ursache, dem Meere, nicht könnte begriffen werden, ohne dem letzteren einen Zweck unterzulegen und ohne die Wirkung, nämlich den Sand als Kunstwerk zu betrachten.* Sie ist eine bloß relative, dem Dinge selbst, dem sie beigelegt wird, bloß zufällige Zweckmäßigkeit; und obgleich unter den angeführten Beispielen die Grasarten für sich, als organisierte Produkte der Natur, mithin als kunstreich zu beurteilen sind, so werden sie doch in Beziehung auf Tiere, die sich davon nähren, als bloße rohe Materie angesehen.

Wenn aber vollends der Mensch, durch Freiheit seiner Kausalität, die Naturdinge seinen oft törichten Absichten (die bunten Vogelfedern zum Putzwerk seiner Bekleidung, farbige Erden oder Pflanzensäfte zur Schminke), manchmal auch aus vernünftiger Absicht, das Pferd zum Reiten, den Stier und in Minorka sogar den Esel und das Schwein zum Pflügen zuträglicher findet: so kann man hier auch nicht einmal einen relativen Naturzweck (auf diesen Gebrauch) annehmen. Denn seine Vernunft weiß den Dingen eine Übereinstimmung mit seinen willkürlichen Einfällen, wozu er selbst nicht einmal von der Natur prädestiniert war, zu geben. Nur wenn man annimmt, Menschen haben auf Erden leben sollen, so müssen doch wenigstens die Mittel, ohne die sie als Tiere und selbst als vernünftige Tiere (in wie niedrigem Grade es auch sei) nicht bestehen könnten, auch nicht fehlen; alsdann aber würden diejenigen Naturdinge, die zu diesem Behufe unentbehrlich sind, auch als Naturzwecke angesehen werden müssen.

Man sieht hieraus leicht ein, daß die äußere Zweckmäßigkeit (Zuträglichkeit eines Dinges für andere) nur unter der Bedingung, daß die Existenz desjenigen, dem es zunächst oder auf entfernte Weise zuträglich ist, für sich selbst Zweck der Natur sei, für einen äußeren Naturzweck angesehen werden könne. Da jenes aber durch bloße Naturbetrachtung nimmermehr auszumachen ist, so folgt, daß die relative Zweckmäßigkeit, ob sie gleich hypothetisch auf Naturzwecke Anzeige gibt, dennoch zu keinem absoluten teleologischen Urteile berechtige."

Es sind vier Beobachtungen Kants, die mir in Zusammenfassung dieses Textausschnitts besonders bemerkenswert erscheinen: 1. schon Kant diagnostiziert ökologisches Mißmanagement, indem er von der unvernünftigen Ausrottung der Fichtenwälder durch vorhergehende Generationen spricht. 2. In vielen Fällen menschlicher Naturnutzung läßt sich noch nicht einmal von einem relativen Nutzwert der Natur für den Menschen sprechen. Nur wenn man voraussetzt, daß eine Menschheit überhaupt sein soll, kann man von den notwendigen Mitteln ihres Überlebens als von äußerlichen, relativen Zweckmäßigkeiten reden. Die Frage, ob irgend etwas sein soll oder nicht, und sei es die Menschheit als solche, läßt sich mit naturwissenschaftlichen Mitteln aber prinzipiell nicht beantworten. 3. Es gibt indessen in der Natur Systeme, die in sich selbst zweckmäßig organisiert scheinen und daher quasi als „Kunstwerke" anzusehen sind, nämlich als ob sie Werke einer Herstellungskunst seien, die Ursache-Wirkungs-Beziehungen absichtsvoll zu einem organischen Ganzen integriert hat. 4. Solche organischen Systeme können im Zusammenspiel natürlicher Gegebenheiten ebenso wie anorganische Gegebenheiten für bestimmte Organismen (Sand für Fichten) auch für andere organische Systeme, z.B. als Nahrung (Gras für Grasfresser), nützlich sein. Die (wissenschaftliche) Beobachtung und Erklärung solcher äußeren Zweckmäßigkeiten erfordert indessen keinerlei teleologische Perspektive und legitimiert schon gar nicht die Behauptung, es handele sich hierbei um objektive Zwecke der Natur.

Während Kant mit Hilfe der Unterscheidung von innerer und äußerer Zweckmäßigkeit den epistemologischen Status teleologischer Urteile grundsätzlich zu klären versucht, spielt der Terminus der Teleologie freilich im Rahmen moderner funktionalistischer Ansätze überhaupt keine Rolle. Und auch vom Zweck-Mittel-Schema und seinem handlungstheoretischen Kontext ist wohl kaum die Rede. Solange Funktionen nur als numerische Zuordnungen oder auch als relativ stabile kausale Rollen verstanden werden, ist daran nichts auszusetzen. Wo immer aber durch die funktionalistische Darstellungsweise solcher Kausalfaktoren auch Bewertungsgesichtspunkte etabliert werden sollen, wird implizit immer unterschieden zwischen dem, was bloß zu einem anderen gut ist, und dem, wozu anderes gut und was in letzter Instanz an und für sich gut ist. Kants Feststellung, die auf diesem Wege entdeckte relative Zweckmäßigkeit in kausalen Naturzusammenhängen berechtige nicht zu einem absoluten teleologischen Urteil, könnte in die Sprache der gegenwärtigen Debatte übersetzt deshalb heißen: Die Entdeckung funktioneller Zusammenhänge und funktioneller Äquivalente versorgt uns nicht mit Bewertungsgesichtspunkten, die uns die Natur selber objektiv vorgäbe.

Objektiv vorgegeben wird uns von Natur dagegen die Struktur des Organismus. Der Grad an Organisation, der lebendige Systeme sinnfällig auszeichnet, ist Kant zufolge nicht befriedigend als Wirkung des völlig vernunftlosen Kausalgeschehens (und in genau diesem Sinne: nicht mechanisch) erklärbar. Niemals, so seine eindeutige Prognose, werde ein „Newton des Grashalms" auftreten können, „der auch nur die Erzeugung eines Grashalms nach Naturgesetzen, die keine Absicht geordnet hat, begreiflich machen werde" (KANT 1968, § 75, S. 265). Vielmehr müsse hier die Idee des wohlorganisierten Ganzen als die Bedingung für die Anordnung der kausalen Interdependenzen zwischen allen seinen Teilen betrachtet werden.

Wie man auf die Anwesenheit von Menschen schließen müsse, wenn man in einem scheinbar unbewohnten Land auf einmal ein regelmäßiges Sechseck in den Sand gezeichnet finde (KANT 1968, § 64. S. 233), so führe auch die komplexe Ordnung eines Organismus seinen wissenschaftlichen Betrachter unvermeidlich auf teleologische Erwägungen. Denn ein Organismus ist, wie Kant schreibt, von sich selbst Ursache wie Wirkung. So erzeuge erstens zwar ein Organismus, im Beispiel Kants ein Baum, nach bekannten (kausalen) Naturgesetzen einen anderen Baum, aber eben einen Baum derselben Art (KANT spricht von Gattung), das heißt, eine Einheit gleicher Form wie gleicher dynamischer Ordnung der inneren Prozesse. Zweitens bringe sich der Baum auch als Individuum selbst hervor, denn Wachstum sei in diesem Falle keine bloße „Größenzunahme nach mechanischen Gesetzen" sondern Stoffwechsel, gestalterische Anverwandlung ganz anders beschaffener Materien. Drittens erzeugten sich auch die Teile eine Organismus so, daß Erhaltung und Form aller Teile (Wurzel, Stamm, Blätter) wechselseitig von einander abhingen. (Vgl. KANT, 1968, § 64, S. 233 f.) Nur wo Zwecke im Spiel seien, könne indessen füglich davon die Rede sein, eine Wirkung, nämlich die angestrebte, sei zugleich Ursache eben dieser Wirkung (KANT 1968, § 65, S. 235). In einem Organismus ist aber, wenn die oben gegebene Beschreibung zutrifft, „alles Zweck und wechselseitig auch Mittel"; und daher sei in ihm auch nichts „umsonst, zwecklos oder einem blinden Naturmechanismus zuzuschreiben." (KANT 1968, § 66, S. 239) Muß da nicht also, so ließen sich diese Hinweise etwas flapsig zusammenfassen, doch einer gewesen und zwar zweckmäßig tätig gewesen sein?

Sobald sich diese Frage aufdrängt, scheint der Weg zu nüchterner biologischer Wissenschaft freilich verstellt, das Tor zur Affirmation der Intuitionen der natürlichen Theologie dagegen weit aufgestoßen zu werden. Die Zweckmäßigkeit der Organisation von Lebewesen, die ihre wissenschaftliche Erforschung KANT zufolge nicht ignorieren darf, rechtfertigt indessen keine Glaubenssätze. Ob sie überhaupt auf absichtliche Zwecksetzung zurückzuführen ist, ist in KANTS Sicht eine erfahrungswissenschaftlich keinesfalls zu beantwortende Frage (vgl. KANT 1968, § 68, S. 247). Und von den Artefakten menschlicher Herstellungskunst, die das Paradigma teleologischer Kausalität vorgeben, unterscheidet sich organisierte Natur jedenfalls in signifikanter Weise. Denn während beispielsweise auch in einer Uhr alle Teile akkurat zusammenwirken müssen, damit sie funktioniert, stellen ihre Teile einander und die Uhr als Ganze doch nicht von sich aus, selbständig her. In „einer Uhr ist ein Teil das Werkzeug der Bewegung der anderen, aber nicht ein Rad die wirkende Ursache der Hervorbringung des anderen; ein Teil ist zwar um des anderen willen, aber nicht durch denselben da." (KANT 1968, § 65, S. 237)

Was KANT angesichts der Staunen erregenden Zweckmäßigkeit des Organismus ausdrücklich legitimiert, ist dagegen eine spezifische biowissenschaftliche Heuristik, die ihren empirischen Gegenstand nicht nur als kausales Gefüge bestimmt, sondern seine zweckmäßige Organisation bei der Ermittlung kausaler Bezüge im Blick behält. Die regulative „Maxime: daß nichts in einem solchen Geschöpf umsonst sei", kann den für alle empirische Naturwissenschaft konstitutiven Grundsatz der Kausalität, „daß nichts von ungefähr geschehe" (KANT 1968, § 66, S. 239 f.), gar nicht ersetzen, sondern nur ergänzen. Es wird weiterhin gefordert, alle Phänomene, auch die zweckmäßigsten, „so weit mechanisch zu erklären, als es immer in unserem Vermögen (...) steht" (KANT 1968, § 78, S. 282). Gibt es doch streng genommen gar keine teleologischen Erklärungen von Phänomenen (vgl. KANT 1968, § 78, S.279) (und dementsprechend auch gar keine funktionalistischen, wie sogar der erklärte Funktionalist LUHMANN, 1970: S. 12, einräumt). Der heuristische (vgl. KANT 1968, § 78, S. 277) Gesichtspunkt der Zweckmäßigkeit erlaubt den „Zergliederer(n) der Gewächse und Tiere" (KANT 1968, § 66, S. 239) nur, eine zusätzliche „andere Art der Nachforschung, als die nach mechanischen Gesetzen ist", um deren „Unzulänglichkeit (...), selbst zur empirischen Aufsuchung aller besonderen Gesetze der Natur, zu ergänzen" (KANT 1968, § 68, S. 247).

Eingedenk der Fortschritte in der Molekulargenetik, die Kant in keiner Weise vorausgeahnt hat, wie aufgrund der Bekanntschaft mit systemtheoretischen Konzeptionen des Organismus als eines hierarchisch organisierten Ganzen (BERTALANFFY 1932) bzw. als autopoietischer Maschine (also Mechanik) (MATURANA 1985, vgl. dazu auch HESSE 1999: 225 f.) wird man heute allerdings sogar an der weiteren Legitimität einer bloß heuristischen Teleologie zweifeln dürfen. Scheint doch die „bildende" und nicht bloß bewegende Kraft, die Kant dem Organismus zuschreibt, inzwischen durch eine ganze Reihe von Newtons des Grashalms als durchaus mechanisch und technisch handhabbar fast gänzlich entschlüsselt worden zu sein. Ich will Kants prinzipielle Skepsis in diesem Punkt nicht verteidigen, die sich nicht zuletzt in einer Zurückweisung des Gedankens der Selbstorganisation äußert (vgl. KANT, § 65, S. 237 f.). Was sich von ihm in diesen Zusammenhängen auch heute noch lernen bzw. in Auseinandersetzung mit seinen Texten schärfen läßt, ist meines Erachtens vor allem ein überlegter und kohärenter Umgang mit Begriffen. In diesem Sinne wären die verschiedenen Theorien der Selbstorganisation aus KANTS Sicht vor allem daraufhin zu prüfen, ob sie den Übergang von unorganisierter (physikalisch modellierbarer) zu organisierter (biologisch und informationstheoretisch modellierbarer) Materie wirklich theoretisch wie technisch bewältigen und somit regelgerecht reproduzierbar gemacht haben.

KANT macht allerdings auch kein Geheimnis daraus, mit der „Kritik der Urteilskraft" anspruchsvolle systematische, und das heißt im Kontext seines Werks sehr wohl: metaphysische, Interessen zu verfolgen. Es geht letztlich darum, wie theoretisch-wissenschaftliche und ethisch-praktische Vernunft, kausale Naturgesetzlichkeit und Freiheit des Handelns nebeneinander bestehen und miteinander vermittelt werde können. Und die Gedanken, die KANT über die Ergänzungsbedürftigkeit der Kausalwissenschaft durch teleologische Gesichtspunkte und die Vereinbarkeit dieser beiden Perspektiven in einem unerkennbaren übersinnlichen Grund ihrer Einheit anstellt, führen nach Zurückweisung der seinerzeit recht beliebten Physikotheologie schließlich ins Zentrum seiner philosophischen Gotteslehre.

Versuch eines Fazits:

Der Terminus Funktion hat in wissenschaftlichen Kontexten verschiedene Bedeutungen. Zu unterscheiden sind vor allem die mathematische und die organismische Funktion. Weder die Aufstellung mathematischer, noch die Ermittlung organismischer Funktionen kann in fruchtbare Konkurrenz mit kausalen Erklärungsansätzen treten, wie gelegentlich suggeriert wird. Kausale Erklärungen nehmen einerseits erst wissenschaftlich befriedigende nomologische Form an, wenn sie sich als mathematische Zuordnungsfunktionen mindestens zweier Variablen darstellen lassen. Andererseits setzen Versuche der funktionalistischen Bewertung von natürlichen oder gesellschaftlichen Gütern bzw. Leistungen genaue Kenntnis der vergleichend betrachteten Ursache-Wirkungs-Zusammenhänge voraus, die im Blickwinkel technischen Handelns in Zweck-Mittel-Relationen übersetzt werden. Es sind nur verschiedene Mittel zur Erreichung eines vorausgesetzten Zwecks, nämlich einer als erwünscht unterstellten Wirkung (bestehe sie auch bloß in der Erhaltung einer übergeordneten Einheit), die als funktionell äquivalent betrachtet und unter dem Gesichtspunkt ihrer unerwünschten Nebeneffekte einer Bewertung zugeführt werden können. Der für Ökologen anscheinend besonders attraktive „Äquivalenzfunktionalismus" (LUHMANN 1970: 15) ist daher bestenfalls exakt so leistungsfähig wie die Ökologie als Kausalwissenschaft.

Es sind darüber hinaus handlungsorientierende Zweckgesichtspunkte, die von den funktionalistischen Ansätzen in mehr oder weniger kryptischer Weise zur Geltung gebracht werden. Denn die funktionalistischen Konzeptionen, die heute vor allem in den Bio- und Sozialwissenschaften Aufmerksamkeit fordern, stehen in der organismischen Tradition (Vgl. LUHMANN 1970: 18) und bewegen sich meist unbedacht in einem zweideutigen Feld von wissenschaftlichen Argumenten und sonstigen Überzeugungen. Hier vermischen sich daher Interessen und verwirren sich Ebenen, die umwillen wissenschaftlicher Redlichkeit wie angemessener politischer Entscheidungsfindung möglichst genau unterschieden werden sollten.

Zur Beseitigung dieser Amphibolien könnte ein Blick auf Kants Kritik der teleologischen Urteilskraft beitragen. Denn während funktionalistische Ansätze der Gegenwart relativ unbekümmert mit quasi-teleologischen Denkfiguren arbeitet, hat Kant ihren epistemologischen Status gründlich zu klären versucht. Hilfreiche Grenzziehungen erlaubt vor allem Kants Unterscheidung von innerer und äußerer Zweckmäßigkeit natürlicher Entitäten.

Nur im Hinblick auf die theoretisch-wissenschaftliche Erkenntnis (und nicht etwa die praktisch-politische Bewertung) bestimmter natürlicher Objekte ist laut Kant eine teleologische Heuristik unverzichtbar. Es handelt sich dabei überdies um eine einzige Klasse von Gegenständen: die Organismen. Auf andere ökologische Einheiten, wie z.B. Ökosysteme und ihre Kompartimente, läßt sich dagegen der Begriff der strikten inneren (objektiven) Zweckmäßigkeit nicht anwenden.

Dagegen ist der Begriff der relativen äußeren Zweckmäßigkeit, auf dem auch die Möglichkeit vergleichender funktionalistischer Bewertung natürlicher Gegebenheiten beruht, fast ubiquitär verwendbar. Die Entdeckung solcher funktionellen Zusammenhänge und die Feststellung funktioneller Äquivalente erweitert unseren technischen Handlungsspielraum in ökologischen Zusammenhängen. Sie liefert aber keinerlei verbindliche Kriterien für die Bewertung dieser Handlungsmöglichkeiten. Es gibt keinen rational zwingenden Übergang von der Einsicht in faktische Gegebenheiten und technische Möglichkeiten zur Aufstellung verbindlicher Zwecke oder allgemeingültiger Wertmaßstäbe für politische Entscheidungen. Ob die naturschützerische Erhaltung irgendwelcher relativ stabiler natürlicher Entitäten oder durch und durch dynamischer Gegebenheiten wünschenswert ist oder gar in ethischer Hinsicht geboten, bleibt die Frage, die eine wissenschaftliche Ökologie nicht füglich beantworten kann.

Literatur

BERTALANFFY, L. von 1932: Theoretische Biologie I, Berlin.

CASSIRER, E. 1994 (Ersterscheinen 1907): Substanzbegriff und Funktionsbegriff - Untersuchungen über die Grundfragen der Erkenntniskritik - Wissenschaftliche Buchgesellschaft, Darmstadt: 459 S.

ESER, U. & T. POTTHAST 1999: Naturschutzethik. Eine Einführung für die Praxis, Nomos Verlagsgesellschaft Baden-Baden: 95 S.

HEMPEL, C.G. 1977: Aspekte wissenschaftlicher Erklärung, de Gruyter, Berlin/New York: 240 S.

HESSE, H. 1997: Erklären und Verstehen in der Ökologie - BTU Cottbus, Aktuelle Reihe 4/97: 9-30.

HESSE, H. 1999: Ordnung und Kontingenz - Alber, Freiburg: 288 S.

HUME, D. 1984 (11. Auflage der deutschen Übersetzung von 1869, Ersterscheinen 1748): Eine Untersuchung über den menschlichen Verstand - Meiner, Hamburg: 244 S.

JAX, K., CLIVE, C.G. & S.T.A. PICKETT 1998: The self-identity of ecological units - Oikos 82: 253-264.

KANT, I. 1971 (Nachdruck der 14. Auflage dieser Ausgabe von 1930, Ersterscheinen A 1781, Ersterscheinen B 1787) - Meiner, Hamburg: 847 S.

KANT, I. 1968 (unveränderter Nachdruck der 6. Auflage dieser Ausgabe von 1924, Ersterscheinen 1790): Kritik der Urteilskraft, Felix Meiner, Hamburg: 394 S.

LUHMANN, N. 1970: Funktion und Kausalität - Soziologische Aufklärung Band 1, Westdeutscher Verlag, Opladen: 9-30.

MATURANA, H. 1985: Erkennen: Die Organisation und Verkörperung von Wirklichkeit, Vieweg, Braunschweig: 322 S.

MAYR, E. 1991: Eine neue Philosophie der Biologie - München/Zürich: 470 S.

NEURATH, O. u.a. 1975 (Ersterscheinen 1929): Der Wiener Kreis der Wissenschaftlichen Weltauffassung - In: SCHLEICHERT, H., Logischer Empirismus und Wiener Kreis, München: 201-222.

RUSSELL, B. 1950 (Ersterscheinen 1912): On the Notion of Cause - In: RUSSELL, B., Mysticism And Logic And Other Essais, London: 180-208.

Redundanz von Arten, funktionellen Gruppen und ganzen Nahrungsnetzen in Abhängigkeit von äußeren Bedingungen: Definitions- und Verständnisproblematik am Beispiel von Bodenorganismen

Juliane Filser

*GSF - Institut für Bodenökologie, D-85764 Neuherberg**
e-mail: filser@gsf.de

Abstract

This paper reviews the current state of the art of functional groups and redundancy in soil organisms, with particular emphasis on Collembola and nitrogen turnover. At present, the subdivision of soil organisms into functional groups is mainly based on the food web model by HUNT et al. (1987), i.e. roots, fungi, and bacteria as basal resources with their subsequent food chains and gamasid mites as top predators. In this model, both detritiphagous and predacious macrofauna are ignored, and so is largely omnivory. Moreover, the group classification does not follow a consistent hierarchy. The "ecosystem engineers" concept has been realised in soil ecology since DARWIN, and some other promising ideas have been published recently (BONGERS 1990; FABER 1991; BEARE et al. 1995) - yet there exists no overall functional classification which includes all important organisms in a hierarchical scheme.

The validity of the current classification of Collembola is evaluated on the basis of some recent laboratory studies. There is no justification to summarise the majority of this group in one functional group, since pronounced differences were found in the effects of a) euedaphic vs. epi-/hemiedaphic and b) different euedaphic species on either nitrogen mineralisation or plant growth. These differences partly could be explained by autecology or behaviour. The effects observed varied with environmental conditions, as it has been shown for other (soil) organisms as well.

Since it is likely that the present classification is not only insufficient in Collembola it is suggested to direct future efforts into the study of the biology of keystone species in soil in order to reveal basic mechanisms that might be used for a more general, widely applicable classification of soil organisms.

Redundancy with respect to a specific goal function (mostly plant growth) has been reported for single species, diverse groups of animals, and mycorrhiza and soil fauna, redundancy again varying with environmental conditions. Therefore it is suggested to use this expression exclusively sensu stricto ("superfluous") and replace the term "functional redundancy" by "species compensation" or "complementarity", specifying the (sets of) *functions and environmental conditions addressed. Since "species redundancy" per se is not testable this concept should not be used anymore.

Keywords: *functional groups, redundancy, decomposer food webs, soil organisms, Collembola, habitat effects, keystone species*

Schlüsselwörter: *funktionelle Gruppen, Redundanz, Zersetzernahrungsnetze, Bodenorganismen, Collembolen, Habitateffekte, Schlüsselarten*

---

* Neue Adresse: Universität Bremen, FB 2, Zentrum für Umweltforschung und Umwelttechnologie (UFT), Abt. 10 (Ökologie), 28334 Bremen.

Funktion, funktionelle Gruppen und Redundanz

Der Forschungsgegenstand „Biodiversität und Funktion" ist vor allem seit der Rio-Konferenz 1992 en vogue (z.B. BRUSSAARD et al. 1997; GRIME 1997; JOHNSON et al. 1996; TILMAN et al. 1997; VAN DER HEIDEN et al. 1998). Viele (nicht nur theoretisch orientierte) Arbeiten und Diskussionen kranken allerdings daran, dass versäumt wurde, die betrachteten Begriffe präzise zu definieren. Um der daraus resultierenden Begriffsverwirrung und damit einhergehenden Fehlinterpretationen und Missverständnissen entgegenzuwirken, seien zunächst einige Definitionen gegeben (Tabelle 1).

Tab 1.: Definitionen von Begriffen im Zusammenhang mir Redundanz und Funktion. Die hier genannten Definitionen verstehen sich nicht als allgemeingültig, sondern dienen der Erläuterung, in welchem Sinn die wichtigsten in diesem Artikel verwendeten Begriffe gebraucht werden. Sie wurden bewusst weit gefasst, um Raum für die in der Ökosystemforschung nötigen vielschichtigen Verwendungsmöglichkeiten zu geben.

Begriff	Definition	Erläuterungen und Abgrenzungen
Funktion	Aufgabe	Sammelbegriff, gilt sowohl für die Ökosysteme selbst als auch für seine Elemente wie Arten, Gruppen, Strukturen o.ä.
Redundanz	Ersetzbarkeit	nicht: Überflüssigkeit
Funktionelle Gruppe	Gruppe von Arten, die bezüglich einer bestimmten Funktion weitgehend redundant sind	Sammelbegriff, am ehesten vergleichbar mit „Gilde", jedoch nicht: taxonomische Gruppe oder „Bewohner" derselben Nische; vgl. Tabelle 2 und zugehöriger Text

So kann *Funktion* sich auf die gesamte Biosphäre, bestimmte Ökosysteme, (Mikro-) Habitate oder (Gruppen von) Organismen beziehen, sie kann aktuell oder potentiell sein. Da *ökosystemare Funktionen* („ecosystem functioning") stets mehrere Bezugsgrößen haben, ist es erforderlich, diese ebenfalls zu definieren: Die für den globalen Energiekreislauf relevante Funktion CO_2-Produktion <eines beliebigen Ökosystems> kann z.B. sowohl auf dieses System selbst (positive oder negative Bilanz), die „Lieferanten", die CO_2-Produzenten - also weitgehend Heterotrophe – als auch auf die „Bedürftigen", die CO_2-Konsumenten (Autotrophe) bezogen sein. Die *Produktivität* eines Ökosystems ist für derartige Summenparameter die wesentliche Zielgröße. Dies ist insofern legitim, als alle heterotrophen Lebewesen auf produzierte Biomasse angewiesen sind, berücksichtigt aber nicht weitere Funktionen von Ökosystemen, aus denen sich Zielvorstellungen des Arten- und Biotopschutzes ableiten. Dies sind zum einen die *Regulationsfunktion* (z.B. eines Auwalds für den Wasserhaushalt) und zum anderen die *Lebensraumfunktion* eines Ökosystems für Tiere, Pflanzen und Mikroorganismen. Diese Dreiteilung wird in der Bodenkunde seit einiger Zeit verwendet (z.B. WBGU 1994, wo zusätzlich noch die Kulturfunktion von Böden aufgeführt ist). Der zweite Definitionsbereich des ökologischen Funktionsbegriffs bezieht sich auf die Organismen selbst. In der Gemeinschaftsökologie gibt es eine Reihe etablierter Konzepte zur Klassifikation von Arten, die überwiegend auf ihrer *Funktion in der Lebensgemeinschaft* beruhen (Tab. 2) (wichtig ist hier vor allem die Unterscheidung von Gilden und Nischen: Angehörige einer Gilde können durchaus verschiedene Nischen besetzen (KREBS 1994)). Grenzen von Gilden sind objektiv schwer zu definieren, und das Erkennen einer Gilde bedeutet nicht notwendigerweise gleichzeitig eine funktionale Rolle in der Dynamik einer Gemeinschaft (PUTMAN 1994). Es fällt auf, dass nur zwei dieser Konzepte (Nische/Autökologie und der erst kürzlich in die wissenschaftliche Diskussion eingebrachte Begriff „ecosystem engineer") Interaktionen der Organismen mit der abiotischen Umwelt berücksichtigen. Abgesehen davon wird die Funktion in der Lebensgemeinschaft meist nur im Zusammenhang mit der Produktivität eines Ökosystems gesehen, nicht aber mit den anderen Funktionen (Ökosystem als Regelgröße, Gen-Pool oder „Diversitäts-Bank").

Tab. 2: Gängige Klassifikationskonzepte in der Gemeinschaftsökologie (zusammengestellt nach ODUM 1983; KREBS 1994; PUTMAN 1994; JONES und LAWTON 1995)

Klassifikation	Definitionen oder Beispiele
Ernährungsstufen (ELTON 1927)	Produzent, Konsument
Morphologie, Stressresistenz	z.B. Lebensform nach RAUNKIAER 1934, CSR-Theorie (GRIME 1977)
Systematik	Schmetterlingsblütler, Insekt
Nische / Autökologie (vgl. Pflanzensoziologie, z.B. ELLENBERG 1974)	bestimmt durch Physiologie, Verhalten und Umgebungseinflüsse, z.B. Trockenresistenz, Osmotoleranz
Nische / Synökologie (vgl. ELTON 1927)	bestimmt durch Nahrungsangebot, inter- und intrapezifische Konkurrenz, Prädation usw.
Gilde (ROOT 1967) → „arena of competition" (PIANKA 1980)	Gruppe von Arten, die gleiche Ressourcen in ähnlicher Weise nutzen; ungeachtet ihrer phylogenetischen Beziehungen → hohe Konkurrenz innerhalb einer Gilde
keystone species (ursprünglich „keystone predators, PAINE 1966)	Arten (auf beliebiger Trophieebene), deren Aktivitäten die Struktur einer Gemeinschaft bestimmen
ecosystem engineers (JONES & LAWTON 1994, 1997)	Arten, die physikalische Zustände eines Ökosystems verändern, z.B. Biber, Termiten, Korallen, Bäume

Der Terminus *„Funktionelle Gruppe"* per se ist (zumindest in den einschlägigen Lehrbüchern) nie konkret definiert worden und laviert dementsprechend irgendwo zwischen den in Tabelle 2 aufgeführten Konzepten. Funktionelle Gruppen werden oft willkürlich festgelegt, keineswegs immer einer logischen Hierarchie folgend (vgl. für eine hervorragende Analyse hierzu WIEGLEB 1996), und stellen z.B. so unterschiedliche „trophische Kategorien" wie Herbivore, Aasfresser, Holzbohrer und Ameisen gleichwertig nebeneinander (PUTMAN 1994; vgl. a. Text zu Abb. 1). Funktionelle Gruppen wurden in jüngerer Zeit insbesondere in der Botanik intensiv diskutiert (siehe hierzu Beitrag von BEIERKUHNLEIN & SCHULTE, in diesem Band), wobei als Basis für die Klassifikation vor allem Reaktion auf Umweltfaktoren und Stresstoleranz herangezogen wurden (z.B. CSR-Theorie: Widerstandsfähigkeit gegenüber Konkurrenz, Stress, Störung, GRIME 1977; Review in LAVOREL et al. 1997). Diese Klassifikationsansätze basieren weitgehend auf einem Verständnis der Ökologie im Sinne von KREBS (1994), wonach in erster Linie die *Reaktion* von Organismen auf äußere Faktoren berücksichtigt ist. Diese einseitige Betrachtungsweise ignoriert jedoch die *Aktion* der Organismen - Einfluss auf die Umwelt -, die in der (ursprünglicheren) HAECKEL'schen Definition und der Ökosystemtheorie (z.B. ELLENBERG et al. 1986) gleichrangig betrachtet wird. LAVOREL et al. (1997) geben mit „functional types" als nicht-phylogenetische Gruppen in Bezug auf entweder ihre Reaktion auf Umweltfaktoren oder auf den Beitrag der Arten zu ökosystemaren Prozessen erstmalig eine allgemein verwertbare Definition dieses Begriffs. Die Autoren führen auch an, dass Klassifikationen, die unter definierten Bedingungen (z.B. für eine bestimmte Klimazone) aufgestellt wurden, nicht unbedingt auf andere Bedingungen übertragbar seien. Ich halte diese Argumentation schlicht für einen Effekt unpräziser Definitionen bzw. der Überlagerung von Funktion und Stresstoleranz (Gilde und Nische).

Meine Definition von *Redundanz* war auf dem Arbeitskreis-Treffen nicht unumstritten, da sie von der ursprünglichen Bedeutung des Begriffs (überflüssig, -schüssig, tautologisch, repetitiv) etwas abweicht. Die Diskussion dieses Ausdrucks bzw. des Konzepts wird spätestens seit WALKER (1992) im Zusammenhang mit Biodiversität sehr kontrovers geführt (GITAY et al. 1996; vgl. a. GRIME 1997; TILMAN et al. 1997; SETÄLÄ et al. 1998) - entsprechend der konträren Meinungen in den jeweiligen „Lagern", die wesentlichen Funktionen in einem Ökosystem könnten von wenigen Arten bewerkstelligt werden, oder aber, jede Art sei einzigartig, habe eine ganz spezielle „Adresse" und „Beruf", d.h. Lebensgemeinschaft und Aufgabe in dieser (ELTON 1927, zitiert nach PUTMAN 1994). Mit der Nischentheorie „aufgewachsen", fühle ich mich zu letzterem eher hingezogen, halte aber auch gerade in Verbindung mit „Funktion" die von mir verwendete Definition von Redundanz für zutreffender, da sie besser dem Sinn entspricht, in dem der Begriff in der gegenwärtigen Debatte gebraucht wird (z.B. „functional groups that carry out somewhat redundant processes (e.g., primary producers)", RASTETTER & SHAVER, Kap. 21 in JONES & LAWTON (1995). Möglicherweise haben die unterschiedlichen Begriffsverständnisse zur Polarisierung der Meinungen beigetragen). GRIMM (Kap. 1 in JONES & LAWTON 1995) trägt auf erfreuliche Weise zur Klärung der Situation bei, indem sie „trophic, biochemical, or structural functional group" unterscheidet und ableitet, dass die Wahrscheinlichkeit der Redundanz mit der Detailliertheit und dem Spezialisierungsgrad der Definitionen der jeweiligen Funktionen sinkt.

Dies soll an einem einfachen Beispiel verdeutlicht werden: Die Arten A und B seien Leguminosen mit unterschiedlicher Wuchsform (krautig und Baum) und Temperaturtoleranz. Die Funktionen „Produktion" und „N-Bindung" sind also gleich (redundant), dies rechtfertigt die Zusammenfassung in eine gemeinsame funktionelle Gruppe. Unter Bedingungen, unter denen beide Arten existieren können, werden beide Biomasse produzieren und Stickstoff binden. Zum jeweiligen Temperaturextrem hin wird eine Art mehr und mehr dominieren und die andere schließlich ganz ablösen. Die Funktion bleibt die gleiche, nur die Zusammensetzung der Akteure hat sich als Reaktion auf Temperaturstress verändert. Bezüglich der Temperaturtoleranz sind die Arten also nicht redundant; dies ist jedoch keine Funktion, sondern eine Reaktion! Anders verhält es sich dagegen mit der Wuchsform: hier betrachten wir eine zweite Funktion, nämlich die des ecosystem engineers, und diesbezüglich sind die beiden Arten selbstverständlich nicht redundant.

Funktionsbegriff und Redundanz im Teilökosystem Boden

Böden sind Grundlage der Produktion von Nahrungsmitteln und nachwachsenden Rohstoffen, und so muss die Fruchtbarkeit von Produktionsflächen langfristig auf hohem Niveau gewährleistet bleiben. Auch in Untersuchungen des Teilökosystems Boden war und ist die primäre Zielgröße demzufolge die *Biomasseproduktion*. Die Erkenntnis, dass Böden u.a. als Wasserspeicher und Puffer, Filter bzw. Transformatoren für Schadstoffe agieren, führte zur Anerkennung der *Regulationsfunktion*. Die Funktion *„Lebensraum für Organismen"* kam erst viel später in die Diskussion. Sie wurde mit der Rio-Konferenz 1992 aufgewertet (der WBGU spricht 1994 von „standortgerechter, nachhaltiger und umweltschonender Bodennutzung"), erfuhr jedoch bis heute keine ausreichende Beachtung.

Die drei genannten Funktionen von Böden werden durch die relativen Anteile und Interaktionen ihrer biotischen und abiotischen Teilkomponenten vollführt. Die klassische Bodenkunde befasst sich überwiegend mit den abiotischen Komponenten, die Bodenökologie untersucht vorwiegend Stoffumsetzungsprozesse sowie die biotischen Komponenten und ihre Leistungen.

Ein kurzer Exkurs in die Historie der Bodenökologie (z.T. zitiert nach BRAUNS 1968) offenbart, dass bereits in der 1. Hälfte des vorigen Jahrhunderts durch BOUSSINGAULT und LIEBIG nachgewiesen wurde, „dass chemische Prozesse, die sich im Boden abspielen, für die Aufrechterhaltung der Bodenfruchtbarkeit von überragender Bedeutung sind". Spätestens seit DARWIN (1882) wird die Bedeutung von Regenwürmern für Streuabbau und Bodenstruktur beachtet - das Konzept der „ecosystem engineers" (nur nicht der Name) war in der Bodenkunde also schon lange erkannt und etabliert (vgl. BRUSSAARD & KOOISTRA 1993). Bald darauf wurden als Hauptakteure im Stoffumsatz die Mikroorganismen identifiziert. Zunächst wurden im Teilökosystem Boden nur die funktionellen Gruppen Produzenten (Pflanzenwurzeln) und *Destruenten* (Organismen, die Rückstände abbauen) unterschieden. FRANCÉ bezeichnete 1913 die Gesamtheit der letzteren als *Edaphon*. Eine erste Verfeinerung des Begriffs Edaphon stellte die Unterscheidung in *Erstzersetzer*, *Folgezersetzer* etc. dar, die sich aus der beobachteten Sukzession an Streu ergab. In späteren Jahren unterschied man - im Zusammenhang mit den aufkommenden Streubeutelversuchen - bei den Destruenten *Mineralisierer* (d.h. hauptsächlich Mikroorganismen) und *Grazer* (v.a. Mikro- und Mesofauna) als deren Regulatoren, bis schließlich *Interaktionen im Zersetzernahrungsnetz*, insbesondere im Bezug auf den Stickstoffkreislauf, vermehrtes Interesse fanden und HUNT et al. (1987) das erste Zersetzernahrungsnetz-Modell publizierten. Wesentlich hierbei war die Unterteilung des Nahrungsnetzes in einen „root channel", einen „fungal channel" und einen „bacterial channel", die mit den jeweils nachgeschalteten Nahrungsketten Unterschiede in der Abbaudynamik aufweisen. Nachfolgend wurde das Modell für andere Ökosysteme adaptiert, und es wurden einige kleinere Veränderungen vorgenommen (z.B. DE RUITER et al. 1994).

In Abbildung 1 ist ein derartiges Nahrungsnetz dargestellt, das in etwa dem heutigen „state of the art" entspricht. Als funktionelle Gruppen, die sich von den Basalressourcen im Boden - Pflanzenwurzeln und -rückstände, Pilze, Bakterien - ernähren, werden phytophage, fungivore und bakterivore Konsumenten sowie deren Räuber unterschieden. Dieses Modell hat einige entscheidende Nachteile: Zum einen fehlen in der Rhizosphäre (bis auf phytophage Nematoden) die gerade dort besonders konzentrierte Mikroflora, -fauna und Mesofauna, zum anderen die Konsumenten mit der größten Biomasse, nämlich die Makrofauna (Regenwürmer, Dipterenlarven usw.), schließlich Top-Prädatoren. Das Nahrungsnetz endet bei den Raubmilben, die hemiedaphischen und epigäischen Räuber (v.a. Laufkäfer und Spinnen) bleiben außen vor. Dies ist nicht nur bedenklich, weil diese Tiere zum einen von der Biomasse weitaus bedeutender als Raubmilben sind, sondern auch, weil sehr viele von ihnen durch ihre polyphage, z.T. auch omnivore (LANG 1998) Lebensweise die einzelnen Nahrungsketten miteinander verknüpfen und so die Zusammensetzung der Gemeinschaft entscheidend beeinflussen. Das (auch bei anderen Tieren) im Boden überaus häufige Phänomen der Omnivorie (BEARE et al. 1997) wird überhaupt nicht berücksichtigt, auch nicht die Tatsache, dass viele Tiere im Lauf ihres Lebenszyklus ihre Ernährung umstellen, z.B. von Bakterien auf Pilze (ANDRÉN & SCHNUERER 1985). Vom theoretischen Hintergrund her besonders fragwürdig ist jedoch die Bildung der „funktionellen Gruppen", die zwar ressourcenbasiert ist, jedoch leider auch phylogenetische Aspekte heranzieht: So ist nicht nachzuvollziehen, warum nicht bakteriophage Nematoden und Flagellaten zu Bakterienfressern oder Collembolen und Milben zu Mikroarthropoden zusammengefasst wurden. Geradezu fatal ist die Unterteilung der Milben:

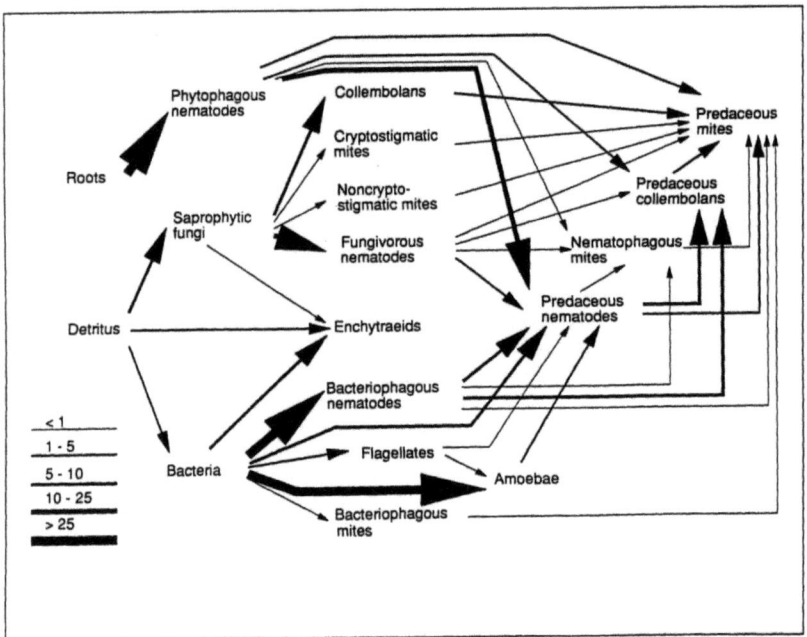

Abb. 1: Nahrungsnetzdiagramm des Lovinkhoeve-Versuchs (konventionelle Bewirtschaftung). Die Pfeildicke gibt den Einfluss einer einzelnen trophischen Interaktion auf die jährliche Stickstoff-Gesamtmineralisationsrate (kg N * ha^{-1} * a^{-1}) an (aus DE RUITER et al. 1994, mit freundlicher Erlaubnis des Elsevier-Verlags).

die Unterscheidung „non-/cryptostigmatic" ist rein taxonomisch, und warum bei den Milben räuberische gegen nematophage abgegrenzt wurden, ist gänzlich unlogisch. Unverständlich ist zudem, warum räuberische Collembolen ausgerechnet nur fungivore und phytophage Nematoden fressen sollten.

Abgesehen von BONGERS' Maturity Index (1990), der Bodenzustände anhand der Vermehrungsstrategien der vorkommenden Nematodenarten bewertet, hat sich seitdem auf dem Gebiet der funktionellen Gruppen von Bodentieren so gut wie nichts getan. Wie oben erwähnt, können die „ecosystem engineers" nicht als „neu" angesehen werden. Somit ist die jüngste Entwicklung das Konzept von FABER (1991), das Bodentiere anhand ihrer Nahrungspräferenzen im jeweils zugeordneten Mikrohabitat (Streuschicht, Mineralboden, Rhizosphäre) klassifiziert (Tab. 3):

„A league is a group of organisms (...) that exploit or process *more than one* habitat resource in a homologous manner. In other words, leagues result from two (or more) overlapping guild classifications that use different habitat resources as criteria." (FABER 1991: 111)

Das Entscheidende an diesem Konzept ist die Berücksichtigung möglicher Omnivorie durch die Zusammenfassung mehrerer Gilden. Als weitere Ligen schlägt FABER (1991) vor:

1. detritivore Bodenfauna (hierzu zählen z.B. Asseln oder epigäische Regenwürmer; die Nettoeffekte können identisch mit denen der Pilzfresser sein)

2. anözische Regenwürmer (Zerkleinerung, Bioturbation)
3. endogäische Regenwürmer (Bioturbation)
4. Räuber (mehrere Ligen, noch auszuarbeiten)

FABER stellt nicht nur die Lückenhaftigkeit bei der Klassifikation der von ihm nicht näher untersuchten Tiere fest, sondern auch die Unvollständigkeit seiner „fungus engulfers" („the diet of fungivores is not purely restricted to fungi") und verzichtet daher auch darauf, die Pilzfresser noch detaillierter aufzugliedern.

Tab. 3: Hypothetische Auswirkungen verschiedener Ligen pilzfressender Bodentiere auf den Stoffumsatz (aus FABER 1991)

Epigeic fungus engulfers	stimulate colonization of fresh litter by microflora, stimulate immobilisation of nutrients, reduce litter mass loss
Hemiedaphic fungus engulfers	affect net mineralization, enhance litter mass loss
Euedaphic fungus engulfers	affect plant root nutrient uptake and plant growth, stimulate microbial colonization of the rhizosphere

Zusammenfassend ist festzustellen, dass bei Bodentieren die aktuelle Einteilung in funktionelle Gruppen eher dürftig ist: Sie wurde weitgehend intuitiv vorgenommen, basierend auf Freiland-Korrelationen, morphologischen Kriterien und anhand von Labordaten weniger, gut kultivierbarer Organismen (dies sind in den seltensten Fällen die im Freiland relevanten). Eine der ganz wenigen Ausnahmen stellt die Arbeit von VERHOEF & DE GOEDE (1985) dar, die mit im Freiland dominanten Arten unter Feldbedingungen durchgeführt wurde. Auch finden Konkurrenz (SEASTEDT et al. 1988; HUHTA et al. 1998b), Mutualismus (SETÄLÄ 1995; BEARE et al. 1997; OHTONEN et al. 1997) und die weitverbreitete Omnivorie bei sog. Pilzfressern wie Collembolen (fressen sehr häufig Bakterien, Nematoden, aber auch Aas oder andere Arthropoden) oder Detritophagen wie Regenwürmern (fressen z.B. lebende Pflanzenwurzeln und mit Sicherheit auch Mikrofauna, die auf der Nahrung lebt) kaum Beachtung (ANDREN & SCHNUERER 1985; GILMORE & POTTER 1993; GUNN & CHERRETT 1993; BEARE et al. 1997; MEBES & FILSER 1998; FILSER & SETÄLÄ 1999).

„Research questions of the highest urgency are the assignment of species to functional groups and determining the redundancy of species within functional groups." (BRUSSAARD et al. 1997: 563)

Beispiel: Collembolen im Stoffhaushalt landwirtschaftlich genutzter Böden

Collembolen sind die in landwirtschaftlich genutzten Böden zahlenmäßig bedeutendste Arthropodengruppe und stellen den größten Teil der dort lebenden Mesofauna. Generell wird von der Hypothese ausgegangen, dass Tätigkeit und Interaktionen der Mesofauna den Stoffhaushalt im Boden regulieren und so das Pflanzenwachstum beeinflussen. Dabei ist zu berücksichtigen, dass die Zusammensetzung der Fauna stark von den Umgebungsbedingungen abhängt (so sind z.B. Mikroarthropden in Waldböden im allgemeinen von Milben dominiert). Ein positiver Einfluss einer diverseren Mesofauna auf das Pflanzenwachstum wurde im Labor für Waldböden nachgewiesen (SETÄLÄ 1995; HUHTA et al. 1998a), im Freiland (tallgrass prairie) jedoch nicht (SEASTEDT et al. 1988). Voraussetzung für eine regulierende Tätigkeit ist unterschiedliches Fraßverhalten a) verschiedener Arten, b) einzelner Arten im zeitlichen

Verlauf und c) einzelner Arten bei unterschiedlichen Umgebungsbedingungen. Hierzu gibt es einige wenige Untersuchungen in Waldböden (VERHOEF & DE GOEDE 1985; FABER 1991; FABER & VERHOEF 1991; HUHTA et al. 1998a), die Daten für landwirtschaftlich genutzte Böden sind noch spärlicher (ANDRÉN & SCHNUERER 1985). Speziell mit Collembolen und in landwirtschaftlichen Böden wurden solche Untersuchungen bisher nur in einer Studie (MEBES & FILSER 1998) oder im Zusammenhang mit phytopathogenen Pilzen durchgeführt (CURL et al. 1988). Auch FABERs (1991) Ligen-Konzept wurde nie experimentell überprüft.

Am Beispiel der Collembolen werden im folgenden die derzeitigen Vorstellungen zu Funktion, funktionellen Gruppen und Redundanz in Bezug auf den Stoffhaushalt dargestellt und mit Ergebnissen aus einigen Experimenten ergänzt. Ein Blick auf Abb. 1 zeigt, dass im Nahrungsnetzmodell Collembolen überwiegend als *Pilzfresser* klassifiziert werden, ein kleinerer Teil auch als *nematophag*.

Artspezifisch unterschiedliche Effekte auf den N-Umsatz und Einfluss der Umgebungsbedingungen

Die Hauptergebnisse dreier Laborversuche zum Einfluss verschiedener Collembolenarten aus unterschiedlichen funktionellen Gruppen auf den Stickstoffumsatz landwirtschaftlicher Böden sind in Tabelle 4 zusammengefasst. In mit Senfmehl (simulierte Gründüngung) angereichertem Boden hatten *Folsomia quadrioculata*, *Onychiurus armatus* und *Heteromurus nitidus* keinen ausgeprägten Effekt auf den mineralischen Stickstoff der Bodenlösung, während *Lepidocyrtus cyaneus* und *Isotoma notabilis* eine deutliche Immobilisierung gegenüber der Kontrolle bewirkten (MEBES & FILSER 1998). In einem ähnlichen Versuch (FILSER & WAGNER, unveröffentlicht) mit Klee als pflanzlichem Substrat bewirkten vier von fünf Arten eine deutliche N-Mobilisierung, *Onychiurus armatus* jedoch zu Versuchsbeginn eine Immobilisierung. *Folsomia fimetaria* hatte in diesem Versuch einen mobilisierenden Effekt, in einem anderen, in dem Gerstenpflanzen Teil des Modellsystems waren, hatte sie keine deutliche Auswirkung (FILSER & KROGH, unveröffentlicht). Dies zeigt, dass 1.) nicht alle Arten in einer funktionellen Gruppe redundant sind und 2.) dieselbe Art bei veränderten Umgebungsbedingungen ganz unterschiedliche Effekte haben kann.

Ressourcennutzung hängt sehr stark von den Umgebungsbedingungen ab (PUTMAN 1994), deren Einfluss auf die Leistungen von Bodentieren auch in anderen Versuchen nachgewiesen wurde. So hatte in stickstoffreichem Boden die Anwesenheit einer komplexen Mesofaunagemeinschaft gegenüber der Kontrolle ohne Mesofauna einen leicht negativen Effekt auf die N-Mineralisierung, in stickstoffarmem jedoch zumindest eine positive Tendenz (MEBES & FILSER 1998; FILSER & KROGH, unveröffentlicht). In Waldböden fanden verschiedene Autoren ebenfalls unterschiedliche, oft gegensätzliche, Effekte verschiedener Taxa der Bodenfauna in Abhängigkeit von den Umgebungsbedingungen, vor allem von der Stickstoffversorgung (VERHOEF & DE GOEDE 1985; FABER & VERHOEF 1991; FILSER & SETÄLÄ 1999). Eine große Bedeutung kommt dabei auch biotischen Interaktionen zu, insbesondere mit Mykorrhizapilzen (JOHNSON et al. 1996). So zeigten SETÄLÄ et al. (1997), dass die Beweidung der Mykorrhiza durch Mesofauna in stickstoffarmem Humusboden das

Tab. 4: Einordnung verschiedener Collembolenarten in funktionelle Gruppen nach DE RUITER 1994 (DR; f = fungal feeder, p = predaceous) und FABER 1991 (FA; eu = euedaphic, he = hemiedaphic, ep = epigeic) und ihr Einfluss auf die Stickstoffmineralisierung in Laborversuchen. A, MEBES & FILSER (1998): uL, 0,16 % N, Zugabe: Senfmehl, Dauer: 21 Wochen, Perkolatgewinnung durch Beregnen und Absaugen (in B und C destruktive Beprobung); B, FILSER & WAGNER (unveröffentlicht), lS, 0,18 % N, Zugabe: Klee, Dauer: 16 Wochen; C, FILSER & KROGH (unveröffentlicht): lS, 0,18 % N, Zugabe: Klee und Gerstenpflanzen, Dauer: 21 Wochen. Signifikante Effekte: + = Mobilisierung, - = Immobilisierung im Vergleich zur Kontrolle, +/- = keine deutlichen Effekte. Nicht ausgefüllte Zellen bedeuten, dass die Art im betreffenden Versuch nicht untersucht wurde.

Art	DR	FA	A	B	C	Bemerkungen
Lepidocyrtus cyaneus	f	ep	-			bei Versuchsende ausgestorben
Heteromurus nitidus	f	he	+/-			
Folsomia quadrioculata	f	he	+/-			starke Vermehrung
Isotoma notabilis	f	he	-			bei Versuchsende ausgestorben
Onychiurus armatus	f	eu	+/-	-		
Mesaphorura macrochaeta	f	eu		+		
Folsomia fimetaria	f/p	eu		+	+/-	starke Vermehrung
Hypogastrura assimilis	f	he		+		bei Versuchsende ausgestorben
Isotoma anglicana	f/p	he		+		bei Versuchsende ausgestorben

Wachstum von Kiefern hemmte, in stickstoffreichem Boden jedoch förderte. Die Biomasse und Zusammensetzung der Fauna selbst wird wiederum von Prädatoren kontrolliert (LANG 1998;MIKOLA & SETÄLÄ 1998; FILSER & SETÄLÄ 1999).

Bezüglich der funktionellen Gruppen zeigen sich kaum Gemeinsamkeiten oder Redundanzen (Tab. 4): „Pilzfresser" hatten positive, negative oder keine Auswirkungen auf den Stickstoffumsatz, aber immerhin hatten „räuberische Pilzfresser" nie einen negativen Effekt. Immobilisierende Wirkung haben Vertreter aller drei FABER'schen Ligen, mobilisierende zwei. Lediglich die euedaphischen Arten wiesen insofern Gemeinsamkeiten auf, als sie bei Versuchsende nie ausgestorben waren, also möglicherweise nicht auf die Anwesenheit von Primärproduzenten oder anderen Tiergruppen angewiesen sind, im Gegensatz zu manchen hemiedaphischen und epigäischen Arten. (z.B. war *I. anglicana* - in Kombination mit anderen, deshalb in Tabelle 4 nicht aufgeführt - in Versuch C ebenfalls vorhanden und hatte sich dort stark vermehrt).

Fabers „Leagues" im Vergleich untereinander und zu anderen trophischen Gruppen

FILSER & KROGH (in Vorb.) überprüften in dem bereits in Tabelle 3 z.T. angesprochenen Versuch C FABERs Ligen-Konzept. Epi- und hemiedaphische Arten wurden zu einer gemeinsamen Liga zusammengefasst und diese gegen die euedaphische Liga, die Mesofauna-freie Kontrolle, eine Einzelart (*F. fimetaria*) und verschiedene Komplexitätsstufen mit anderen trophischen Gruppen der Mesofauna (Enchytraeiden, Gamasiden) getestet. Innerhalb der sich so ergebenden sieben Varianten fanden sich die deutlichsten Unterschiede zwischen den beiden Collembolen-Ligen (FILSER & SETÄLÄ 1999). In Tabelle 5 sind deren Effekte zusammengefasst.

Tab. 5: Effekte einer Kombination von euedaphischen (EU = *O. armatus, F. fimetaria, M. macrochaeta*) und hemiedaphischen Collembolenarten (HEM = *I. anglicana, I. notabilis, H. assimilis*) auf verschiedene Summenparameter in einem Gewächshausversuch (Versuch C in Tab. 2). Dargestellt ist jeweils die prozentuale Differenz zur collembolenfreien Kontrolle (n=4). Die Werte für den mineralischen Stickstoff der Bodenlösung wurden über vier Beprobungstermine gemittelt, die Trockenmassen zu Versuchsende bestimmt. Die Unterschiede zwischen EU und HEM waren statistisch signifikant (ANOVA / LSD-Test), für Nitrat-N jedoch nur beim 1. Beprobungstermin (hier nicht dargestellt), an dem mit Abstand am meisten Nitrat vorlag.

	Nitrat-N	Ammonium-N	oberirdische Pflanzentrockenmasse	Kornmasse
EU	-11	+7	±0	+2
HEM	+5	+28	+29	-17
EU+HEM	-11	-10	+14	-4

Die beiden Gruppen von Collembolen beeinflussten jeden der untersuchten Parameter sehr unterschiedlich. Dies rechtfertigt in jedem Fall FABERs Ligen als eigenständige funktionelle Gruppen (mit der Einschränkung, dass hier die epidaphische Liga nicht berücksichtigt wurde). Wurden beide Gruppen kombiniert, verhielten sich die Effekte niemals additiv, im Extremfall (Ammonium) wirkte sich die Kombination negativ aus, obwohl rechnerisch ein klarer positiver Effekt zu erwarten gewesen wäre - ein neuerliches Beispiel, wie sehr die jeweiligen Umgebungsbedingungen (in diesem Fall biotische) die Aktivitäten von Organismen beeinflussen.

Artspezifische Unterschiede innerhalb einer Liga

Verhalten sich die Arten innerhalb einer Liga jedoch einheitlich? Tabelle 4 zeigt, dass dies nicht der Fall ist. Für den von allen anderen in Versuch B untersuchten Arten abweichenden Effekt von *Onychiurus armatus* konnten Untersuchungen zur Autökologie einen Erklärungsansatz liefern: Ebenso wie *Mesaphorura macrochaeta* (und im Gegensatz zu *Folsomia fimetaria*, der dritten Art aus der euedaphischen Liga) vermehrte sich *O. armatus* erst zu Versuchsende. In Verhaltensbeobachtungen wies die Art eine relativ niedrige Laufgeschwindigkeit bei gleichzeitig hoher Fraß- und Laufaktivität auf (FILSER & WAGNER, unveröffentlicht), ein deutlicher Hinweis auf die bei *O. armatus* mehrfach nachgewiesene selektive Nahrungswahl (SHAW 1988; CHEN et al. 1995). Daraus kann gefolgert werden, dass *O. armatus* höchstwahrscheinlich durch selektive Beweidung bestimmter Mikroorganismen die Immobilisierung von Stickstoff förderte. Denkbar ist beispielsweise, dass hoher Beweidungsdruck an den bevorzugten Nahrungsquellen - diverse Bodenpilze - das Wachstum von Bakterien förderte (reduzierte Konkurrenz). Da Bakterien im allgemeinen einen höheren Stickstoffgehalt als Pilze besitzen, kann dies zu der vorübergehenden Immobilisierung geführt haben (im späteren Verlauf kehrte der Effekt sich in den schwach positiven Bereich um).

Redundanz

Welche Arten oder funktionellen Gruppen sind nun in Bezug auf die untersuchten Parameter redundant? Die beiden Collembolenligen in Versuch C können mit Sicherheit hiervon ausgeschlossen werden (Tab. 5), ebenso *Folsomia fimataria* und *Onychiurus armatus* innerhalb derselben Liga (Tab. 4). Dabei muss jedoch immer im Auge behalten werden, dass sich die selben Arten unter unterschiedlichen Bedingungen unterschiedlich verhalten können (s.o. und Tab. 4). Ein komplexes Ökosystem hat zahlreiche „Bypässe", mit denen fehlende Tätigkeiten bestimmter Organismen umgangen werden können. Mykorrhiza-Effekte erhöhen durch die verbesserte Ressourcennutzung die funktionelle Redundanz von Bäumen bezüglich der Primärproduktion (JOHNSON et al. 1996), können aber auch kompensiert werden: So folgerten SETÄLÄ et al. (1999), dass so gänzlich unterschiedliche Organismen wie bakterienfressende Nematoden und Ektomykorrhiza in Bezug auf das Wachstum von Kiefern funktionell redundant sein können. Ähnliches gilt für Versuch C, in dem alle in Tabelle 5 dargestellten Messparameter sich nicht zwischen der Variante ohne Mesofauna (also native Mikroflora und -fauna, 2 trophische Gruppen) und der komplexen Variante mit sechs Collembolen-, einer Enchytraeiden- und einer Raubmilbenart (5 trophische Gruppen) unterschieden (FILSER & KROGH, in Vorb.), so dass man hier von einer Redundanz eines fast vollständigen Nahrungsnetzes sprechen könnte! Andererseits ergab derselbe Versuch mit einem anderen, stickstoffärmeren, Boden sehr wohl einen Effekt der genannten Taxa, also keine Redundanz unter anderen Umgebungsbedingungen.

GITAY et al. (1996) stellen in ihrem Artikel „Species redundancy: a redundant concept?" Artenredundanz grundsätzlich in Frage. Dies ist nach der Definition im Sinne von „überflüssig" sicher zu bejahen – ebenso steht jedoch fest, dass nach dem Begriffsverständnis im Sinne von „Ersetzbarkeit" *Redundanz bezüglich einer Funktion* im System Boden ein alltägliches Phänomen ist, nicht jedoch der Toleranzbereich – Nische - der jeweiligen Organismen oder die Kombination verschiedener Funktionen innerhalb einzelner Arten (BEARE et al. 1995).

Fazit

Die vorangegangenen Ausführungen mögen, entsprechend dem hochkomplexen System Pflanze-Boden, auf den ersten Blick höchst verwirrend erscheinen - dennoch lassen sich einige allgemeingültige Aussagen ableiten:

Die gegenwärtige Einteilung in *funktionelle Gruppen* ist für Bodenorganismen im allgemeinen und Collembolen im speziellen völlig unzureichend. Ganz entscheidende Vorraussetzungen zur Verbesserung des Verständnisses der Rolle von Bodenorganismen in Ökosystemen sind:

1. In Nahrungsnetzmodellen müssen *alle* relevanten Taxa (insbesondere der Makrofauna) berücksichtigt werden.

2. Dass die bedeutende Biomasse und enorme Artenvielfalt der Bodenmikroorganismen in den gängigen Zersetzernahrungsnetzen auf die beiden Unterreiche der Prokaryonten (Bakterien) und Eukaryonten (Pilze) reduziert ist, ist mehr als dürftig. Als Minimalansatz wäre zumindest eine Grobcharakterisierung der offensichtlichsten einzelnen Nischen (z.B. leicht/schwer abbaubare organische Stoffe, hoher/niedriger Trockenstress, symbiontisch oder freilebend, Konsumenten von Stoffwechselprodukten von Primärproduzenten <Rhizosphäre> oder von Detritus) verhältnismäßig einfach realisierbar.

3. Funktionelle Gruppen müssen nach einer konsistenten, nachvollziehbaren Hierarchie festgelegt werden. FABERs (1991) Ligen-Konzept ist ein Schritt in die richtige Richtung, jedoch noch nicht gründlich genug ausgearbeitet. Als [im Sinne von PUTMAN (1994), der zur Identifikation von Gilden das Ermitteln deutlicher Diskontinuitäten in den Ressourcennutzungsmustern empfiehlt] besser durchdachte Grundlage für eine sinnvolle Klassifikation funktioneller Gruppen von Bodenorganismen erscheint mir der von BEARE et al. (1995) vorgelegte Ansatz, der im Boden die von den Bedingungen sehr unterschiedlichen Teillebensräume *aggregatusphere, detritusphere, drilosphere, porosphere* und *rhizosphere* unterscheidet.

4. Funktionelle Gruppen sind zwar ein hilfreiches Mittel zur Komplexitätsreduktion und modellhaften Beschreibung von Stoffdynamiken, jedoch die unter Bodenorganismen weitverbreitete Omnivorie bzw. Vielfalt der von einer Art innerhalb einer Trophieebene nutzbaren Ressourcen erschwert die Zuordnung erheblich (BEARE et al. 1995). Um den für systemare Zielgrößen relevanten Mechanismen auf den Grund zu gehen, erscheint es neben dem unter (3) aufgeführten Vorgehen ratsam, die Biologie einzelner Arten (wie hier am Beispiel Collembolen gezeigt) näher zu untersuchen. Angesichts der unüberschaubaren Artenzahlen sind *umfassende* Untersuchungen zur Autökologie jedoch ein nicht zu bewältigendes Unterfangen. Eine Beschränkung auf ubiquitäre Arten und die Suche nach keystone species [die nicht notwendigerweise dominant sein müssen, KREBS 1994], wie auch von LAVOREL et al. (1997) für Pflanzen vorgeschlagen, ist somit sinnvoll. Werden solche Untersuchungen unter variierenden Umweltbedingungen durchgeführt, eröffnet dies auch Möglichkeiten, Mechanismen und Effekte ggf. auf andere Verhältnisse zu übertragen.

Der Begriff *Redundanz* sollte nur präzise definiert verwendet werden (z.B. in Bezug auf eine bestimmte Zielfunktion unter festgelegten Umweltbedingungen). Die von mir verwendete Definition deckt zwar die Bedeutungsvielfalt des Begriffs in seiner heutigen Breite ab, doch wäre es wünschenswert, ihn nur im Sinne seiner ursprünglichen Bedeutung („*überflüssig*") zu gebrauchen. Für die so oft zitierte „*functional redundancy*" sollten besser die von FROST et al. (Kap. 22 in JONES & LAWTON 1995) vorgeschlagenen Ausdrücke „*species compensation and complementarity in ecosystem function*" verwendet werden. Von „*Artenredundanz*" darf man meines Erachtens nur dann sprechen, wenn die jeweilige Zielgröße unter allen erdenklichen Kombinationen von biotischen und abiotischen Einflussfaktoren untersucht wurde. Da dies in der Tat ein unmögliches Unterfangen ist, ist „Artenredundanz" de facto „*a redundant concept*" (GITAY et al. 1996).

Danksagung

Die kritischen Anmerkungen zweier anonymer Gutachter waren ausgesprochen hilfreich und haben wesentlich zur Verbesserung des Manuskripts beigetragen.

Literatur

ANDRÉN, O. & J. SCHNUERER 1985: Barley straw decomposition with varied levels of microbial grazing by *Folsomia fimetaria* (L.) (Collembola, Isotomidae). - Oecologia 68: 57-62.

BEARE, M.H., COLEMAN, D.C., CROSSLEY JR, D.A., HENDRIX, P.F. & E.P. ODUM 1995: A hierarchical approach to evaluating the significance of soil biodiversity to biogeochemical cycling. Plant & Soil 170: 5-22.

BEARE, M., H., VIKRAM REDDY, M., TIAN, G., & S.C. SIRVASTAVA 1997: Agricultural intensification, soil biodiversity and agroecosystem function in the tropics: the role of decomposer biota. - Applied Soil Ecology 6: 87-108.

BEIERKUHNLEIN C & A. SCHULTE 2000: Plant Functional Types – Einschränkungen und Möglichkeiten funktionaler Klassifikationsansätze in der Vegetationsökologie, *dieser Band.*
BONGERS, T. 1990: The Maturity Index: an ecological measure of environmental disturbance based on nematode species composition. - Oecologia 83: 14-19.
BRAUNS, A. 1968: Praktische Bodenbiologie. - G. Fischer Vlg., Stuttgart: 470 S.
BRUSSAARD et al. 1997: Biodiversity and Ecosystem functioning in soil. - Ambio, 26: 563-570.
BRUSSAARD, L. & M. KOOISTRA (eds.) 1993: Soil structure / soil biota interrelationships. - Elsevier, Amsterdam-London-New York-Tokyo.
CHEN, B., SNIDER, R.J. & R.M. SNIDER 1995: Food preference and effects of food type on the life history of some soil Collembola. Pedobiologia 39: 496-505.
CURL, E.A., LARTEY, R. & C.M. PETERSON 1988: Interactions between Root Pathogens and Soil Microarthropods. - Agriculture, Ecosystems and Environment, 24: 249-261.
DARWIN, C. 1881: The formation of vegetable mould through the action of earthworms, with observation of their habits. - Murray, London: 326 S.
DE RUITER, P., NEUTEL, A.-M. & J. MOORE 1994: Modelling food webs and nutrient cycling in agro-ecosystems. – Trends Ecol. Evol. 9: 378-383.
ELLENBERG, H. 1974: Zeigerwerte der Gefäßpflanzen Mitteleuropas. – Scripta Geobotanica IX/9: 5-97.
ELLENBERG, R.; MAYER, R. & J. SCHAUERMANN (eds.) 1986: Ökosystemforschung - Ergebnisse des Sollingprojekts 1966-1986. Ulmer, Stuttgart, 507 S.
ELTON, C.S. 1927: Animal Ecology. – Methuen, London.
FABER, J.H. 1991: Functional classification of soil fauna: a new approach. - Oikos 62: 110-117.
FABER, J.H. & H.A. VERHOEF 1991: Functional differences between closely-related soil arthropods with respect to decomposition processes in the presence or absence of pine tree roots. - Soil Biology and Biochemistry 23: 15-23.
FILSER, J. & P.H. KROGH: Collembola leagues are less redundant than trophic groups with respect to ecosystem functioning - a microcosm experiment in arable soil (in Vorbereitung).
FILSER, J. & H. SETÄLÄ 1999: Recent advances in decomposer food web ecology. In: FARINA, A. (ed.): Perspectives in Ecology. A Glance from the VII International Congress of Ecology (INTECOL). Florence, Italy, 19-25 July 1998. - Backhuys, Leiden, NL: 355-368.
FRANCÈ, R.H. 1913: Das Edaphon. Untersuchungen zur Oekologie der bodenbewohnenden Mikroorganismen. – Verlag der Deutschen mikrologischen Gesellschaft, München: 99 S.
GILMORE, S.K. & D.A. POTTER 1993: Potential role of Collembola as biotic mortality agents for entomopathogenic Nematodes. - Pedobiologia 37: 30-38.
GITAY, H., WILSON, J.B. & W.G. LEE 1996: Species redundancy: a redundant concept?. - Journal of Ecology 84: 121-124.
GRIME, J.P. 1977: Evidence for the existence of three primary strategies in plants and its relevance to ecological and evolutionary theory. - Am. Nat. 111: 1169-1194.
GRIME, J. P. 1997: Biodiversity and ecosystem function: the debate deepens. - Science 277: 1260-1261.
GUNN, A. & M. CHERRETT 1993: The exploitation of food resources by soil meso- and macro invertebrates. - Pedobiologia 37: 303-319.
HUHTA, V., PERSSON, T. & H. SETÄLÄ 1998a: Functional implications of soil fauna diversity in boreal forests. - Applied Soil Ecology 10: 277-288.
HUHTA, V., SULKAVA, P. & K. VIBERG 1998b: Interactions between enchytraeid (*Cognettia sphagnetorum*), microarthropod and nematode poulations in forest soil at different moistures. - Applied soil ecology 9: 53-58.
HUNT, H.W., COLEMAN, D.C., INGHAM, E.R., INGHAM, R.E., ELLIOT, E.T., MOORE, J.C., ROSE, S.L., REID, C.P.P. & C.R., MORLEY 1987: The detrital food web in a shortgrass prairie. - Biology and Fertility of Soils 3: 57-68.
JOHNSON K.H., VOGT, K.A., CLARK, H.J., SCHMITZ, O.J. & D.J. VOGT 1996: Biodiversity and the productivity and stability of ecosystems. – Trends Ecol. Evol. 11: 372-377.
JONES, C.G. & J.H. LAWTON (eds.) 1995: Linking species and ecosystems. - Chapman & Hall, New York: 387 S.
JONES, C.G., LAWTON, J.H. & M. SHACHAK 1994: Organisms as ecosystem engineers. - Oikos 69: 373-386.
JONES, C.G., LAWTON, J.H. & M. SHACHAK 1997: Positive and negative effects of organisms as physical ecosystem engineers. - Ecology 78: 1946-1957.
KREBS, C.J. 1994: Ecology. - Harper Collins College Publishers: 801 S.

LANG, A. 1998: Invertebrate epigeal predators in arable land: population densities, biomass, and predator-prey interactions in the field with special reference to ground beetles and wolf spiders. - FAM-Bericht 23, Verlag Shaker, Aachen, ISBN 3-8265-3449-3: 136 S.

LAVOREL, S., MCINTYRE, S., LANDSBERG, J. & T.D.A. FORBES 1997: Plant functional classifications: from general groups to specific groups based on response to disturbance. Trends Ecol. Evol. 12: 474-478.

MEBES, K.-H. & J. FILSER 1998: Does the species composition of Collembola affect nitrogen turnover? - Applied Soil Ecology 9: 241-247.

MIKOLA, J. & H. SETÄLÄ 1998: No evidence of trophic cascades in an experimental microbial-based soil food web. - Ecology 79: 153-164.

ODUM, E.P. 1983: Grundlagen der Ökologie in 2 Bänden. - Georg Thieme (Stuttgart/New York): 836 S.

OHTONEN, R., AIKIO, S. & H. VÄRE 1997: Ecological theories in soil biology. - Soil Biol. Biochem., 29 (11/12): 1613-1619.

PUTMAN, R.J. 1994: Community Ecology. - Chapman & Hall, London: 178 S.

PAINE, R.T. 1966: Food web complexity and species diversity. – Am. Naturalist 100: 65-75.

PIANKA, E.R. 1980: Guild structure in desert lizards. – Oikos 35: 194-201.

RAUNKIAER, C. 1934: The life form of plants and statistical plant geography. – Clarendon Press, Oxford.

ROOT, R.B. 1967: The niche exploitation pattern of the blue-grey gnat catcher. – Ecological Monographs 37: 317-350.

SEASTEDT, T.R., JAMES, S.W. & T.C. TODD 1988: Interactions among soil invertebrates, microbes and plant growth in the tallgrass prairie. - Agriculture, Ecosystems and Environment 24: 219-228.

SETÄLÄ, H. 1995: Growth of birch and pine seedlings in relation to grazing by soil fauna on ectomycorrhizal fungi. - Ecology 76: 1844-1851.

SETÄLÄ, H., KULMALA, P., MIKOLA, J. & A.M. MARKKOLA 1999: Influence of ectomycorrhiza on the structure of detrital food web in pine rhizosphere. – Oikos 87: 113-122.

SETÄLÄ, H., LAAKSO, J., MIKOLA, J. & V. HUHTA 1998: Functional diversity of decomposer organisms in relation to primary production. - Applied Soil Ecology 9: 25-31.

SETÄLÄ, H., RISSANEN, J. & A.M. MARKKOLA 1997: Conditional outcomes in the relationship between pine and ectomycorrhizal fungi in relation to biotic and abiotic conditions. - Oikos 80: 112-122.

SHAW, P.J.A. 1988: A consistent hierachy in the fungal feeding preferences of the Collembola *Onychiurus armatus*. - Pedobiologia 31: 179-187.

TILMAN, D., KNOPS, J., WEDIN, D., REICH, P., RITCHIE, M. & E. SIEMANN 1997: The influence of functional diversity and composition on ecosystem processes. - Science 277: 1300-1302.

VAN DER HEIDEN, M.G.A., KLIRONOMOS, J.N., URSIC, M., MOUTOGLIS, P., STREITWOLF-ENGEL, R., BOLLER, T., WIEMKEN, A. & I.R. SANDERS 1998: Mycorrhizal fungal diversity determines plant biodiversity, ecosystem variability and productivity. - Nature 396: 69-72.

VERHOEF, H.A. & R.G.M. DE GOEDE 1985: Effects of collembolan grazing on nitrogen dynamics in a coniferous forest. - In: FITTER, A.H. & D. ATKINSON, D. (eds.): Biological interactions in soil, Blackwell Scientific Publishers (Oxford): 367-376.

WALKER, B.H. 1992: Biodiversity and ecological redundancy. - Conservation Biology 6: 18-23.

WBGU (WISSENSCHAFTLICHER BEIRAT DER BUNDESREGIERUNG GLOBALE VERÄNDERUNGEN) 1994: Welt im Wandel: Die Gefährdung der Böden. - Economica-Verlag, Bonn: 263 S.

WIEGLEB, G. 1996: Konzepte der Hierarchie-Theorie in der Ökologie. - In: MATHES, K., BRECKLING, B. & K. EKSCHMITT (eds.): Systemtheorie in der Ökologie, ecomed (Landsberg): 7-24.

Plant Functional Types: Einschränkungen und Möglichkeiten funktioneller Klassifikationsansätze in der Vegetationsökologie

Carl Beierkuhnlein[1] und Anja Schulte[2]

[1] *Institut für Landschaftsplanung und Landschaftsökologie, Universität Rostock,*
Justus von Liebig Weg 6, 18051 Rostock
e-mail: carl.beierkuhnlein@agrarfak.uni-rostock.de

[2] *Anja Schulte, Botanisches Institut, Universität zu Köln, Gyrhofstr. 15, 50931 Köln*
e-mail: a.schulte@uni-koeln.de

Abstract

Plant Functional Types (PFTs) are a modern concept in ecology. They are increasingly applied as abstract units for the description and analysis of real ecosystem functions. This paper aims at a critical analysis of the PFT concept contrasting pros and cons. Definitions of function and process are presented and basic aspects of the classification and typification of natural objects are discussed. We distinguish between functional types and functional groups according to the abstract or concrete nature of these terms, and suggest an extension of this concept of functional classification to other levels of organization (e.g. organs or communities). A short review on historical approaches of classifying plants according to their functional traits is part of this paper. Plant functional types can be regarded as a surrogate of biodiversity, reducing the variability and redundancy of data sets based on phylogenetic classification systems as species. Finally a dialectic discussion compares the arguments for and against this concept.

Keywords: *ecological processes, ecosystem functioning, functional attributes, functional classification, functional groups, life forms*

Schlüsselwörter: *funktionelle Attribute, funktionelle Gruppen, funktionelle Klassifikation, Lebensformen, ökologische Prozesse, Ökosystem-Funktionen*

Einführung

Motivation

Funktionelle Eigenschaften von Arten, Lebensgemeinschaften und Ökosystemen rücken in den letzten Jahren stärker in den Mittelpunkt der ökologischen Forschung als die reine Betrachtung von Stoffflüssen, des Energiehaushaltes und von Prozessen (u.a. BOWDEN 1995, CHAPIN et al. 1997). In Deutschland läuft beispielsweise während der Drucklegung dieses Artikels eine Ausschreibung des BMBF zum Themenbereich „Biodiversität und Globaler Wandel (BIOLOG)" mit einem Schwerpunkt auf funktionellen Aspekten der Biodiversität (BMBF 1999).

Um die wissenschaftliche Kommunikation zu ermöglichen, müssen die im Gelände anzutreffenden biotischen Kompartimente klassifiziert und mit Begriffen versehen werden. In den letzten Jahren hat sich eine umfangreiche Literatur entwickelt, welche sich vor allem auf die funktionelle Typisierung und Klassifizierung von Organismen - und speziell von Pflanzen („Plant Functional Types") - konzentriert (LEISHMAN & WESTOBY 1992, BOUTIN & KEDDY 1993, BOX 1995, SKARPE 1996, SMITH et al. 1997). Zahlreiche Arbeiten interessieren sich für die grundsätzlichen Zusammenhänge zwischen dem Funktionieren von Ökosystemen und seiner Ausstattung mit Organismen spezifischer Eigenschaften (NAEEM et al. 1994, LAMONT 1995, AIGUAR et al. 1996, TILMAN et al. 1997). Im Rahmen der Biodiversitätsdiskussion hat allerdings in den 90er Jahren die Analyse der ökologischen Auswirkungen des globalen Verlustes von biologischer Vielfalt zunehmende Bedeutung erlangt (MOONEY et al. 1995, MOONEY 1996, SYMSTAD et al. 1998). Die Beurteilung globaler Veränderungen von Stoffkreisläufen (VITOUSEK & HOOPER 1993, HOOPER & VITOUSEK 1998), des Klimas (DIAZ 1995, WOODWARD & CRAMER 1996, CHAPIN et al. 1996, DIAZ et al. 1998) oder von Landnutzungsveränderungen (NOBLE & GITAY 1996) wird ebenfalls mit dem Werkzeug einer funktionellen Klassifikation von Organismen angegangen. Forschungsvorhaben in den USA (TILMAN & DOWNING 1994, TILMAN et al. 1996, TILMAN 1996) und in Europa (NAEEM et al. 1996, DIEMER et al. 1997, LAWTON et al. 1998, HECTOR et al. 1999) befassen sich auf experimentellem Weg mit der funktionellen Vielfalt von Ökosystemen und nutzen das Konzept der Plant Functional Types.

Gesellschaftliche und politische Kräfte stellen im Zusammenhang mit Biodiversität, neben moralisch-ethischen, vor allem utilitaristische Fragen, welche durch die naturwissenschaftliche Forschung reflektiert werden: Was bedeutet es eigentlich, viele Arten zu haben (LAWTON 1994)? Wozu ist Biodiversität gut? Wie macht sich ein Verlust bemerkbar (NAEEM et al. 1994)? Sind diverse Systeme stabil (GIVINISH 1994, DOAK et al. 1998, TILMAN et al. 1998)? Zeigen sie eine höhere Produktivität (HECTOR 1998)? Sind sie besser in ihrem Verhalten prognostizierbar (MCGRADY-STEED et al. 1997)? Enthalten diverse Lebensgemeinschaften Arten, die im Fall von Störungen quasi als Versicherung wirken (YACHI & LOREAU 1999)? Oder gibt es unter diesen Gesichtspunkten überflüssige Arten (LAWTON & BROWN 1993, NAEEM 1998)? Bloße Auflistungen von Arten werden als unbefriedigend angesehen, da sie keine Aufbereitung der qualitativen Eigenschaften der biotischen Kompartimente im Hinblick auf konkrete funktionelle Kriterien bieten. Über Erfahrungswissen sind Artenlisten individuell von Spezialisten interpretierbar, sie bieten aber lediglich die Grundlage von sich anschließenden funktionellen Bewertungen.

Ein weiterer nicht unwesentlicher Grund für die zunehmende Popularität funktioneller Typisierungen in der aktuellen wissenschaftlichen Veröffentlichungslandschaft ist, dass gerade in jenen Ökosystemen, die im Brennpunkt des öffentlichen Interesses stehen - wie die tropischen Regenwälder - bei weitem noch nicht alle Arten entdeckt und wissenschaftlich beschrieben sind. Das Wissen um die Zahl der vorkommenden Arten verändert sich in kurzen Abständen (z.B. MAY 1986, 1988, 1990). Das Unwissen über die taxonomische Vielfalt dieser Ökosysteme ist groß. Es ist nahezu unvorstellbar, in naher Zukunft deren Organismen auf der Grundlage ihrer systematischen Stellung zu kategorisieren und bestimmten Taxa zuzuordnen. Das Artenkonzept ist daher für die Bearbeitung solcher Ökosysteme wenig hilfreich. Vor dem Hintergrund der aktuellen Umweltprobleme werden jedoch möglichst rasch handhabbare Typisierungen der Organismen benötigt (STEFFEN et al. 1992). Diese sollten sich zudem an relevanten Kriterien orientieren, d.h. bestimmte funktionelle Eigenschaften berücksichtigen. Die Definition funktioneller Gruppen bzw. Typen, d.h. im speziellen von Plant Functional Types (SMITH et al. 1997), bietet daher einen pragmatischen Weg, mit überschaubarem Aufwand an Zeit und Material zu aussagefähigen Resultaten zu kommen.

Funktion, Prozess und Interaktion

In den letzten Jahren treten funktionelle Aspekte von Ökosystemen, angeregt u.a. durch einen Workshop zu Beginn der 90er Jahre, dessen Resultate von SCHULZE & MOONEY (1993) zusammengefasst wurden, mehr und mehr in den Fokus ökologischer Forschung. Statt lediglich die Vielfalt und die Stoffflüsse zu beschreiben oder zu messen, werden nun vermehrt die funktionellen Verknüpfungen, Bedingungen und Abhängigkeiten innerhalb der Systeme hinterfragt. Abbildung 1 veranschaulicht die Steuerung funktioneller und struktureller Eigenschaften von Ökosystemen, welche wiederum zur Biodiversität im Sinne von Artenvielfalt in Beziehung stehen (nach SCHULZE & MOONEY 1993). Biodiversität kann jedoch auch funktionelle und strukturelle Vielfalt beschreiben (BEIERKUHNLEIN 1998).

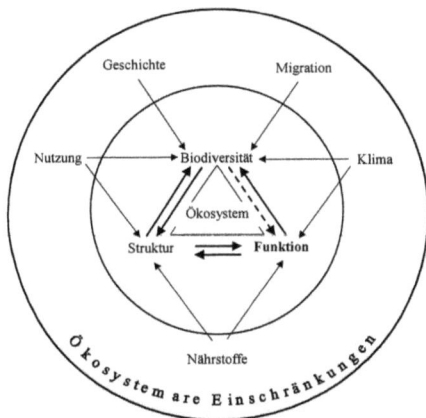

Abb. 1: Wechselseitige Beeinflussung von Biodiversität, Struktur und Funktion in Ökosystemen (nach SCHULZE & MOONEY, 1993, verändert)

Man könnte daher funktionellen Aspekte in Ökosystemen (oder allgemeiner: in ökologischen Systemen) bezogen auf die wesentlichen Qualitäten des Austausches, beziehungsweise der gegenseitigen Beeinflussung, von Energie, Information und Stoffen darstellen, welche als Flüsse oder als Pools beschrieben werden können (Abb. 2). Dabei sind Skalenabhängigkeiten in Raum und Zeit zu beachten (GRUBB 1976, KÖRNER 1993). Raum-zeitliche Strukturen und Vielfalt spiegeln in diesem Verständnis bestimmte funktionelle Gegebenheiten wider.

Alle Systeme zeigen einen bestimmten Grad an Variabilität (beziehungsweise Diversität), die sich als räumliche, zeitliche oder funktionelle Variabilität ausdrücken kann (Abb. 3) (GRACIELA & OESTERHELD 1997). Die phylogenetische Variabilität wird hier der funktionellen gegenübergestellt, was die derzeitige kontroverse Diskussion verdeutlichen soll. Sie kann jedoch auch funktionell als Dokumentation der genetischen Vielfalt und damit gespeicherter biologischer Information verstanden werden.

Durch funktionelle Verknüpfungen einzelner Kompartimente entstehen Systeme. Die Ökosystemforschung der 70er und 80er Jahre konzentrierte sich allerdings nahezu ausschließlich auf die Beschreibung und quantitative Charakterisierung stofflicher Pools und von Stoffflüssen und blieb daher lange in einem deskriptiven Status verhaftet. Funktionelle Zusammenhänge wurden wegen ihrer eingeschränkten Zugänglichkeit und Messbarkeit vernachlässigt.

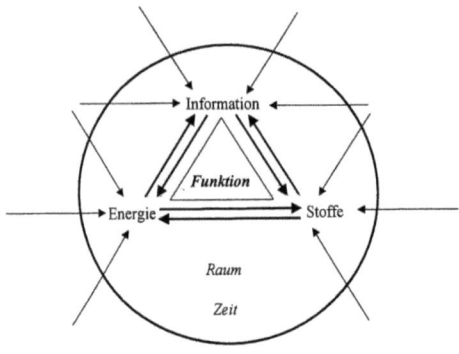

Abb. 2: Kategorien ökosystemarer Eigenschaften. Informationen, Stoffe und Energie sind funktionell miteinander verbunden und in räumlichen und zeitlichen Skalen zu betrachten

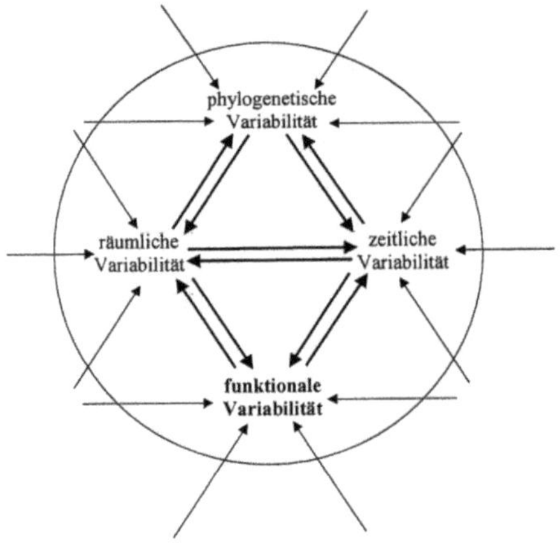

Abb. 3: Formen der biotischen Variabilität in Ökosystemen

Auf der Grundlage der Ähnlichkeit im jeweiligen Bezugsraum können einzelne Elemente (z.B. Pflanzenindividuen) schließlich gruppiert werden (Abb. 4). Dies kann statistisch oder durch subjektive Zuordnung geschehen. Die Vertreter der jeweiligen Gruppen sollten vergleichbares zeitliches Verhalten zeigen (z.B. Ephemere, Frühjahrsblüher, immergrüne Arten), vergleichbare räumliche Verteilungseigenschaften innerhalb des Ökosystems aufweisen (z.B. dominante Arten) oder ein ähnliches morphologisches Erscheinungsbild besitzen (z.B. Horstgräser, Laubbäume). Auch großräumige Verbreitungsmuster können als räumliches Gruppierungskriterium genutzt werden (z.B. alpine Pflanzen und Küstenpflanzen). Gruppen mit aus äußeren Merkmalen geschlossener hoher phylogenetischer Ähnlichkeit (Populationen von Arten) werden als Ansammlung von Elementen mit potentiellem Genaustausch aufgefasst.

Funktionelle Gruppen sind durch bestimmte funktionell zu interpretierende Merkmale (Attribute, Kriterien) gekennzeichnet. Jeder Organismus weist eine spezifische Kombination von Merkmalen oder Merkmalssyndromen auf, die zu seiner, vom Forschungsziel des Betrachters abhängigen, Klassifizierung herangezogen werden kann. Eine Art kann daher verschiedenen funktionellen Gruppen angehören, je nach ökologischer Fragestellung und den daraus resultierenden spezifischen Kriterien für die Klassifikation. Die Klassifizierung kann z.B. auf der Berechnung von Ähnlichkeiten zwischen Arten hinsichtlich ihrer gesamten bekannten Attribute fußen. Dem Vorteil dieses Vorgehens, verschiedene funktionelle Aspekte zu integrieren, steht der Nachteil der schlechteren Interpretierbarkeit gegenüber. Ein weiteres Problem liegt in der Wichtung der hinzugezogenen Merkmale. Werden etwa sehr viele Einzelelemente aus einem bestimmten Merkmalskomplex (Merkmalssyndrom) hinzugezogen, so erhalten andere Merkmale ein geringeres Gewicht.

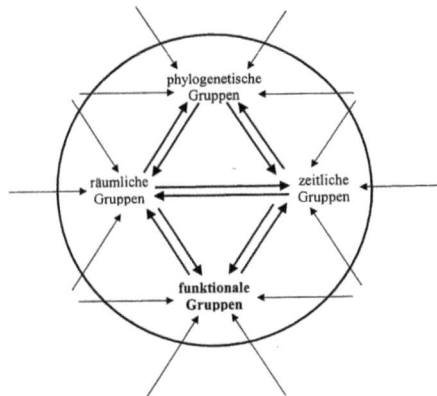 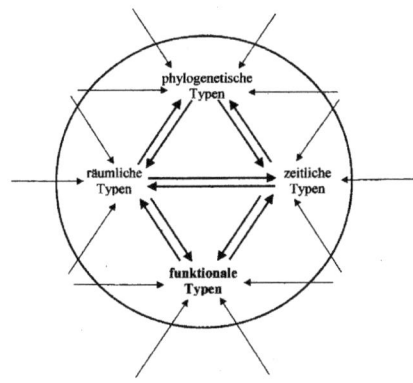

Abb. 4: Möglichkeiten der konkreten Gruppierung von biotischen Elementen (Organismen) in Ökosystemen aufgrund ihrer Ähnlichkeit bezüglich ökosystemarer Kategorien

Abb. 5: Möglichkeiten der abstrakten Typisierung bzw. Klassifikation von biotischen Elementen (Organismen) in Ökosystemen aufgrund ihrer Ähnlichkeit bezüglich ökosystemarer Kategorien

Als Ableitung von den konkret aufgrund von Beobachtungen oder Messungen abzugrenzenden Gruppen oder Klassen werden verallgemeinernde abstrakte Typen definiert (Abb. 5), d.h. Bezeichnungen für regelhaft auftretende Erscheinungsformen gewählt. Dabei wird davon ausgegangen, dass sich ähnliche Merkmalsausprägungen regelhaft wiederfinden lassen. Auch Arten stellen solche Typen dar, mit unterstellter Fähigkeit zur Kreuzung zwischen den einzelnen Organismen, was sich jedoch experimentell nur schwer verifizieren lässt. Typen können also innerhalb verschiedener Kategorien (Bezugsräume) aufgrund phylogenetischer Verwandtschaft (z.B. Arten), zeitlich ähnlichen Verhaltens (z.B. Annuelle), vergleichbarer räumlicher Organisation (z.B. Lebensformen) oder funktioneller Merkmale (z.B. CAM-Pflanzen) definiert werden, was für ein konkretes Einzelindividuum die Möglichkeit verschiedener Zugehörigkeiten ergibt. Typen aus anderen Bezugsräumen, wie z.B. Wuchsformen, werden nicht selten mit Prozessen oder Funktionen verknüpft (CHAPIN 1993). Funktionelle Typen wurden bis zum Beginn der 90er Jahre allerdings selten explizit definiert, wie dies bei den stickstofffixierenden Leguminosen geschah (DEWIT et al. 1966).

Auf der Grundlage einer erfolgten Typisierung kann schließlich die Anzahl von Typen in einem Gebiet oder in einem Zeitraum bestimmt werden, zu welchen die konkreten Individuen gestellt werden. Daraus können Aussagen über die phylogenetische, zeitliche, räumliche und funktionelle Diversität, z.B. eines Ökosystems, abgeleitet werden.

Abbildung 6 veranschaulicht die Tatsache, dass in Abhängigkeit von den angewandten Kriterien die Individuen verschiedener Arten in unterschiedlicher Weise funktionellen Typen zugeordnet werden können. In dem dargestellten Fall ist dies mit der Berücksichtigung von funktionellen Redundanzen verbunden und führt zu einer geringeren Zahl funktioneller als taxonomischer Typen. Es ist jedoch auch denkbar, dass, wie in Abbildung 7 wiedergegeben, funktionelle Typen unterhalb des Artniveaus ausgeschieden werden, und dann auch innerhalb einer Population einer Art verschiedene funktionelle Typen auftreten.

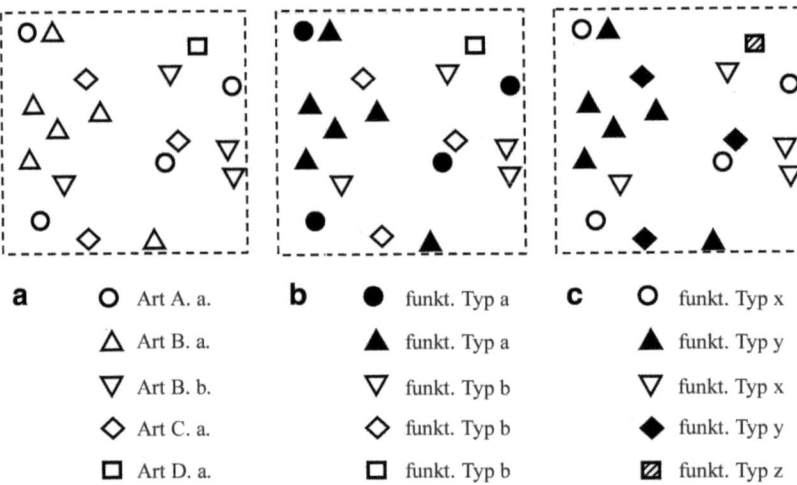

Abb. 6: Schematisierte Darstellung von auf einer konkreten Fläche wachsenden Pflanzenindividuen und deren a) phylogenetischer Klassifikation (4 Gattungen, 5 Arten); b) funktioneller Klassifikation (a, b) auf der Grundlage der Ökosystemfunktion i; c) funktioneller Klassifikation (x, y, z) auf der Grundlage der Ökosystemfunktion j. Konkrete Individuen werden in den jeweiligen Bezugssystemen unterschiedlich gruppiert.

Im Zusammenhang mit biologischen Fragestellungen kann Funktion ganz allgemein verstanden werden als die Rolle, die biotische Einheiten (wie Organismen oder Pflanzengesellschaften) für ökologische Prozesse spielen, also inwiefern sie Energieflüsse, Stoffflüsse oder Informationsflüsse (für andere biotische Einheiten) bedingen oder modifizieren. Bislang war der übliche Blickwinkel in der Ökologie eher auf die Effekte ökologischer Prozesse auf biotische Einheiten ausgerichtet. Nach unserem Verständnis kann eine Funktion prinzipiell nur in eine Richtung weisen. Erst die Kombination von Einzelfunktionen führt zu Interaktionen zwischen verschiedenen Einheiten (Abb. 8) und ist damit die Grundlage ökologischer Komplexität. Interaktionen zwischen Organismen können unterschiedliche Kombinationen fördernder und einschränkender Prozesse darstellen.

Ob auf einen ökologischen Parameter eingewirkt wird, oder ob eine Reaktion auf ihn erfolgt, ist in vielen Fällen nicht deutlich unterschieden und oft auch schwer unterscheidbar. Reaktionen auf ökosystemare Prozesse können unterteilt werden in solche auf Ressourcen und solche auf biotische oder menschliche Einwirkungen. Derartige Einwirkungen wiederum sind auftrennbar in systeminherente, permanente Einflüsse (Konkurrenz, Mutualismus), mehr oder weniger regelhaft, diurnal, saisonal oder periodisch auftretende (z.B. Nutzung, Düngung, Perturbation) und in nicht regelhaft auftretende Einwirkungen, die oft auch als nicht systeminherent angesehen werden müssen mit der Möglichkeit der Regeneration (Störungen) und ohne sie (Zerstörungen). Die Reaktion von Systemen auf Störungen ist im Rahmen der aktuellen anthropogenen Veränderungen der Biosphäre (Global Change) von besonderem Interesse, und damit auch, inwiefern Organismen durch gewisse Umweltveränderungen beeinflusst werden oder diese selbst steuern.

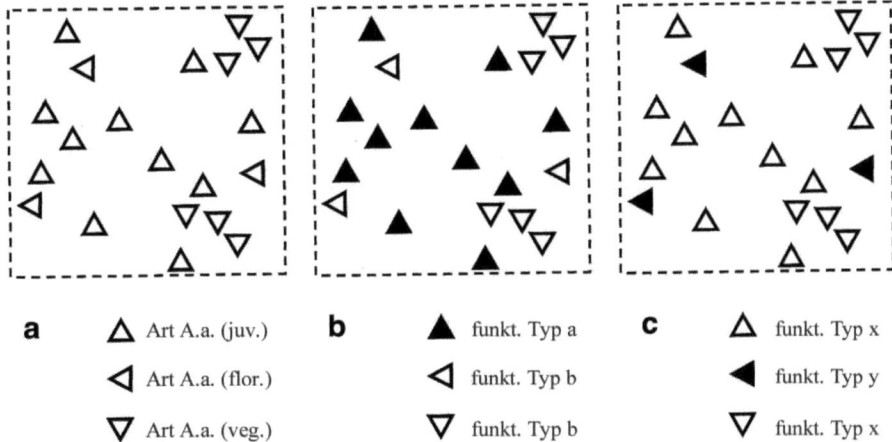

Abb. 7: a) Schematisierte Darstellung von auf einer konkreten Fläche wachsenden Pflanzenindividuen einer Art unterschiedlicher Entwicklung (juvenil, blühend, vegetativ). b) Die funktionelle Klassifikation nach dem Kriterium „verholzend/krautig" führt zu zwei Klassen (funkt. Typen) (a, b). c) Die funktionelle Klassifikation nach dem Kriterium „Bereitstellung von Pollen" führt ebenfalls zu zwei, jedoch in anderer Weise abgegrenzten, Klassen (x, y).

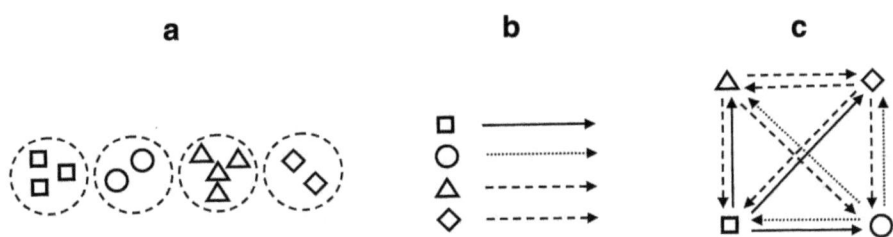

Abb. 8: a) Klassifikation von Typen (n = 4) von Organismen (z.B. Arten) basierend auf ihrer morphologischen oder phylogenetischen Ähnlichkeit; b) Klassifikation funktioneller Eigenschaften der Organismen (n = 3); c) Vielfalt der gegenseitigen funktionellen Beeinflussungen (Komplexität) in einem gegebenen System.

Ökologische Funktionen sind jedoch nicht zwangsläufig bedeutsam für die menschliche Gesellschaft. Die Funktion einer Pflanze für eine Insektenart beschäftigt den Ökologen, aber wird nur in wenigen Fällen wirtschaftliche Bedeutung erlangen oder für das Naturschutzmanagement relevant werden. Aus diesem Grund werden Ökosystemfunktionen mit konkretem Bezug zu menschlichen Bedürfnissen als Serviceleistungen oder Umweltdienstleistungen bezeichnet (WILLIAMS et al. 1996, DAILY 1997). Hierhin gehören neben direkter stofflicher Versorgung (z.B. Trinkwasserversorgung, Luftreinhaltung, Produktion von Nahrungsmitteln) auch Schutzfunktionen (Lawinenschutz, Hochwasserschutz) und die Befriedigung ästhetischer Bedürfnisse (Erholung) (HEERWAGEN & ORIANS 1993). Es wird angenommen, dass die Konfrontation mit Naturelementen, dass der Aufenthalt in der freien Natur und das Erleben von Tieren und Pflanzen von wesentlicher Bedeutung für die Persönlichkeitsentwicklung ist (WILSON 1984), dass die Natur also auch eine psychologische Funktion für uns Menschen hat.

Organisationsebenen

Funktionen und Serviceleistungen können sowohl Organismen, Lebensgemeinschaften als auch Ökosystemen zugeschrieben werden. Auf allen diesen Organisationsebenen (O'NEILL et al. 1986) sind, neben genetischen, zeitlichen und räumlichen auch funktionelle Kriterien anwendbar, um Gruppen auszuscheiden oder Typen zu klassifizieren und deren Diversität zu ermitteln (BEIERKUHNLEIN 1998). Mit zunehmender Organisationsebene wächst die Komplexität der Objekte. Funktionelle Aspekte nehmen daher mit zunehmender Integration eine wachsende Bedeutung ein.

Ökologische Funktionen von biotischen Objekten (Abb. 8a) können verschiedene Qualitäten aufweisen (Abb. 8b). Es sind Flüsse von Stoffen, von Energie oder von Information denkbar. Diese Prozesse können zudem eine unterschiedliche quantitative Bedeutung aufweisen. Aus den Wechselwirkungen zwischen den einzelnen biotischen Kompartimenten (Abb. 8c) ergeben sich nun neue Strukturen einer gewissen Komplexität, welche die Kompartimente höherer Organisationsebenen herausbilden. Zum Beispiel organisieren sich Pflanzenpopulationen durch regelhafte und nicht zufällige Interaktionen zu Pflanzengemeinschaften. Die Ausbildung räumlicher oder zeitlicher Strukturen oder regelhafter Muster per se ist nur bedingt als Funktion (gerichteter Prozess) zu verstehen, kann jedoch funktionelle Vorgänge reflektieren oder beeinflussen.

Eine wesentliche Eigenschaft biotischer Einheiten auf verschiedenen Organisationsebenen ist ihre Funktionsvielfalt. Sie muss nicht in direkter Korrelation zur Zahl biotischer Kompartimente stehen, doch liegt eine enge Verbindung zwischen der Anzahl biotischer Elemente (Individuen, Typen) und der funktionellen Variabilität des Systems nahe.

Beim Vergleich der eingangs aufgeführten Klassifikationsansätze auf verschiedenen Organisationsebenen zeigt sich, dass diese sehr häufig einen implizit funktionellen Charakter aufweisen. Wie bereits angesprochen, werden *Ökosysteme* gerade durch funktionelle Merkmale und durch die Art der Interaktion zwischen ihren Teilen definiert, sie werden durch diese funktionellen Eigenschaften erst zum „Öko-System". Sie abzugrenzen, und damit die Grundlage für eine Klassifikation zu legen, erweist sich aber als problematisch, da sie in der Regel in hohem Maße offene Systeme verkörpern, welche räumlich nicht klar zu begrenzen sind. Zur Charakterisierung niedrigerer Organisationsebenen wie Pflanzengemeinschaften werden seltener funktionelle Aspekte herangezogen. Auch hier sind jedoch Interaktionen für die Entstehung der Systeme verantwortlich, in diesem Fall Interaktionen zwischen Organismen.

Ein bewusst funktioneller Ansatz für die Klassifikationen von *Gemeinschaften* ist das Gildenkonzept (ROOT 1967, JAKSIC 1981, HAWKINS & MACMAHON 1989, SIMBERLOFF & DAYAN 1991, WILSON & ROXBURGH 1994), in welchem Organismen als Gruppen ähnlicher morphologischer und ökologischer Eigenschaften, beziehungsweise Ressourcennutzung, aufgefasst werden (KINDSCHER & WELLS 1995). Der von FABER (1991) eingeführte Begriff Liga („league") für eine Gruppe von Organismen vergleichbarer Ressourcennutzung konnte sich bislang nicht durchsetzen.

Heute werden funktionelle Gruppen und Gilden häufig synonym verwandt (HAWKINS & MACMAHON 1989). GITAY & NOBLE (1997) schlagen dagegen eine Unterscheidung zwischen Gilden und funktionellen Gruppen vor, wobei Gilden durch gleichartige Ressourcennutzung und Gruppen durch eine gleichartige Reaktion auf Störungen gekennzeichnet werden.

Demnach zeigten die Vertreter einer funktionellen Gruppe auf Störungen die gleiche Reaktion, wobei diese (anders als bei der „Response Group") auch auf einem gleichgearteten Mechanismus beruht. Allerdings wird das Gildenkonzept vorwiegend auf Zoozönosen angewandt. In der Vegetationskunde ist traditionell eher der Ansatz der Synusien gebräuchlich, welche jedoch ebenso kontrovers verstanden werden. Teils werden sie räumlich definiert, vorwiegend aber als funktionelle Untereinheiten von Gesellschaften aufgefasst (DU RIETZ 1965, WILMANNS 1970, BARKMAN 1973).

Bisher konzentrieren sich die meisten Klassifikationsansätze auf die *organismische Ebene*. Ein klassischer Ansatz für pflanzliche Organismen ist das Artkonzept. Neben dieser phylogenetischen existieren nicht klar voneinander trennbare morphologische (räumliche), zeitliche und funktionelle Klassifikationen. Selbst Pflanzenarten sind nicht strikt durch ihre genetische Ähnlichkeit oder durch potentiellen Genfluss definiert. Dies ist u.E. nur in der Zoologie wirklich der Fall, wo die Beteiligung einzelner Individuen an der Fortpflanzung offensichtlicher ist. Botaniker beschreiben Arten als „Morphospezies", d.h. nach der äusseren Ähnlichkeit (v.a. der Blüten und Früchte). Mikrobiologen hingegen verfolgen ein stärker funktionell ausgerichtetes Artkonzept, welches u.a. in der Namengebung bei zahlreichen Bakterien offensichtlich wird.

Zunehmend wird der Ebene der *Organe* Beachtung geschenkt. Ein Textur und Struktur unterscheidendes Konzept zur Analyse morphologischer Eigenschaften von Pflanzenorganen wurde bereits von BARKMAN (1979) vorgestellt. Nun werden vermehrt funktionelle Attribute bestimmten Pflanzenarten zugeordnet (MCINTYRE et al. 1995, NEßHÖVER 1999).

Exkurs zur historischen Beachtung funktioneller Aspekte

Organismen

Im Laufe der Geschichte sind etliche Versuche unternommen worden, Pflanzen auf der Grundlage ihrer funktionellen Merkmale zu klassifizieren. Der einfachste Ansatz ist dabei die Unterteilung in essbare und ungenießbare oder giftige Pflanzen bzw. in Futterpflanzen und nichtfressbare Pflanzen. Dieser Ansatz gründet sich auf den Wert der Pflanzen für die Ernährung des Menschen oder seiner domestizierten Tiere.

Funktionelle oder zumindestens morphologische Klassifikationen sind auf der Ebene von Organismen eigentlich der naheliegendste Klassifikationsansatz, während phylogenetische Beziehungen sehr viel schwieriger nachzuvollziehen sind und die Bekanntheit und Akzeptanz des Paradigmas der organismischen Verwandtschaft voraussetzen. Aus diesem Grund sind seit den Anfängen der Dokumentation naturwissenschaftlich-botanischer Denkansätze in den westlichen Zivilisationen (THEOPHRAST) zahlreiche funktionelle Klassifikationen entwic??kelt worden. Mehr noch als ihre griechischen Vorgänger waren römische Gelehrte (z.B. PLINIUS) an pflanzlichen Serviceleistungen und Funktionen interessiert und stuften Pflanzen entweder als nützlich oder nutzlos für die Ernährung, als Rohstoff oder für Heilzwecke ein (SCHMITHÜSEN 1985).

Eines der ersten ausformulierten, nicht genetisch orientierten Klassifikationssysteme für Organismen war Alexander von HUMBOLDTs „Physiognomik der Gewächse" (1806). Diesem Ansatz liegen die morphologischen Merkmale von Pflanzen zugrunde, welche bestimmte Genera oder Familien kennzeichnen. DE CANDOLLE (1874) unterschied zwischen Pflanzentypen mit unterschiedlichen Temperaturpräferenzen (Megistotherme, Megatherme, Xerotherme, Mesotherme, Mikrotherme, Hekistotherme). Er betonte darüberhinaus die große Rolle der Wasserverfügbarkeit. Als erster verwies SCHIMPER (1898) auf die enge Beziehung zwischen physiologischen und funktionellen Pflanzenmerkmalen und ihrer Morphologie. Sämtliche dieser Ansätze des 19. Jahrhunderts waren - auch wenn diese Vorstellung selten eindeutig formuliert wurde - durch den Wunsch motiviert, geographische Regionen zu beschreiben und zu kategorisieren, und zwar auf der Grundlage von Vegetationsmerkmalen, welche ökologische Verhältnisse widerspiegeln.

Eine wissenschaftsgeschichtlich besonders erfolgreiche Pflanzenklassifikation des 20. Jahrhunderts wurde durch RAUNKIAER (1907, 1934) entwickelt. Seine „Lebensformen" basieren auf morphologischen Kriterien und sind in veränderter und erweiterter Form heute noch in Gebrauch (vgl. ELLENBERG & MÜLLER-DOMBOIS 1967b, ORSHAN 1983, JÜRGENS 1986, BARKMAN 1988). Das Konzept umfasst neben morphologischen Aspekten auch funktionelle Attribute. Die Lage der Erneuerungsknospen während der ungünstigen Jahreszeit hat natürlich auch funktionelle Qualität. Eine gewisse Überlappung zwischen der puren Beschreibung von morphologischen Eigenschaften und deren Interpretation als Funktionen im pflanzlichen Leben ist offensichtlich unvermeidbar, doch macht BARKMAN (1988) ausdrücklich darauf aufmerksam, dass sein System morphologisch ausgerichtet sei und eine ökologische Interpretation der Typen kritisch zu prüfen ist.

Ein weiteres bekanntes Beispiel für die Übertragung funktioneller Aspekte auf Organismen ist das Nischenkonzept (HUTCHINSON 1957, CODY 1991). Jede Art hat demnach spezifische Funktionen und Ansprüche, übt einen spezifischen „Beruf" aus, wobei eine zu starke Überlappung dieser Funktionen zum Konkurrenzausschluss der weniger konkurrenzkräftigen Taxa führt. Dieses individualistische Paradigma erlaubt daher keine klassifizierende Zuordnung, denn es bringt zwingend mit sich, dass sich jede Art, zumindestens in Bezug auf eine bestimmte Umweltvariable, klar von allen anderen abgrenzen lassen muss.

In der Zoologie sind funktionelle Klassifikationen seit langem üblich (vgl. ELTON 1927), weil aufgrund der immens hohen Artenzahl eine Zusammenfassung zu funktionellen Einheiten aus Gründen der Handhabbarkeit nahezu unumgänglich ist. CUMMINS (1973, 1974) wollte mit seiner „funktionellen Gruppierung" prozessorientierte ökologische Fragen beantworten. Kurz darauf prägte BOTKIN (1975) den Begriff „funktionelle Gruppe". Er unterteilt z.B. Prädatoren in echte Prädatoren, Weidegänger und Parasiten bzw. Parasitoide. Ein weiteres zuerst für Tiere entwickeltes, explizit funktionell orientiertes Konzept ist das bereits angesprochene der Gilde (ROOT 1967). Sie bezeichnet eine Gruppe von Organismen, die sich die selben Ressourcen teilt.

Als ebenfalls eher ordinierend (wie die ökologische Nische) denn klassifizierend stellt sich das für Pflanzen-Lebenszyklen entwickelte Strategietypen-Konzept GRIMEs (GRIME 1974, 1977, 1979, s.a. TURKINGTON et al. 1993) dar, welches auf die Arbeiten RAMENSKYs (1924, 1930) zurückgeführt werden kann. Es beschreibt die Reaktion einer Art auf die drei Selektionsfaktoren interspezifische Konkurrenz, Störung und Stress. Dies ist eindeutig ein funktioneller Ansatz. GRIME et al. (1988) benutzen den Begriff Strategie für eine Gruppierung mit gleichen oder analogen genetischen Charakteristika, welche auf der Ebene von Arten oder Populationen regelmäßig anzutreffen sind und eine gleichartige Ökologie bedingen. GOLLUSCIO & SALA (1993) verknüpfen das Konzept der Plant Functional Types mit der GRIMEschen Idee der Strategietypen.

Lebensgemeinschaften

Die Klassifikation von Vegetationseinheiten konzentriert sich heute im wesentlichen auf Ähnlichkeiten in der Artenzusammensetzung (Pflanzenassoziationen), doch sind auch für komplexe Lebensgemeinschaften morphologische, zeitliche und funktionelle Klassifikationsansätze entwickelt worden. Mit der Renaissance besannen sich die Botaniker erneut auf die naturwissenschaftlichen Grundlagen eines ARISTOTELES oder THEOPHRAST. Nützlichkeitsüberlegungen traten zumindestens bei Forschern wie GESSNER (1516-1565) oder KRISZANIC (1618-1683) in den Hintergrund. Sie beschrieben bereits komplette Vegetationseinheiten sowie deren geographische Verbreitung. TOURNEFORT (1656-1708) verband Vegetationstypen und Höhenstufen und stellte damit zwischen Pflanzengesellschaften und bestimmten Standortbedingungen eine funktionelle Verknüpfung her. Eine weitergehende ökologische Sichtweise wurde, wenn auch implizit, durch KING (1663-1712) verkörpert, der die Bildung von Torf (als Substrat) in Mooren (als Ökosystemen) auf Wachstum und Abbau von *Sphagnum*-Moosen zurückführte und damit als Funktion biotischer Aktivität identifizierte (SCHMITHÜSEN 1985).

LINNAEUS (1707-1778) entwickelte neben seinem phylogenetisch orientierten und bis heute erfolgreichen Klassifikationssystem für Organismen auch ein deskriptives System für Vegetationseinheiten. HUMBOLDT verwies 1807 auf die auffällige Knüpfung großräumiger Vegetationseinheiten an bestimmte Klimaverhältnisse und unterstellte damit die Notwendigkeit bestimmter Umweltverhältnisse für ihre Ausbildung. Ähnlichen Überlegungen folgte WAHLENBERG (1780-1851), der die Bedeutung der saisonal gemittelten Temperaturen, und damit der Wärmesummen, für die Vegetation herausstellt (SCHMITHÜSEN 1985).

Als heute noch gebräuchlichen terminus technicus (ELLENBERG & MÜLLER-DOMBOIS 1967a) gebraucht GRISEBACH (1872) schließlich den schon 1863 von KERNER benutzten Ausdruck der „Pflanzengeographischen Formation", um Bestände mit vergleichbarem „physiognomischen Charakter" abzugliedern und anhand klimatischer Verhältnisse zu interpretieren.

Zu Beginn des 20. Jahrhunderts entwickelte KÖPPEN (1901) ein global gültiges Klima-Klassifikationssystem, das im wesentlichen auf Vegetationsmerkmalen basiert. JAX (1998) verweist auf die zu Beginn des Jahrhunderts formulierten Ansätze zur Gliederung und Definition von Biozönosen, welche auf THIENEMANN & KIEFFER (1916) zurückzuführen sind. In all diesen Ansätzen werden explizit oder implizit Effekte bestimmter Standortbedingungen auf Organe, Organismen, Gemeinschaften oder Ökosysteme betrachtet. Die Funktion einzelner biotischen Elementen für einen Zielparameter wird allerdings erst gegen Ende des 20. Jahrhunderts als Forschungsgebiet identifiziert.

Ökosysteme

Der von TANSLEY (1935) eingeführte Begriff „Ökosystem" ist bis heute umstritten (s. BEGON et al. 1990) und wird in der Regel als Beziehungsgefüge der Organismen verstanden. Allerdings wird diese rein biologische Sicht keineswegs allgemein geteilt und vor allem von geowissenschaftlicher Seite wird auf den Raumbezug verwiesen. Die ganzheitliche Sichtweise, die sich hinter dem Ökosystembegriff verbirgt, wurde bereits durch den von FRIEDERICHS (1927) geprägten Begriff Holozön verdeutlicht, welcher allerdings im Verlauf dieses Jahrhunderts durch den Begriff Ökosystem verdrängt wurde (JAX 1998).

Verdeutlichen lässt sich der bis heute in teilweise unverträglichen methodischen Ansätzen niederschlagende Konflikt (s.a. FEOLI 1984) zwischen einem individualistischen Konzept

(RAMENSKY 1924, GLEASON 1926) und der Auffassung der Lebensgemeinschaft als Superorganismus (CLEMENTS 1916) an der Organisationsebene der Ökosysteme. Mit zunehmender Komplexität tritt neben die Bedingtheit gemeinsamen Auftretens von Arten verstärkt die Varianz zwischen den Einheiten, der individuelle Charakter der Ökosysteme in den Vordergrund. Typisierungen, wenn sie nicht auf einem sehr allgemeinen Niveau verbleiben wollen (z.B. Waldökosysteme), werden zunehmend erschwert.

Aufgrund der unterschiedlichen Qualität der am Aufbau von Ökosystemen beteiligten Kompartimente, konnte sich bislang keine einheitliche Ökosystemklassifikation entwickeln. ELLENBERG (1973) schlägt zwar eine Klassifikation von Ökosystemen auf funktioneller Grundlage vor, doch bestehen daneben stark geographisch (TROLL 1970) und biologisch (BEGON et al. 1990) ausgerichtete Konzepte.

Aus der heutigen Sicht betrachtet eine ökosystemare Sichtweise den stofflichen oder energetischen Austausch zwischen den Organismen beziehungsweise Lebensgemeinschaften oder ihre gegenseitige Beeinflussung sowie die Beziehungen zum Standort. Es liegt auf der Hand, dass bei der Vielzahl der Prozesse und Wechselwirkungen eine umfassende Klassifikation von Ökosystemen auf funktioneller Grundlage kaum möglich ist. Diese Schwierigkeit wird schließlich in der Umweltdiskussion des ausgehenden 20. Jahrhunderts offensichtlich. Vermehrt müssen nun auch abiotische Aspekte in die Ökosystemforschung integriert werden. Eine Vermittlung der Auswirkungen ökosystemarer Veränderungen sowie der Bedeutung der Ökosysteme für die menschliche Gesellschaft (DAILY 1997) wird zunehmend bedeutsam und aufgrund der Verschiedenartigkeit und Unvorhersagbarkeit der Effekte gleichermaßen schwierig.

Diskussion

Es stellen sich Probleme bei der Definition und Abgrenzung von diskreten funktionellen Typen. Individuelle, konkret existierende Objekte (Pflanzenindividuen) können anhand funktioneller Merkmalen nicht immer eindeutig abstrakten Gruppen zugeteilt werden, da oft graduelle Unterschiede zwischen funktionellen Eigenschaften biotischer Einheiten (Organismen) bestehen. Doch trifft dies im Grunde auch auf sonstige Einteilungs- und Begriffssysteme der Ökologie zu. Selbst die räumliche Abgrenzung eines Pflanzenindividuums kann bei klonalem Wachstum Schwierigkeiten bereiten. Wie andere ökologische Konzepte dienen PFTs dazu, komplexe Muster darzustellen und zu verstehen. Kontinuierliche Merkmalssequenzen sind bei biotischen Objekten verschiedener Organisationsebenen zu beobachten. Dennoch existieren auf der organismischen Ebene diskrete und statistisch nachweisbare Merkmalskombinationen („Syndrome"), die verschiedene Pflanzenstrategien bezüglich eines begrenzten Ressourcenbudgets reflektieren.

Beim Einsatz von PFTs können Redundanzen auftreten. Verschiedene funktionelle Klassifikationen geben eventuell weitgehend dieselbe Information wieder. Das Lebensformenkonzept RAUNKIAERs (1907) und andere Wuchsformkonzepte (ELLENBERG & MÜLLER-DOMBOIS 1967b) können beispielsweise nicht komplementär verwendet werden, sondern verkörpern vergleichbare Information in verschiedener Auflösung. Andererseits ist zu beachten, dass – z.T. geringfügige – qualitative Unterschiede zwischen den verschiedenen Kriterien bestehen. Korrelierte Pflanzenmerkmale sind hingegen nur in dem Sinne redundant, dass sie gemeinsam einen klar abgegliederten „Plant Functional Type" oder zumindest ein Merkmalssyndrom kennzeichnen.

Des Weiteren sind morphologische Pflanzenmerkmale nicht zwangsläufig repräsentative Kennzeichen für die tatsächliche Erfüllung bestimmter ökologischer Funktionen. Es mangelt an empirischen Belegen für die angenommene Funktion bestimmter Organe oder Wuchsformen. Aufgrund der engen Korrelation zwischen morphologischen, anatomischen und physiologischen Pflanzenmerkmalen, die zur gleichen Funktion beitragen, reicht es aber aus, sich auf ausgewähle, gut sicht- und messbare Merkmale zu beschränken – vorzugsweise auf solche, deren funktionelle Bedeutung bereits durch autökologische Studien bestätigt ist.

Vielleicht die schwerwiegendste Kritik an PFTs ist die große Subjektivität bei der Auswahl der jeweiligen pflanzlichen Funktionen. Der Einfluss persönlicher Vorlieben ist immens, da es bis heute kein Standardverfahren zur Identifikation differenzierender Merkmale gibt. Daher hängt es ausschließlich von der Erfahrung des Bearbeiters ab, welche Merkmale berücksichtigt werden. Bedeutsame Merkmale können übersehen oder vernachlässigt werden. Viele bewährte Verfahren in der Vegetationskunde, wie die Auswahl homogener oder repräsentativer Aufnahmeflächen, sind jedoch in hohem Maße subjektiv, da sie auf implizitem Wissen und persönlichen Vorlieben basieren.

Auflistungen von PFTs verkörpern i.d.R. weniger aber spezifischere Information als Artenlisten. Diese ist auf einige wenige Aspekte eines pflanzlichen Organismus reduziert und stellt eine Art von modellhafter (Über-) Vereinfachung dar. Eine gewisse Vereinfachung und Generalisierung ist aber nicht unbedingt negativ zu werten. Ein Informationsverlust kann zudem allenfalls dann erfolgen, wo bereits fundierte botanische und ökologische Kenntnisse über eine Pflanze und ihre Antwort auf verschiedene Umweltbedingungen vorliegen. Dies ist aber in vielen Ökosystemen (tropischer Regenwald, Savannen) nicht der Fall.

Die Stickstofffixierung schließlich ist ein Beispiel dafür, dass nicht immer die Pflanzen allein für die Regulation von entscheidenden ökologischen Prozessen verantwortlich sind. Nicht die Pflanzenindividuen steuern die Fixierung, sondern ihre Symbiosepartner. Das Vorkommen beider Partner ist für das Ablaufen dieses Prozesses erforderlich. Daher kann dieser Prozess nicht zur Klassifikation einzelner pflanzlicher Organismen herangezogen werden. Die Fähigkeit des pflanzlichen Symbiosepartners, an einer symbiotischen Beziehung teilzunehmen und davon zu profitieren, kann jeoch andererseits als ein Komplexmerkmal von hoher ökologischer Aussagekraft angesehen werden. Dies wird durch die Tatsache unterstrichen, dass bei weitem nicht alle Arten aus denjenigen Familien, die im Laufe der Evolution Stickstofffixierung entwickelt haben, auch die Fähigkeit dazu besitzen.

Man muss fragen, ob wirklich ein Bedarf für ein neues Klassifikationssystem besteht. PFTs basieren zum Teil auf Merkmalen, die sich mit bereits bestehenden Methoden und Systemen ebenso gut charakterisieren lassen. Diese bereits existierenden Ansätze sind aufgrund langjähriger Anwendung und Modifikation mitunter logischer, konsistenter und konsequenter als Plant Functional Types. Ganz offensichtlich existiert allerdings ein Bedarf für Konzepte, welche Pflanzenfunktionen und Ökosystemfunktionen verknüpfen zur Beantwortung neuartiger Probleme und Fragestellungen. Der Erfolg der PFTs wäre sonst nicht zu erklären.

Pflanzenfunktionen, die für die Klassifikation von PFTs benutzt werden, sind unterschiedlich skaliert (nominal, kardinal, linear oder logarithmisch). Daher können sie nicht miteinander verglichen oder gar zu kumulativen Merkmalen vereinigt werden. Es ist methodisch problematisch, Pflanzenfunktionen für eine vereinheitlichte Klassifizierung heranzuziehen, die mit unterschiedlichen Skalierungen ermittelt worden sind, auch wenn die Vermischung von unterschiedlich skalierten Daten in vielen ökologischen Auswertungsmethoden (wie etwa in der DCCA) praktiziert wird.

Organismen einer Art können unterschiedlichen funktionellen Typen angehören. Gerade im Fall der Lebensformen liegt es auf der Hand, dass innerhalb einer Population einzelne Individuen je nach Lebensspanne und Morphologie in ganz unterschiedliche Typen eingeteilt werden müssten. So gibt es etwa zahlreiche Übergänge zwischen Chamaephyten, Nano-Phanerophyten und Phanerophyten. Es sind daher Methoden zur eindeutigen Klassifikation funktioneller Typen unter bestimmten Kriterien zu entwickeln. Grundsätzlich ist jedoch zu klären, ob ein Organismus im Verlauf seiner Lebensdauer unterschiedlichen funktionellen Typen angehören kann. Die Genauigkeit der Klassifikation von Merkmalen und funktionellen Typen hängt von der Fragestellung ab. Es gibt nicht das PFT-Spektrum eines Ökosystems oder den Typ, zu dem eine Art eindeutig gehört. Individuen der gleichen Art – oder der gleichen Population – können sehr weit gefassten oder sehr eng begrenzten funktionellen Gruppen zugeordnet werden.

Manche funktionell interpretierten Merkmale entpuppen sich bei näherem Hinsehen als bloße Reaktionen auf veränderliche Umweltbedingungen: Sie sind nicht genetisch fixiert. Wenn die Umweltbedingungen sich ändern, ändern sich auch die Pflanzenantworten. Da die Zuordnung zu feststehenden funktionellen Typen der hohen zeitlichen Variabilität im Laufe eines individuellen Lebens nicht gerecht werden kann, dürfen Arten oder Individuen hinsichtlich solcher Kriterien nicht klassifiziert werden. Die Fähigkeit bestimmter Pflanzenarten, auf kurzfristige Umweltveränderungen zu reagieren oder sich modifikatorisch zu differenzieren, ist allerdings per se ein wichtiges und genetisch determiniertes Merkmal (ganz abgesehen von erblich fixierten Ökotypen). Arten, die unter hochvariablen Umweltbedingungen, wie ariden Klimaten, leben, müssen über Mechanismen verfügen, die ihnen die Nutzung sporadisch verfügbarer Ressourcen gestatten. Eine Strategie von Wüstenpflanzen ist die einer flexiblen Physiologie, in extremer Form Poikilohydrie. Weitere Strategien beruhen auf anatomischer oder morphologischer Flexibilität, wie im Falle der Sukkulenz, oder auf einer flexiblen Lebensdauer, wie bei fakultativ ausdauernden Arten.

Es sollte eine Differenzierung zwischen funktionellen Merkmalen von Organen und von Organismen erfolgen. Dass dies nicht immer geschieht, zeigt der Begriff „sklerophylle Pflanzen". Hier charakterisiert eine funktionell zu interpretierende Organeigenschaft den Pflanzentyp. Verschiedene Organisationsebenen sollten jedoch nicht miteinander vermischt werden. Funktionelle Attribute sollten klar einer bestimmten Ebene zugeordnet werden, so dass etwa die funktionellen Merkmale eines Organs zu einer bestimmten Klassifikation führen können und Merkmale der gesamten Pflanze eine andersgeartete Klassifikation offenlassen, da eine neue Qualität der Information hinzutritt. Da die verschiedenen Organisationsebenen hierarchisch organisiert sind, ist jedoch ein integratives Vorgehen möglich.

Die Gefahr von Zirkelschlüssen ist die gewichtigste Kritik an PFTs. Die Möglichkeit einer zwingenden Vorgabe von Ergebnissen einer Auswertung von PFTs durch die Wahl der Pflanzenfunktionen im Hinblick auf die Fragestellung ist offensichtlich. Funktionelle Typen stehen in direkter Verbindung zu Ökosystemfunktionen. PFTs sind ein simplifiziertes und verallgemeinerndes Modell für funktionelle Strategien in Ökosystemen und stellen somit ein Bindeglied zwischen einzelnen pflanzlichen Funktionen und dem Funktionieren des gesamten Ökosystems dar. Werden sie nicht als analytische Größen aufgefasst, sondern als Werkzeug zur Darstellung komplexer Interaktionen zwischen Pflanzen und ihrer Umwelt, kann die Problematik von Zirkelschlüssen umgangen werden.

Fazit

Als Folge der wachsenden Umweltprobleme im späten 20. Jahrhundert änderte sich die Blickrichtung in der Ökologie. Standen bis in die 80er Jahre die spezifischen Reaktionen von Arten, Gemeinschaften oder Ökosystemen auf Umweltbedingungen im Mittelpunkt ökologischer Fragen, war es nun verstärkt der Einfluss biotischer Einheiten auf die Umwelt. Allerdings ist das Wissen über die Artenfülle in bestimmten Teilen der Welt auch heute noch viel zu gering für eine sinnvolle Anwendung taxonomischer oder systematischer Methoden. Darüber hinaus verlangen die drängenden Probleme nach schnell verfügbaren Informationen zu den komplexen ökologischen Strukturen und Prozessen, sie lassen nur wenig Zeit für eine fundierte, systematische Erforschung der Taxa. Statt eine aufwendige Ermittlung von Artenzusammensetzungen zu betreiben, wird daher zunehmend mit „ökologischen Artgruppen" operiert, um die Artenvielfalt mit Hilfe pragmatischer und relevanter Kriterien in Gruppen zu untergliedern. Dies macht allerdings nur Sinn, wenn die Organismen im Feld solchen funktionellen Einheiten auch klar zugeordnet werden können.

Mit den „Plant Functional Types" werden im Gegensatz zu einer phylogenetischen Artklassifikation die funktionellen Eigenschaften der Pflanzenindividuen, und damit die funktionelle Diversität, direkt berücksichtigt (s.a. SOLBRIG 1993). Ein zentrales Argument für die Ausweisung funktioneller Typen ist die postulierte funktionelle Komplementarität bzw. Redundanz der Biodiversität in Ökosystemen (WALKER 1992, HECTOR 1998, HOOPER 1998). Arten tragen in sehr unterschiedlichem Maße zum Funktionieren eines Ökosystems bei, für bestimmte Funktionen können sie bedeutungslos sein, bei weiteren durch andere Arten ersetzt werden. Vor allem seltenen Arten, sehr nahe verwandten Taxa und solchen, die der gleichen Lebensform angehören, wird ein hohes Maß an Redundanz zugeschrieben (LAWTON & BROWN 1993, NAEEM 1998). Gerade bei seltenen Arten mit geringem Raumanspruch erscheint die Koexistenz verschiedener Vertreter mit großer funktioneller Ähnlichkeit als sehr plausibel („funktionelle Analoge" nach BARBAULT et al. 1991). Obwohl sie in derselben Vegetationsaufnahme oder Pflanzengemeinschaft vorkommen, haben sie keinen direkten Kontakt in Raum oder Zeit und stehen daher nicht im Konkurrenzgleichgewicht miteinander (HUSTON 1994).

Im Grunde steht hinter der gesamten Diskussion um funktionelle Eigenschaften der Organismen oder Ökosysteme die gesellschaftliche Erwartung eines ökonomischen Profites aus dem wissenschaftlichen Erkenntnisgewinn (PERRINGS 1995, COSTANZA et al. 1997, SIMPSON & CHRISTENSEN 1997). Nicht weniger gewichtig ist das Bedürfnis nach Schutz vor katastrophalen Naturereignissen, also gewissermaßen ökologische Planungssicherheit, oder vor den Auswirkungen menschlicher Eingriffe in biogeochemische Kreisläufe. Einerseits versucht man, die Auswirkungen menschlicher Eingriffe in den Naturhaushalt zu erkennen, die mit dem Verlust von Biodiversität verbunden sind, andererseits soll Biodiversität als Ressource auch unter diesen veränderten Bedingungen erhalten werden (PETERS 1994), da man befürchtet, durch einen weiteren Verlust künftig Einschränkungen in der gesellschaftlichen Entwicklung hinnehmen zu müssen.

Als Synthese der Diskussion lässt sich formulieren, dass die Argumente, welche gegen das Konzept der Plant Functional Types sprechen, auf verschiedene biologisch-ökologische Klassifikationsansätze ebenfalls zutreffen. Werden inhärente Einschränkungen des Ansatzes beachtet und PFTs nicht als real existierende Organismen verstanden, so können PFTs, neben ökologischem Erkenntnisgewinn, eventuell zur Bearbeitung globaler Umweltprobleme beitragen (s.a. DIAZ & CABIDO 1997).

Zusammenfassung

Plant Functional Types stellen ein modernes Konzept vegetationsökologischen Arbeitens dar, welches vor allem im Zusammenhang mit der Global Change Problematik verstärkt eingesetzt wird. Dies geschieht vor dem Hintergrund, einerseits damit nicht alle Pflanzenindividuen bestimmten Arten zuordnen zu müssen, und andererseits physiko-chemische Messungen von Umweltvariablen zu reduzieren. Auch erhofft man sich Einsicht in das Funktionieren von Ökosystemen. In diesem Beitrag wird versucht, einen Überblick über die derzeitige Diskussion zu geben. Grundlegende Begriffe wie Funktion oder Prozess werden geklärt, eine Unterscheidung zwischen konkreten Gruppen und abstrakten Typen vorgenommen. Diese Termini werden in der Literatur bislang uneinheitlich benutzt. Doch auch aufgrund der in einigen Fällen wenig reflektierten Benutzung der Plant Functional Types besteht Bedarf, dieses Konzept und insbesondere methodische Einschränkungen der funktionellen Klassifikation und Typisierung kritisch zu diskutieren. Vor- und Nachteile werden herausgearbeitet sowie Argumente für und wider den Gebrauch solcher Typisierungen gegenübergestellt. Eine Erweiterung des Ansatzes auf andere Organisationsebenen (z.B. Lebensgemeinschaften) wird angedacht.

Literatur

AIGUAR, M.R., PARUELO, J.M., SALA, O.E. & W.K. LAUENROTH 1996: Ecosystem responses to changes in plant functional type composition: An example from Patagonian steppe. - J. Veg. Sci. 7: 381-390.

BARBAULT, R., COLWELL, R.K., DIAS, B., HAWKSWORTH, D.L., HUSTON, M., LASERRE, P., STONE, D. & T. YOUNES 1991: Conceptual framework and research issues for species diversity at the community level. - In: SOLBRIG, O.T. (ed.): From Genes to Ecosystems: a Research Agenda for Biodiversity. IUBS, Cambridge, Mass.: 37-71.

BARKMAN, J.J. 1973: Synusial approaches to classification. - In: WHITTAKER, R.H. (ed.): Classification and Ordination of Vegetation. Den Haag: 435-491.

BARKMAN, J.J. 1979: The investigation of vegetation texture and structure. - In: WERGER, M.J.A. (ed.): The study of Vegetation. Den Haag: 123-160.

BARKMAN, J.J. 1988: New system of plant growth forms and phenological plant types. - In: WERGER, M.J.A. et al. (Hrsg.): Plant Form and Vegetation Structure. Den Haag: 9-44.

BEGON, M., HARPER, J.L. & C.R. TOWNSEND 1990: Ecology – Individuals, Populations, Communities. Blackwell Scientific Publications, Oxford.

BEIERKUHNLEIN, C. 1998: Biodiversität und Raum. - Die Erde 128: 81-101.

BMBF, Bundesministerium für Bildung und Forschung 1999: Richtlinien über die Förderung „Biodiversität und Globaler Wandel (BIOLOG)" im Programm der Bundesregierung „Forschung für die Umwelt" vom 7.4.1999. http://www.dlr.de/PT/UF(Mai 1999).

BOTKIN, D.B. 1975: Fuctional groups of organisms in model ecosystems. - In: LEVIN, S.A. (Hrsg.): Ecosystem Analysis and Prediction. Soc. for Industr. and Appl. Mathemat., Philadelphia: 98-102.

BOUTIN, C. & P.A. KEDDY 1993: A functional classification of wetland plants. - J. Veg. Sci. 4: 591-600.

BOWDEN, R.D. 1995: Biodiversity and ecosystem function: Using natural attributes of islands. - In: VITOUSEK, P.M., LOOPE, L.L. & H. ADERSEN (eds.): Islands, Springer, Berlin u.a.: 221-226.

BOX, E.O. 1995: Factors determining distributions of tree species and plant functional types. - Vegetatio 121: 101-116.

BOX, E.O. 1996: Plant functional types and climate at the global scale. - J. Veg. Sci. 7: 309-320.

CANDOLLE, A. de. 1874: Constitution dans le règne végétal de groupes physiologiques. – Arch. Sci. Phys. Nat. (Genève) 50.

CHAPIN, F.S. III 1993: Functional role of growth forms in ecosystems and global processes. - In: EHLERINGER, J.R. & C.B. FIELD (eds.): Scaling physiological processes: leaf to globe. Academic Press, San Diego: 287-312.

CHAPIN, F.S. III, BRET-HARTE, M.S., HOBBIE, S. & H. ZHONG 1996: Plant functional types as predictors of the transient response of arctic vegetation to global change. - J. Veg. Sci. 7: 347-357.

CHAPIN, F.S., WALKER, B.H., HOBBS, R.J., HOOPER, D.U., LAWTON, J.H., SALA, O.E. & D. TILMAN 1997: Biotic control over the functioning of ecosystems. - Science 277: 500-504.

CLEMENTS, F.E. 1916: Plant succession. An analysis of the development of vegetation. Washington, D.C.: 512 S.
CODY, M.L. 1991: Niche theory and plant growth form. – Vegetatio 97: 39-55.
COSTANZA, R., D'ARGE, R., DE GROOT, R., FARBER, S., GRASSO, M., HANNON, B., LIMBURG, K., NAEEM, S., O'NEILL, R.V., PARUELO, J., RASKIN, R.G., SUTTON, P. & M. VAN DEN BELT 1997: The value of the world's ecosystem services and natural capital. - Nature 387: 253-260.
CUMMINS, K.W. 1973: Trophic relations of aquatic insects. – Ann. Rev. Entomol. 18: 183-206.
CUMMINS, K.W. 1974: Structure and functioning of stream ecosystems. - Bioscience 24: 631-641.
DAILY, G.C. (ed.) 1997: Nature's Services. Island Press, Washington, D.C..
DE WIT, C.T., TOW, G.P. & G.C. ENNIK 1966: Competition between legumes and grasses. Verslagen Landbouwkundige Onderzoekinigen 687: 1-30.
DIAZ, S. 1995: Elevated CO_2 responsiveness, interactions at the community level, and plant functional types. - J. Biogeogr. 22: 289-295.
DIAZ, S. & M. CABIDO 1997: Plant functional types and ecosystem function in relation to global change: a multiscale approach. - J. Veg. Sci. 8: 463-474.
DIAZ, S., CABIDO, M. & F. CASANOVES 1998: Plant functional traits and environmental filters at a regional scale. - J. Veg. Sci. 9: 113-122.
DIEMER, M., JOSHI, J., SCHMID, B., KÖRNER, C. & E. SPEHN 1997: An experimental protocol to assess the effects of plant diversity on ecosystem functionning utilised by a European research network. Bull. Geobot. Inst. ETH Zürich 63: 95-107.
DOAK, D.F., BIGGER, D., HARDING, E.K., MARVIER, M.A., OMALLEY, R.E. & D. THOMSON 1998 The statistical inevitability of stability-diversity relationships in community ecology. - American Naturalist 151: 264-276.
DU RIETZ, G.E. 1965: Biozönosen und Synusien in der Pflanzensoziologie. - In: TÜXEN, R. (ed.) Biosoziologie. Den Haag: 23-42.
ELLENBERG, H. 1973: Die Ökosysteme der Erde. Versuch einer Klassifikation der Ökosysteme auf funktioneller Grundlage. – in: ELLENBERG, H. (ed.): Ökosystemforschung. Springer, Berlin: 235-265.
ELLENBERG, H. & D. MÜLLER-DOMBOIS 1967a: Tentative physiognomic-ecological classification of plant formations of the earth. - Ber. geobot. Inst. ETH, Stiftung Rübel 37: 21-55.
ELLENBERG, H. & D. MÜLLER-DOMBOIS 1967b: A key to Raunkiaer plant life forms with revised subdivisions. - Ber. geobot. Inst. ETH, Stiftung Rübel 37: 56-73.
ELTON, C.S. 1927: Animal Ecology. Sidgwick & Jackson, London.
FABER, J.H. 1991: Positive associations among riparian bird species correspond to elevational changes in plant communities. - Canadian Journal of Zoology 69: 951-963.
FEOLI, E. 1984: Some aspects of classification and ordination of vegetation data in perspective. - Studia Geobotanica 4: 7-21.
FRIEDRICHS, K. 1927: Grundsätzliches über die Lebenseinheiten höherer Ordnung und den ökologischen Einheitsfaktor. – Naturwissenschaften 8: 153-157, 182-186.
GITAY, H. & I.R. NOBLE 1997: What are plant functional types and how should we seek them? - In: SMITH, T.M., SHUGART, H.H. & F.I. WOODWART (eds.): Plant functional types. Cambridge Univ. Press, Cambridge: 3-19.
GIVNISH, J.G. 1994: Does diversity beget stability? - Nature 371: 113-114.
GLEASON, H.A. 1926: The individualistic concept of the plant association.- Bull.Torrey.Bot.Club 53: 7-26.
GOLLUSCIO, R.A. & O.E. SALA 1993: Plant functional types and ecological strategies in Patagonian forbs. - J. Veg. Sci. 4 (6): 839-846.
GRACIELA, M. & M. OESTERHELD 1997: Relationship between productivity, species and functional group diversity in grazed and non-grazed Pampas grassland. - Oikos 78: 519-526.
GRIME, J.P. 1974: Vegetation classification by reference to strategies. – Nature 250: 26-31.
GRIME, J.P. 1977: Evidence for the existence of three primary strategies in plants and its relevance to ecological and evolutionary theory. - Am. Nat. 111: 1169-1194.
GRIME, J.P. 1979: Plant Strategies and Vegetation Processes. J. Wiley & Sons, Chichester.
GRIME, J.P., HODGSON, J.G. & R. HUNT 1988: Comparative Plant Ecology. Unwin Hyman, London.
GRISEBACH, A. 1872: Die Vegetation der Erde nach ihrer klimatischen Anordnung. 2 Bde. Leipzig.
GRUBB, P.J. 1976: A theoretical background to the conservation of ecologically distinct groups of annuals and biennials in the chalk grassland ecosystem. - Biol. Conserv. 10: 53-76.
HAWKINS, C.P. & J.A MACMAHON 1989: Guilds: the multiple meanings of a concept. – Ann. Rev. Entomol. 34: 423-451.

HECTOR, A. 1998: The effect of diversity on productivity: detecting the role of species complementarity. - Oikos 82: 597-599.
HECTOR, A., SCHMID, B., BEIERKUHNLEIN, C., CALDEIRA, M.C., DIEMER, M., DIMITRAKOPOULOS, P.G, FINN, J., FREITAS, H., GILLER, P.S., GOOD, J., HARRIS, R., HÖGBERG, P., HUSS-DANELL, K., JOSHI, J., JUMPPONEN, A., KÖRNER, C., LEADLEY, P.W., LOREAU, M., MINNS, A., MULDER, C.P.H., O'DONOVAN, G., OTWAY, S.J., PEREIRA, J.S., PRINZ, A., READ, D.J., SCHERER-LORENZEN, M., SCHULZE, E.-D., SIAMANTZIOURAS, A.-S.D., SPEHN, E., TERRY, A.C., TROUMBIS, A.Y., WOODWARD, F.I., YACHI, S., & J.H. LAWTON 1999: Plant diversity and productivity of European grasslands. - Science 286: 1123-1127.
HEERWAGEN, J.H. & G.H. ORIANS 1993: Humans, habitats, and aesthetics. – In: KELLERT, S.R. & E.O. WILSON, (eds.): The Biophilia Hypothesis. Island Press, Washington, D.C.: 138-172.
HOOPER, D.U. & P.M. VITOUSEK 1998: Effects of plant composition and diversity on nutrient cycling. - Ecological Monographs 68 (1):121-149.
HOOPER, D.U. 1998: The role of complementarity and competition in ecosystem responses to variation in plant diversity. - Ecology 79 (2): 704-719.
HUMBOLDT, A. von 1807: Ideen zu einer Physiognomik der Gewächse. In: HUMBOLDT, A. von: Ansichten der Natur, mit wissenschaftlichen Erläuterungen. J.G. Cotta'scher Verlag, Tübingen: 157-278.
HUSTON, M.A. 1994: Biological Diversity. The Coexistence of Species on Changing Landscapes. 681 p.; Cambridge Univ. Press, Cambridge.
HUTCHINSON, G.E. 1957: Concluding remarks. - Cold Spring Harbor Samposium on Quantitative Biology 22: 415-427.
JAKSIC, F.M. 1981: Abuse and misuse of the term „guild" in ecological studies. – Oikos 37: 397-400.
JAX, K. 1998: Holocoen and ecosystem – on the origin and historical consequences of two concepts. – Journal of the History of Biology 31: 113-142.
JÜRGENS, N. 1986: Untersuchungen zur Ökologie sukkulenter Pflanzen des südlichen Afrika. – Mitt. Inst. Allg. Bot. Hamburg 21: 139-365.
KINDSCHER, K. & P.V. WELLS 1995: Prairie plant guilds: a multivariate analysis of prairie species based on ecological and morphological traits. – Vegetatio 117: 29-50.
KÖPPEN, W. 1901: Versuch einer Klassifikation der Klimate. - Geogr. Ztschr. 6: 1-45.
KÖRNER, C. 1993: Scaling from species to vegetation: the usefulness of functional groups. – In: SCHULZE, E.D. & H.A. MOONEY (eds.): Biodiversity and Ecosystem Function. Spinger, Berlin: 117-140.
LAMONT, B.B. 1995: Testing the effect of ecosystem composition / structure on its funtioning. - Oikos 74: 283-295.
LAWTON, J.H. 1994: What do species do in ecosystems? - Oikos 71: 367-374.
LAWTON, J.H. & V.K. BROWN 1993: Redundancy in Ecosystems. - In: SCHULZE, E.D., MOONEY, H.A. (Hrsg.): Biodiversity and Ecosystem Function. Springer, Berlin: 255-253.
LAWTON, J.H., NAEEM, S., THOMPSON, L.J., HECTOR, A. & M.J. CRAWLEY 1998: Biodiversity and ecosystem function: getting the Ecotron experiment in its correct context. - Functional Ecology 12: 848-852.
LEISHMAN, M.R. & M. WESTOBY 1992: Classifying plants into groups on the basis of associatons of individual traits - evidence from Australian semi-arid woodlands. - J. Ecol. 80: 417-424.
MAY, R.M. 1986: How many species are there? - Nature 324: 514-515.
MAY, R.M. 1988: How many species are there on earth? - Science 324: 1441-1449.
MAY, R.M. 1990: How many species? - Philos. Trans. Roy. Soc. b 330: 293-304.
MCGRADY-STEED, J., HARRIS, P.M. & J.P. MORIN 1997: Biodiversity regulates ecosystem predictability. - Nature 390: 162-165.
MCINTYRE, S., LAVOREL, S. & R.M. TREMONT 1995: Plant life-history attributes: their relationship to disturbance response in herbaceous vegetation. – J. Ecol. 83: 31-44.
MOONEY, H.A. 1996: Functional Roles of Biodiversity - A Global Perspective. - Wiley & Sons, Chichester: 493 S.
MOONEY, H.A., LUBCHENKO, J., DIRZO, R. & E.O. SALA 1995: Biodiversity and ecosystem functioning. Cambridge University Press. Cambridge.
NAEEM, S. 1998: Species redundancy and ecosystem reliability. - Conservation Biology, 12, 39-45.
NAEEM, S., HÅKANSSON, K., LAWTON, J.H., CRAWLEY, M.J. & L.J. THOMPSON 1996: Biodiversity and plant productivity in a model assemblage of plant species. - Oikos, 76, 259-264.
NAEEM, S., THOMPSON, L.J., LAWLER, S.P., LAWTON J.H. & R.M. WOODFIN 1994: Declining biodiversity can alter the performance of ecosystems. - Nature 368: 734-737.

NEßHÖVER, C. 1999: Charakterisierung der Vegetationsdiversität eines Landschaftsausschnittes durch funktionelle Attribute von Pflanzen. Diplomarbeit um Lehrstuhl für Biogeographie der Universität Bayreuth.

NOBLE, I.R. & H. GITAY 1996: A functional classification for predicting the dynamics of landscapes. – J. Veg. Sci. 7:329-336.

O'NEILL, R.V., DEANGELIS, D.L., WAIDE, J.B. & T.H.F. ALLEN 1986: A Hierarchical Concept of Ecosystems. Princeton Univ. Press, Princeton.

ORSHAN, G. 1983: Approaches to the definition of Mediterranean growth forms. - In: KRUEGER, F.J (ed.): Mediterranean-type ecosystems. The role of nutrients. - Ecological Studies 43: 86-100.

PERRINGS, C. 1995: The economic value of biodiversity. - In: HEYWOOD, V.H. & R.T. WATSON (eds.): Global Biodiversity Assessment: 823-914.

PETERS, R.L. 1994: Conserving biological diversity in the face of climate change. - In: KIM, K.C. & R.D. WEAVER (eds.): Biodiversity and Landscapes: 105-132.

RAMENSKY, L.G. 1924: Die Grundsatzmäßigkeiten im Aufbau der Vegetationsdecke. (russ.) – Osnovnye zakonomernosti rastitelnogo pokrova i ich izucenie. - Vêstn. opytn. dêla Svedne-Chernoz. Obl. Voronezh 1924, 37-73. (auch: Bot. Centralbl., N.F.7 (1926), 453-455, Kassel).

RAMENSKY, L.G. 1930: Zur Methodik der vergleichenden Bearbeitung und Ordnung von Pflanzenlisten und anderen Objecten, die durch mehrere, verschiedenartig wirkende, Factoren bestimmt werden. - Beitr. Biol. Pfl. 18: 269-304, Breslau.

RAUNKIAER, C. 1907: Planterigets Livsformer og dres Betydning for geografien. - Kristiana, Kopenhagen.

RAUNKIAER, C. 1934: The life forms of plants and statistical plant geography. Oxford Press, London.

ROOT, R.B. 1967: The niche exploitation pattern of the blue-grey gnatcatcher. – Ecol. Monogr. 37: 317-350.

SCHIMPER, A.F.W. 1898: Pflanzengeographie auf physiologischer Grundlage. Gustav Fischer, Jena.

SCHMITHÜSEN, J. 1985: Vor- und Frühgeschichte der Biogeographie. - Biogeographica 20, 166 S., Saarbrücken.

SCHULZE, E.D. & H.A. MOONEY (eds.) 1993: Biodiversity and Ecosystem Function. - Ecological Studies, Volume 99. Springer, Berlin.

SIMBERLOFF, D. & T. DAYAN 1991: The guild concept and the structure of ecological communities. – Ann. Rev. Ecol. Syst. 22: 115-143.

SIMPSON, R.D. & N. CHRISTENSEN 1997: Ecosystem Function and Human Acitvities - Reconciling Economics and Ecology. Chapman & Hall, London.

SKARPE, C. 1996: Plant functional types and climate in a southern African savanna. - J. Veg. Sci. 7: 397-404.

SMITH, T.M., SHUGART, H.H. & F.I. WOODWART (eds.) 1997: Plant Functional Types: their relevance to ecosystem properties and global change. - Cambridge Univ. Press, Cambridge.

SOLBRIG, O.T. 1993: Plant traits and adaptive strategies: their role in ecosystem function. – In: SCHULZE, E.D. & H.A. MOONEY (eds.): Biodiversity and Ecosystem Function. Springer, Berlin: 97-116.

STEFFEN, W.L., WALKER, B.H., INGRAM, J.S.I. & G.W. KOCH (eds.) 1992: Global Change in Terrestrial Ecosystems: The Operational Plan. - IGBP and ICSU, Stockholm.

SYMSTAD, A.J., TILMAN, D., WILLSON, J. & J.M.H. KNOPS 1998: Species loss and ecosystem functioning: effects of species identity and community composition. Oikos 81:389-397.

TANSLEY, A.G. 1935: The use and the abuse of vegetational concepts and terms. – Ecology 16: 284-307.

THIENEMANN, A. & J.J. KIEFFER 1916: Schwedische Chironomiden. – Arch. Hydrobiol. Suppl. 2: 489.

TILMAN, D. & J.A. DOWNING 1994: Biodiversity and stability in grasslands. – Nature 367: 363-365.

TILMAN, D. 1996: Biodiversity: population versus ecosystem stability. – Ecology 77 (2): 350-363.

TILMAN, D. 1999: Diversity by Default. - Science 283: 495-496.

TILMAN, D., KNOPS, J., WEDIN, D., REICH, P., RITCHIE, M. & E. SIEMANN 1997: The influence of functional diversity and composition on ecosystem processes. - Science 277: 1300-1302.

TILMAN, D., LEHMAN, C.L. & C.E. BRISTOW 1998: Diversity-stability relationships: Statistical inevitability or ecological consequence? - Am. Nat. 151: 277-282.

TILMAN, D., WEDIN, D. & J. KNOPS 1996. Productivity and sustainability influenced by biodiversity in grassland ecosystems. - Nature 379: 718-720.

TROLL, C. 1970: Landschaftsökologie (Geoecology) und Biocoenologie – Eine terminologische Studie. – Rév. Géol., Gégoph. et Géogr., Sér. Géogr. 14: 9-18.

TURKINGTON, R., KLEIN, E. & C.P. CHANWAY 1993: Interactive effects of nutrients and disturbance: an experimental test of plant strategy theory. - Ecology 74 (3): 863-878.

VITOUSEK, P.M. & D.U. HOOPER 1993: Biological diversity and terrestrial ecosystem biogeochemistry. - In: SCHULZE, E.-D. & H.A. MOONEY (eds.): Biodiversity and Ecosystem Function. Springer, Berlin: 3-14.

WALKER, B.H. 1992: Biodiversity and ecological redundancy. - Conserv. Biol. 6: 18-23.

WILLIAMS, P., HUMPHRIES, C., VANEWRIGHT, D. & K. GASTON 1996: Value in biodiversity, ecological services and consensus. – Trends Ecol. Evol. 11: 385.

WILMANNS, O. 1970: Kryptogamen-Gesellschaften oder Kryptogamen-Synusien? - In: Tüxen, R. (Hrsg.): Gesellschaftsmorphologie. Den Haag: 1-7.

WILSON, E.O. 1984: Biophilia. Harvard Univ. Press, Cambridge/Mass.

WILSON, J.B. & S.H. ROXBURGH 1994: A demonstration of guild-based assembly rules for a plant community, and determination of intrinsic guilds. – Oikos **69**: 267-276.

WOODWARD, F.I. & W. CRAMER 1996: Plant functional types and climatic changes: Introduction. - J. Veg. Sci. 7: 306-308.

YACHI, S. & M. LOREAU 1999. Biodiversity and ecosystem productivity in a fluctuating environment: The insurance hypothesis. - Proceedings of the National Academy of Sciences of the United States of America 96: 1463-1468.

Funktionssicherung und/oder Aufbruch ins Ungewisse?
Anmerkungen zum Prozeßschutz

Thomas Potthast

Max-Planck-Institut für Wissenschaftsgeschichte, Wilhelmstr. 44, D-10117 Berlin,
e-mail: potthast@mpiwg-berlin.mpg.de

Abstract

This paper deals with theoretical, political, and ethical aspects of the 'protection of ecological processes' which has emerged as one of the most important concepts in conservation. With regard to this concept, several important issues in ecological theory are addressed. All concern anti-balance, dynamic notions of naturally changing nature. However, the meaning of 'process' is neither fixed nor singular. Community and Ecosystem Ecology as well as Conservation Biology adopted 'process', not least as a catchphrase capable of re-organizing and addressing a whole constellation of problems concerning conservation. Processes are linked both to function and to uncertainty. They supposedly maintain biological functions and the ability of ecological systems to cope with uncertain events. At the same time, anthropogenic measures are perceived as a threat to functions because of uncertain devastating consequences. Though the notion of protected areas as static 'nature museums' is explicitly rejected, the concept of ecological processes also serves as an indispensable tool to preserve species populations and habitats. Yet protection of 'natural processes' often implies a 'hands-off' policy which is only applicable to 'wilderness reserves' or core zones of national parks. The need to maintain areas completely remote from anthropogenic change notwithstanding, I argue against 'naturalness' or 'wildness' as a scientific and/or moral yardstick which ranks anthropogenic ecosystems as second-rate per se. A strict cleavage between 'natural' and 'anthropogenic' is untenable on epistemological, practical, and political grounds for most ecological systems and conservation practices, especially in cultural landscapes. Processes maintaining functions for human demands do not exclude from the outset a proper functioning of ecological systems. Rather it has to be clarified what kind of processes are to be protected, and for which reasons. A set of criteria still has to be developed to discriminate between adequate and unacceptable measures in the management of anthropogenic systems. According to different notions of processes, three ways of linking function to uncertainty are presented, differing mainly in their notion of uncertainty as a desired and/or undesired phenomenon. By considering functions and uncertainty closely, I show that conservation cannot derive its goals from the seemingly Archimedean point of 'natural processes'. Nature does not 'know best'. There is no way back toward ever stable and balanced natural entities. Neither can 'natural processes' as such guarantee any alleged optimal functioning or 'self-organisation'. Functions and uncertainty of ecological processes remain in a dialectical flux. They are not likely to exist separately. Neither do natural and anthropogenic components of ecological systems.

Keywords: *ecological processes, ecological functions, uncertainty, nature conservation, ethics of nature*

Schlüsselwörter: *ökologische Prozesse, ökologische Funktionen, Unsicherheit, Naturschutz, Naturethik*

Einleitung

Auf den ersten Blick scheinen Funktionen einen Gegensatz zu Unsicherheit zu bilden: Während eine Funktion etwas Bekanntes, Faßbares, mehr oder minder Vorhersehbares bestimmt, bedeutet Unsicherheit zumindest partielle Abwesenheit all dessen. Das gilt für die Ökologie ebenso wie für den Naturschutz. Wer Funktionen im Rahmen des Naturschutzes sichern will, bemüht sich gerade *trotz* möglicher Unsicherheiten über Ereignisse im weiteren Verlauf der Zeit darum. Die Spanne zu sichernder Funktionen ist groß: Bestimmte Arten und Artengruppen sind funktionell auf obligate Bestäuber oder Zwischenwirte zur Aufrechterhaltung ihrer Population angewiesen; das fehlende Überflutungsregime in Auen ist eine Dysfunktion wasserbaulich regulierter Fließgewässer; die „Leistungsfähigkeit des Naturhaushalts" (BNatSchG § 2(1)) bestimmt sich über eine Reihe von Funktionen ökologischer Systeme. Unbeschadet der Tatsache, daß recht Unterschiedliches mit dem Wort gemeint sein kann (siehe JAX, in diesem Band), zählen ökologische Funktionen zum Zielkanon des Naturschutzes. Die Unsicherheit über zukünftige Ereignisse stellt hingegen ein zu berücksichtigendes, möglichst zu überwindendes Problem dar. Bei JAEGER (in diesem Band) findet sich folgende Taxonomie unterschiedlicher Formen der Unsicherheit i.w.S.: Beim *Risiko* sind Schadenereignis und Eintrittswahrscheinlichkeit bekannt, bei *Unsicherheit i.e.S.* ist es nur der Schaden, während die Eintrittswahrscheinlichkeit unbekannt ist, und im Falle der *Unbestimmtheit* sind beide unbekannt. Auf diese Unterteilung komme ich später zurück.

In verschiedenen Konzeptionen des Prozeßschutzes finden sich sowohl Verweise auf Funktionen als auch die Betonung einer grundsätzlichen Unbestimmtheit ökologischer Entwicklungen, wobei Eigenschaften wie 'Dynamik', 'Stochastizität', 'Evolutionsfähigkeit' und 'Selbstorganisation' eine bedeutsame Rolle spielen. Bemerkenswert ist, daß für den Prozeßschutz Unsicherheiten nicht nur in Form möglicher drohender Schäden bestehen, sondern Unsicherheit auch als begrüßenswerte, ja schützenswerte Eigenschaften der Natur gilt, solange sie Bestandteil natürlicher Dynamik ist. Ziel dieses Aufsatzes ist eine Erörterung, inwiefern der Prozeßschutz zum einen an der Funktionssicherung, zum anderen am Problem der Unsicherheit orientiert ist und ob er beide Aspekte – zum Wohle der Natur und des Naturschutzes – zu integrieren vermag. Zuerst erfolgt eine Skizze der Situation, vor deren Hintergrund Prozeßschutz als etwas Neues eingeführt wurde (Abschnitt 1). Danach geht es um die Frage, welche Ziele gemeint und welche Prozesse es sind, die geschützt werden sollen (Abschnitt 2). Auf dieser Grundlage diskutiere ich im Abschnitt 3, welche Verknüpfungen von Funktion und Ungewißheit im Prozeßschutz entstehen. Meine auszuführende These ist, daß nicht allein der Wandel zugrundeliegender ökologischer Konzepte und Naturschutzpraktiken, sondern insbesondere auch – zuweilen widerstreitende – normativ aufgeladene Naturbilder und politische Erwägungen die Formulierung von Theorien, Zielen und Mitteln im Prozeßschutz maßgeblich bestimmen. Die erwünschte Neuausrichtung, die in einer Wahrnehmung der Natur als dynamisch und zukunftsoffen liegt, geht im Prozeßschutz mit der Gefahr einer Zementierung des unangemessenen Mensch-Natur-Dualismus einher.

1   Was ist der und was ist neu am Prozeßschutz?

Der Prozeßschutz verdankt seine Bedeutung einer facettenreich in Bewegung gesetzten Natur. Nach einzelnen Vorstößen anfangs der 1980er Jahre erschienen insbesondere ab etwa 1990 zahlreiche Veröffentlichungen zum Thema der Dynamik in Ökologie und Naturschutz (beispielsweise WHITE & BRATTON 1980, BOTKIN 1990, SCHERZINGER 1990, PICKETT et al. 1992, PLACHTER 1996, JEDICKE 1998). Dabei galten drei miteinander verbundene theoretische Vorannahmen als Ursache für mangelnde wissenschaftliche und naturschutzpraktische Erfolge: die falsche Metaphysik einer als harmonisch und balanciert konzeptualisierten Natur, eine dementsprechend zu sehr an Theorien zur Stabilität orientierte Ökologie sowie ein statischer, konservierender, musealer Naturschutz. Die von BOTKIN (1990) konstatierte Kausalkette verläuft mithin von der falschen metaphysischen und/oder mentalen Orientierung zur falschen naturwissenschaftlichen Theorie und dann zu Mißerfolgen in der Praxis. Die Ökologie erhielt aber zugleich die Rolle, anhand der Befunde zur Dynamik (in) der Natur zur Revision ihres eigenen theoretischen Defizits gesorgt zu haben und auch weiter sorgen zu sollen. Auf diese Weise sei unter Berufung auf neue ökologische Fakten nunmehr den unzutreffenden Naturvorstellungen ebenso wie den schlechten Naturschutzpraktiken abzuhelfen (siehe PICKETT & WHITE 1985a, PICKETT et al. 1997).

Der dem Prozeßschutz zugrundeliegende Wandel in ökologischen Theorien kann - sehr holzschnittartig - anhand folgender Elemente konstruiert werden: 1) Die Hypothese mittlerer Störungen als Ursache für hohe Artenmannigfaltigkeit beförderte die Auffassung, daß natürliche (!) Störungen erhebliche funktionelle Bedeutung für die Erhaltung von Lebensgemeinschaften besitzen (*intermediate disturbance hypothesis*, CONNELL 1978; siehe auch JAX 1999). 2) Die Mosaik-Zyklus-Theorie charakterisierte die Natürlichkeit größerer Bestandzusammenbrüche und die folgende Sukzessionsdynamik als auch funktionell notwendige Prozesse, welche die Persistenz insbesondere von Waldformationen in raumzeitlich großem Maßstab von vielen Quadratkilometern und einigen Jahrhunderten sicherstellen. Wichtig sei dabei, daß alle Sukzessionszustände und -prozesse im Gebiet stets gleichzeitig vorhanden sind (REMMERT 1991). 3) Das *patch-dynamics-concept* (PICKETT & WHITE 1985b) betonte die Dynamik raumzeitlich sehr viel kleinerer „Flecken" und brachte die ökologische Heterogenität gerade auch auf Skalierungsebenen hoher Auflösung in den Blick. Im Gegensatz zum Mosaik-Zyklus-Konzept existiert jedoch keine zyklische Sukzession der *patches*. 4) Das aus der Evolutionsbiologie stammende Metapopulationskonzept überführte Bilder stabiler Ansammlungen von Populationen in raumzeitlich fluktuierende Muster (LEVINS 1968; siehe REICH & GRIMM 1996). 5) Die Grenzen deterministischer Modelle für Entwicklungen auf allen Ebenen ökologischer Einheiten wurden mehr und mehr betont, und grundsätzliche Zweifel an der Prognosefähigkeit der Ökologie gehören seit Beginn der 1980er Jahre fast schon zum guten Ton in der Ökologie (SIMBERLOFF 1980; siehe auch SHRADER FRECHETTE & MCCOY 1993). Eine streitbare Interpretation der US-amerikanischen Theoriediskussion und ihrer zeitgeschichtlichen Hintergründe bietet WORSTER (1994, Kap. 17: „Disturbing Nature"): Ideen einer harmonischen, schützenswerten Natur jenseits menschlicher (Zer)Störung seien in der zunehmend individualistisch geprägten Konkurrenzgesellschaft von „*environmental relativism*" und „*science of chaos*" verdrängt worden.

Die bislang genannten dynamisierten Ansätze beziehen sich – nach WORSTERs (1994) Deutung gerade nicht zufällig – auf Populationen und Lebensgemeinschaften (*community ecology*). Die Ökosystemökologie mit stärker funktionell ausgerichteten Untersuchungen zum Stoff- und insbesondere Energieumsatz größerer Einheiten ist seit jeher enger an Prozessen orientiert, hat jedoch den Schwenk weg vom Gleichgewicht zögerlicher vollzogen. Ihre Lesart von Sukzession als Prozeß energetischer und funktioneller Optimierung entlang von Gleichgewichtszuständen hat eine lange Tradition (siehe LOTKA 1922, MACARTHUR 1955, ODUM 1969, ODUM 1983). Der Prozeßgedanke schließt dabei an die funktionale Sicht ökologischer Interaktionen (allein) als Stoff- und Energietransfer in einem selbstregulierten dynamischen System an (HABER 1979); dies gilt auch für die aktuellen Varianten thermodynamisch bestimmter Selbst*organisation* der Ökosysteme (MÜLLER 1996; Beiträge in MÜLLER & LEUPELT 1998). Die von BARKMANN (in diesem Band) vorgeschlagene Konzeption der Integrität baut auf eine solche Selbstorganisationsperspektive von Ökosystemen auf. Nicht nur die Gewährleistung von Funktionen für menschliche Zwecke beruht demnach auf der Sicherung natürlicher Selbstorganisation, sondern letztere ist auch insofern funktionell, als in einem gewissen Rahmen gerade neue, unsichere Ereignisse vom System unbeschadet verarbeitet werden können.

Zeitgleich mit dieser Theoriendynamik zeigten sich im Naturschutz bei der Erhaltung von Populationen und der Sicherung zu kleiner oder falsch zugeschnittener Schutzgebiete praktische Fehlschläge. Sie wurden auf naive Gleichgewichtszielsetzungen und falsche menschliche Erhaltungsmaßnahmen zurückgeführt (Beispiele in BOTKIN 1990). Zunächst erwuchs daraus die Gegenüberstellung von konservierendem Eingreifen und dynamischem Gewährenlassen, von statischem Artenschutz und prozessorientiertem Schutz von Lebensgemeinschaften und Ökosystemen (WHITE & BRATTON 1980: 241f. und SCHERZINGER 1990: 293f.). Als anschauliche Beispiele galten immens aufwendige Schutzmaßnahmen spektakulärer Vögel oder Säugetiere, bei denen weitere Interaktionen in Lebensgemeinschaften zuweilen völlig ausgeblendet blieben. Zudem bänden die Maßnahmen, selbst wenn sie nicht fehlschlagen, das begrenzte Geld und Engagement im Naturschutz (zu) einseitig. Ob „der Artenschutz" tatsächlich in den meisten Fällen dieser kritischen Karikatur entsprochen hat oder noch entspricht, sei hier nicht weiter erörtert. Sicherlich aber ist die alte Trennung zwischen statischem Artenschutz und dynamischem Ökosystemschutz im Zeitalter der Metapopulation - zumindest auf der konzeptionellen Ebene von Prozessen - heute nicht mehr angemessen. Wichtig bleibt festzuhalten, daß die Empfindung von Dilemmata im klassischen Artenschutz auf unterschiedliche Dimensionen verweist: zum einen die Mißerfolge aufgrund falscher Theorien und Maßnahmen, zum anderen das Ausblenden biozönotischer und ökosystemarer Aspekte, zum dritten aber auch die politisch-rechtliche Festlegung auf An-/Abwesenheit oder Gefährdungsstatus von Arten als maßgeblichem Kriterium im Vollzug des Naturschutzes.

Der Prozeßschutz greift nunmehr auf eine von der Theorie *in jeder Hinsicht* in Bewegung gesetzte Natur zurück:

> „Unter dem Begriff 'ökologische Prozesse' können alle Interaktionen in und die Dynamik von ökologischen Systemen zusammengefaßt werden." (PLACHTER 1996:288)

Eine solche Lesart ökologischer Prozesse bringt Lösungsvorschläge mehrerer Probleme auf einen naturschutztheoretischen Nenner (Tab. 1). Die allgemeine Dynamisierung einer vormals statischen Natur richtet sich auch auf die Lösung praktischer Defizite: erstens die Wahrnehmung von Nicht-Gleichgewichtszuständen in kurzfristiger Perspektive aufgrund von Störungen und permanenten Sukzessionsvorgängen, zweitens der Blick auf eine mittel- und langfristige Geschichte ökologischer Systeme, die zugleich Ausdruck und Ursache lokaler Singularität sowie fundamentaler Veränderlichkeit ist (BRECKLING 1992). Die historische Dimension leitet drittens über zur ausdrücklichen Berücksichtigung stammesgeschichtlicher Phänomene, also Evolution im engeren Sinne, was bislang selten ein mehr als rhetorischer Bestandteil ökologischer Theorie gewesen ist (POTTHAST 1999).

Der Prozeßaspekt von Funktion als Gegenbegriff zu funktionslosen Mustern der Fauna und Flora hat in der Ökologie eine längere Vorgeschichte (WATT 1947; siehe BRÖRING & WIEGLEB 1998). Für den Naturschutz liegt die Kritik an einseitigen faunistischen oder floristischen Kriterien, beispielsweise der Roten Liste, auf der Hand. Es ist aber sicherlich nicht neu, daß Rote-Listen-Arten und Maßnahmen zur Bestandserhaltung in den Kontext der Interaktionen mit anderen Arten und ihrer Umgebung eingebettet werden müssen. Hier bezeichnet

Tab.1: Unterschiedliche Bedeutungen des Prozeßbegriffs im Kontext des Naturschutzes; zusammengestellt nach SCHERZINGER (1990), STURM (1993) und PLACHTER (1996). In den ersten fünf Bedeutungen zeigt sich Kritik an sachlich unangemessenen Konzepten und Zielsetzungen; die letzten beiden richten sich normativ gegen Unerwünschtes (verändert und erweitert nach POTTHAST 1999: 197).

Bedeutung von »Prozeß«	kritisierte Idee / unerwünschter Aspekt
Dynamik (Nicht-Gleichgewichtszustände) in und von ökologischen Systemen	statische, balancebetonende Naturkonzepte
Veränderung/Veränderlichkeit von ökologischen Einheiten allgemein	statische, ahistorische Naturkonzepte
Evolution i.e.S. (Phylogenie)	kein Bezug zur Interaktion evolvierender Organismen(gruppen) mit der Umwelt
Funktion	funktionslose Muster, z.B. der Flora/Fauna
Unsicherheit i.e.S. und Unbestimmtheit in (der Prognose von) ökologischen Prozessen; „Stochastizität"	Kausaldeterministische und exakt probabilistische (?) Modelle ökologischer Prozesse
unbeeinflußte Interaktionen: „Natürlichkeit" / „Wildnis"	alle (?) vom Menschen modifizierte Ereignisse
Potential der Landschaftsentwicklung nur bei Natürlichkeit der Veränderung	Devolution, zerstörerische Veränderungen

'Funktion' die Muster erzeugenden, erhaltenden oder modifizierenden Prozesse (siehe unten). Insbesondere PLACHTER (1996: 287f.) weist jedoch auf die „Stochastizität" ökologischer Prozesse als Gegenbegriff zu deterministischen Vorstellungen hin. Mit diesem aus dem Englischen importierten Wort dürften hier *Unsicherheit i.e.S.* und *Unbestimmtheit* von Prognosen gemeint sein und nicht eine – exakt statistisch berechenbare – Eintrittswahrscheinlichkeit bekannter Ereignisse.

> „Die einzelnen Arten, Ökosysteme, Bodenzustände (sind) nicht kausal miteinander verknüpfbar. Das einzige, was all diese Naturelemente miteinander verbindet, sind die zwischen ihnen wirkenden Prozesse. Nur funktionale, prozessorientierte Verfahren lassen somit eine synoptische Darstellung von Zuständen der Natur erwarten." (PLACHTER 1996: 299)

Prozesse kennzeichnen in dieser Lesart insbesondere die Interaktionen, die jenseits (mono)-kausal-deterministischer Beziehungen größere Funktionszusammenhänge bilden. Funktion geht über bloße Kausalbeziehung hinaus: zum einen durch Einbeziehung der Unbestimmtheit, zum anderen aber durch einen Prozeßbegriff, der in unklarer Weise eine trans-kausale Interaktionstheorie voraussetzt.

Diese ersten fünf in Tabelle 1 aufgeführten Aspekte ökologischer Prozesse werden als neue oder ergänzende Aspekte ökologischer Theorie ausgewiesen, mit deren Hilfe Zielvorstellungen zu revidieren und Naturschutz angemessener zu betreiben sei. Demgegenüber besitzen die folgenden beiden Punkte eine andere, moralisch normative Ausrichtung: In den Entwürfen von SCHERZINGER (1990) und STURM (1993) gelten ausschließlich „natürliche" Prozesse als Ziel, beziehungsweise als Leitlinie. Dabei macht die stets möglichst vollständige Abwesenheit *jeder* menschlichen (Ein)Wirkung diese Natürlichkeit aus. Der Schutz der Natur bezieht sich mithin auf natürliche *Prozesse* und darüber hinaus auf ein Potential für *zukünftige* Veränderung unter der Prämisse des Natürlichen.

„Natürlichkeit wäre erzielbar, solange der Landschaft die Potenz zu natürlicher Entwicklung innewohnt." (SCHERZINGER 1990:296).

STOCK et al. (1999) weisen darauf hin, daß Prozeßschutz die kurzfristig unvermeidlichen, meist überregionalen und globalen Einwirkungen menschlicher Aktivitäten – beispielsweise Nährstoffeinträge durch die Luft oder über das Wasser sowie die anthropogen mitbedingte Klimaveränderung – quasi als „Rahmen" akzeptieren kann. Für den Wattenmeer-Nationalpark Schleswig-Holstein gehen sie davon aus, daß ein Prozeßschutz möglich ist, obwohl die Küstenarchitektur durch Eindeichungsmaßnahmen und historische Landnahme wesentlich beeinflußt ist. Gleiches gilt für die das Wattenmeer säumenden Salzwiesen, die landseits durch Deiche und seeseits durch künstliche Sicherungsmaßnahmen in Form von Lahnungen gesichert werden müssen. Die Autoren sprechen im Zusammenhang von „natürlichen" Prozessen daher immer von den „Standortpotentialen", welche standortgerechte Entwicklung ermöglichen.

Im Falle einer Beschränkung auf nicht anthropogen beeinflußte natürliche Prozesse verändert sich das genannte Ziel der Sicherung von Prozessen als Summe allgemeiner Interaktionen und Dynamik ganz erheblich. Dieser Übergang beruht zumeist auf der theoretischen Prämisse, daß allein möglichst natürliche Prozesse ein optimales Funktionieren der Interaktionen – und damit Erhaltung der Lebensmöglichkeiten für Arten – gewährleisten.

„Bei diesen grundsätzlichen Zielvorstellungen [des Prozeßschutzes; T.P.] wird davon ausgegangen, daß alle in unseren heimischen Wäldern überlebensfähigen Arten Arten eine ökologische Nische vorfinden. Diese wird jedoch nicht [wie im eingreifenden Naturschutz; T.P.] inszeniert, sondern entsteht quasi von selbst immer wieder neu." (STURM 1993: 186).

Auch SCHERZINGER (1990) betont, daß Prozeßschutz auf genügend großer Fläche ein sozusagen komplettes Arteninventar der jeweiligen Lebensgemeinschaft langfristig sicherstellt. In stark anthropogen veränderten Gebieten funktioniert dies allerdings nur, wenn der Entwicklung „Starthilfe" gegeben wird. Solchen Praxisvorschlägen gemeinsam ist die Überzeugung, daß das Zulassen und die Förderung natürlicher Prozesse auch die Funktion erfüllt, Arten langfristig optimal im Gebiet zu erhalten. „Dynamische Prozesse" gewährleisten die Interaktionen in einem Nebeneinander mehr oder weniger kleiner, dynamisch sich verändernder Sukzessionsflecken. Weil somit alle Funktionen gesichert sind, persistieren sowohl die Lebensgemeinschaften als auch das ökologische System als ganzes, allerdings nicht in einem stationären Zustand.

Was ist konzeptionell neu an der Idee ökologischer Prozesse und am Prozeßschutz? Die erörterten Elemente betonen skalenübergreifend die Veränderlichkeit aller ökologischen Einheiten sowie eine notwendige Abkehr von der einseitigen Orientierung an Mustern, insbesondere an stabilen Strukturen. Ökologische Prozesse erscheinen notwendig zum besseren Verständnis der Persistenz und des Wandels ökologischer Einheiten in der Zeit sowie, zur Analyse der Funktionen in ökologischen Systemen. Aber sie dienen auch dazu, die Unbestimmtheit zukünftiger Entwicklungen wahrzunehmen. Ökologische Prozesse haben somit die begriffliche Funktion, verschiedene theoretische Aspekte zu versammeln, ohne sie dabei in Form einer eigenständigen Neukonzeption enger miteinander zu verbinden. Es erschiene mir unangemessen, die Situation dahingehend zu beschreiben, daß eine neue, ausgearbeitete Theorie ökologischer Prozesse nunmehr auf Naturschutzfragen „Anwendung" fände. Vielmehr stellen 'Prozesse' im Prozeßschutz ein neues Leseraster dar, um Eigenschaften der Natur *unmittelbar naturschutzrelevant* und anders als in Begriffen von Stabilität, Balance und Gleichgewicht wahrzunehmen und zu vermitteln. Der Schnelldurchgang durch zahlreiche zum Teil widerstreitende ökologische Theoreme sollte andeuten, daß die Idee ökologischer Dynamik und ökologischer Prozesse allgemein genug ist, mit jedem der Ansätze kompatibel zu sein. Ganz analog zur Erfindung der Biodiversität (siehe POTTHAST 1996, TAKACS 1996) entstand Prozeßschutz unmittelbar als naturschutztheoretischer und -politischer Sammelbegriff. Er ermöglicht es, alle genannten Aspekte gewandelter Naturvorstellungen zu integrieren und anschaulich zu verbreiten, und zwar *zunächst* trotz sehr verschiedener Schwerpunktsetzungen innerhalb verschiedener ökologischer Konzepte und Naturschutzziele.

2   Prozeßschutz: welche Ziele und welche Mittel im Naturschutz?

Je nach gesetztem Ziel und nach der Auffassung von Prozessen bietet sich ein buntes Spektrum von Varianten und Begründungen des Prozeßschutzes. Sieht man sich die Praxisfelder an, so sind es weitgehend vertraute Argumentationen, die vom Prozeßschutz aufgenommen und transformiert werden. So unterscheidet (JEDICKE 1999: 233) einen

- Prozeßschutz „anthropogen ungesteuerter Dynamik" als „Prozeßschutz im engeren Sinne oder segregativer Prozeßschutz" mit dem Ziel „naturnäherer Stadien" von dem
- „Nutzungsprozeßschutz oder integrativem Prozeßschutz" mit dem Ziel der Kulturlandschafts-Dynamik sowie den klassischen Arten-, Biotop- und Kulturlandschaftsschutzzielen als „Nebeneffekt ..., ohne daß gezielt betriebene Pflegeeingriffe stattfinden".

2.1   Prozesse für den Arten- und Biotopschutz

Offenkundig setzen sich Protagonisten des Prozeßschutzes davon ab, Natur als Freilichtmuseum bestimmter Zustände zu konservieren und dabei geschützte Natur gleichsam aus zweiter Hand zu erzeugen. Der Streit um Eingreifen versus Gewährenlassen als Mittel zum Ziel prägt die Geschichte des Heimat- und Naturschutzes seit seiner Entstehung in immer neuen Konstellationen. Gerade Kulturlandschaften haben seit jeher den Blick auf die historische und lokale Komponente mehr geschärft (Beispiele in KONOLD 1996, 1998) als „Wildnis", die als Paradigma eher ahistorischer, großräumig wenig veränderlicher Fließgleichgewichte galt.

Die Berücksichtigung des Prozeßcharakters der Natur bedeutet nicht notwendig die Abwendung von der Erhaltung bestimmter Zustände. Betrachtet man Prozesse 'funktionell' im Sinne von instrumentell, dann kann Prozeßschutz auch „musealen" Zielen im Naturschutz dienen. Genau diejenigen ökologischen Interaktionen wären zweckmäßig zu sichern, die ein bestimmtes Muster, eine bestimmte Struktur erzeugen. Im Falle eines klar bestimmten und mit Artenmannigfaltigkeit, Seltenheit oder dem Landschaftsbild begründeten Ziel ist zunächst unerheblich, ob diese Muster natürlicherweise oder anthropogen zustandekommen; dies gilt beispielsweise für Restaurierungs- und Renaturierungsmaßnahmen. Naturschutz ohne Berücksichtigung dynamischer Prozesse ist schlicht unzweckmäßig, da die bisherigen Grundlagen sich als nicht angemessen erwiesen haben. Strukturelle Ansätze müssen *notwendig* um die Prozeßaspekte von Funktion, Interaktion und Veränderlichkeit ergänzt – nicht aber aufgegeben – werden. Bei der zweckorientierten Sicherung von Prozessen schränkt die konstatierte Unsicherheit gleichwohl die Erwartung ein, alle Funktionen, alle Muster vollständig und mit absoluter Sicherheit konservieren zu können. Nicht umfassend determinierte Sollzustände, sondern ein Spektrum möglicher Situationen innerhalb zu bestimmender Toleranzgrenzen erscheint praktikabler (PLACHTER 1996). Die Betrachtung von Prozessen ist dabei nötig, um die Realistik der Ziele angemessener bestimmen zu können und sie umzusetzen. Prozeßschutz ist dann ein Instrument, um als möglich angesehene, erwünschte Zustände jeglicher Art möglichst effizient erhalten zu können. Mit Hilfe nutzungsimitierender Maßnahmen zur Prozeßsicherung lassen sich mithin durchaus historisch entstandene anthropogene Landschaftsbilder nebst charakteristischer Flora und Fauna langfristig erhalten, sofern dies als Ziel festgelegt wurde. Unrealistisch ist es lediglich, Artenzu- und Abwanderung gänzlich ausschließen und jedes Taxon auf jeder Fläche in jedem Jahr antreffen zu wollen. Anders verhält es sich, wenn ausdrücklich die Abwesenheit aller Eingriffe von Menschen, also in diesem Sinne „Natürlichkeit" der Prozesse, als oberstes Ziel ausgewiesen ist.

2.2 Prozesse für die Erhaltung und Entwicklung unberührter Natur

Prozeßschutz in Reservaten, etwa in Kernzonen von Nationalparken, faßt die alte Forderung nach Unberührtheit in einen neuen Begriff und ist eine unproblematisch scheinende, aber eben nicht neue Formulierung alter Naturschutzziele in solchen Gebieten (SCHERZINGER 1990, PLACHTER 1996). Doch in der normativen Belegung natürlicher Prozesse bleibt unklar, inwiefern und warum Prozeßschutz andere Ziele als der Arten- und Biotopschutz verfolgt. Sind tatsächlich die Prozesse selbst Gegenstand des Schutzes oder sind es nicht gleichzeitig die natürlichen Muster, also Arten und Lebensgemeinschaften sowie – in anderem Kontext – Landschaftsbilder als ästhetische Objekte? In vergleichsweise nur reversibel veränderten Gebieten stellt sich durch Zulassen „natürlicher Dynamik" ein fluktuierendes Muster ein, das nicht zuletzt als solches wertgeschätzt wird. Aber:

> „Ein Treibenlassen irgendwelcher Prozesse, eine ungelenkte Entwicklung ohne Sicherstellung ihrer Natürlichkeit bergen ein hohes Risiko zur Fehlentwicklung, wofür Lorenz (1973) – im Kontrast zum Begriff der natürlichen EVOLUTION (= Entfaltung) – das drastische Wort INVOLUTION (= Abbau, Einschmelzen) geprägt hat. Wenn durch 'freies Laufenlassen' auch interessante Wildnisgebiete entstehen können, so heißt ungelenkt nicht automatisch auch natürlich; letztlich werden ja auch Entwicklungen zugelassen, die zum Verlust der Phänomene (Naturschönheit, seltene Arten, ursprüngliche Artenvielfalt, seltene Ökosysteme) führen können, die einst Motiv zur Schutzgebietsgründung waren. Hier kann die angestrebte Dynamik deshalb nur im Sinne einer natürlichen/naturnahen Entwicklung, gleichsam einer nicht gelenkten Evolution gemeint sein." (SCHERZINGER 1990: 294; Hervorh. i.Orig.).

Genau die gegenteilige Position vertreten FELINKS & WIEGLEB (1998) für den Prozeßschutz in der Bergbaufolgelandschaft. Dort bedeutet Prozeßschutz, die vollständig anthropogene Situation nach Ende der Nutzung gerade nicht zu „renaturieren", sondern bestimmte Flächen völlig sich selbst zu überlassen – mit buchstäblich ungewissem Ausgang. „Prozeßschutz", der mit natürlicher Sukzession, Bodenbildung und Evolution inhaltlich konkretisiert ist, zählt als Naturschutzziel dabei *neben* „Minimierung der Nutzungsintensität" und dem „wildromantischen Erleben" zum Grundmotiv der „Naturnähe" (FELINKS & WIEGLEB 1998: 299). Diese Unterscheidung von (dynamischen) Prozessen, Nicht-Eingreifen und ästhetischer Komponente erscheint mir sehr hilfreich zur Strukturierung und Operationalisierung des übergeordneten Motivs „Naturnähe". Sie findet sich jedoch eher selten in der Literatur, und auch in der genannten Veröffentlichung ist unklar, was „natürlich" in der Definition von Prozeßschutz anderes bedeutet als Ausschluß anthropogener Eingriffe. Der Übergang von 'ökologischen Prozessen' zu 'natürlichen Prozessen' bleibt offenkundig terminologisch – und normativ – ebenso bedeutsam wie undeutlich.

Prozeßschutz ist in jedem Fall zugleich Mittel zum Zweck der Sicherung von Strukturen: nämlich natürlich entstandener oder zukünftig entstehender. Deutlich wird, wie unsinnig es ist, Prozesse und Muster 'an sich' auf theoretischer Ebene oder bei der Formulierung von Naturschutzzielen zu isolieren und gegeneinander auszuspielen. Prozeß und Muster, Funktion und Struktur bedingen einander wechselseitig. Diese Erkenntnis ist sowohl von WATT (1947) für die Vegetationskunde als auch beispielsweise in der evolutionsökologischen Morphologie und Systematik längst ausformuliert (BOCK & WAHLERT 1963) – wobei sie mehr oder minder regelmäßig dem Vergessen anheimfällt und stets aufs Neue erfunden wird.

Prozeßschutz dient als Konzept nicht allein zur Erhaltung größerer unberührter Flächen, sondern auch für eine Nutzungsform des Waldes, bei der vom Menschen unbeeinflußte Referenzflächen als Idealtyp für die forstliche Nutzung fungieren.

„Ziel des Prozeßschutzes ist, das typische zufallsbeeinflußte multivariable Sukzessionsmosaik dieser verschiedenen [mitteleuropäischen; T.P.] Waldgesellschaften und aller darin vorkommenden Arten zu schützen und im Rahmen der Holznutzung nicht wesentlich zu beeinflussen." (STURM 1993: 185).

„(K)lassische Naturschutzziele wie Vielfalt und Stabilität sind nicht mehr primäre Ziele des Prozeßschutzes. Sie können als Ergebnis einer natürlichen Dynamik raumzeitlich befristet als 'Sekundärziele' auftreten." (STURM 1993:183).

Im Hinweis auf „alle vorkommenden Arten" und „Sukzessionsmosaik" zeigt sich, daß das Ergebnis der „natürlichen Dynamik" mit vertrauten Zielen des Naturschutzes sehr wohl zusammenfällt, wenn man Artenschutz nicht unter der Perspektive eines naiven Determinismus versteht. Selbst die Stabilität gewinnt unter der Voraussetzung, daß letztlich die Dynamik großräumig alle Habitattypen und Lebensgemeinschaften erhält, einen neuen, angemesseneren Sinn. Zur Erhaltung von Flußauen ist es angezeigt, natürliche Dynamik mit lokalen (Zer)- Störungen zuzulassen, weil an neuen *patches* geeignete Lebensbedingungen auftreten; dasselbe gilt für Windwurf- oder Brandflächen im Wald. Zentrales Anliegen dieser Version des Prozeßschutzes ist, natürliche Strukturen (Biotope, Arten, auch Landschaften) *im Kontext* der zugrundeliegenden Prozesse zu erhalten, wobei der Wandel allerdings einkalkuliert ist. Sofern natürlich entstanden, wird er akzeptiert; falls es sich um anthropogene Richtungsänderungen handelt, ist Wandel nicht erstrebenswert.

Die Festlegung von Prozessen als Ziel oder Mittel des Naturschutzes ist insofern ambivalent, als Prozeßschutz gerade in der Version von „Hände weg!" beim Reservatsschutz bestimmten althergebrachten Zielen (auch) als Mittel dient. Die Sicherung der Unberührtheit und Abwesenheit von Nutzung dient sowohl Mustern als auch Prozessen geschützter Gebiete; eine solche Kombination formuliert auch die IUCN-Richtlinie für Gebiete höchster Schutzstufe Ia (*strict nature reserve/wilderness area*, IUCN 1994: 17). Die Rede davon, daß man 'Prozesse an sich' ohne jeden Bezug zu den damit verbundenen Strukturen schütze, ist vor diesem Hintergrund zumindest undurchdacht.

2.3 Ausschließlich 'natürliche' Prozesse als Gut?

Nach der Bedeutungsvielfalt von 'ökologischen' und 'natürlichen Prozessen' seien nun die normativen Konnotationen letzterer genauer betrachtet. Im Gegensatz zur produktiven Integrationskraft des Terminus 'ökologische Prozesse' scheint mir die Rede von der Natürlichkeit problematisch in ihrer Unschärfe und in einer bestimmten Zuspitzung sogar kontraproduktiv. Wenn seit ARISTOTELES (1987: 51) Natur all das umfaßt, was nicht als Artefakt, sondern aus sich selbst heraus existiert, dann muß geklärt werden, was alles dazugehören soll: Sicherlich laufen auch in der Kulturlandschaft Prozesse ab, die natürlich sind, insofern sie nicht direkt vom Menschen betrieben werden. Nicht viele würden wohl soweit gehen, die Gottesanbeterin *Mantis religiosa* als Artefakt zu bezeichnen, wenn sie auf einem von Landschaftspflegegruppen in einem bestimmten Sukzessionsstadium gehaltenen Halbtrockenrasen existiert. Abgesehen von der Mahd laufen nämlich allein 'natürliche' Prozesse dort ab. Die Zuordnung von Dingen und Prozessen als 'natürlich' erweist sich als mitnichten trivial. Eine Dichotomie von natürlich oder unnatürlich ohne Berücksichtigung der Skala fließender Übergänge zwischen den Extremen ist unangemessen. Ausgehend von der skandinavischen Ökologie wurde schon seit längerem versucht, diesem Phänomen mit einer Stufenfolge von Naturnähe, dem vegetationskundlichen Hemerobiekonzept, gerecht zu werden (JALAS 1955), das in der Naturschutzplanung auch weitgehende praktische Anwendung findet. Trotz der gewonnenen Differenzierung des 'Natürlichen' liegt ein Übergang von deskriptivem zu wertendem Verständnis solcher Reihungen nahe (siehe auch WITTMER, in diesem Band).

Diese Skala der Naturnähe wird nun zuweilen umstandslos in eine *Hierarchie moralischer Relevanz* übersetzt. Mithin liegt die Abwertung von Kulturlandschaft der Idee natürlicher Prozesse nicht fern. Wenn Naturschutz *nur* das schützt, was ausschließlich aus sich selbst heraus ist, dann ist die stets und ausnahmslos möglichst große Abwesenheit menschlicher Einflüsse das konsequent ableitbare Ziel.

Dabei scheint die Problematik einer übersteigerten Vorstellung des Natürlichen auf, welche entsteht, wenn jede menschliche Aktivität als unnatürlich *und deshalb* jedes anthropogene ökologische System derselben naturethischen Verachtung anheimfällt. Auch der in der politischen Praxis häufige Trick, je nach Bedarf einige aus anderen Gründen gewünschte Objekte oder Prozesse als „natürlich" zu deklarieren, überzeugt nicht. Natürlichkeit im Sinne der früheren und aktuellen Abwesenheit jeglicher menschlicher Einwirkungen eines Gebietes oder ökologischen Systems kann kein hinreichendes moralisches Kriterium für Naturschutzprioritäten sein – die Kombination von Seltenheit und Bedrohung solcher Objekte aber sehr wohl.

Dilemmata und Verwirrungen mit dem absoluten Primat des Natürlichen entstehen insbesondere dann, wenn das Mensch-Natur-Verhältnis als klare Dichotomie gedacht wird. Im Gegensatz dazu sprechen sowohl biologische als auch historische und naturphilosophische Gründe für die Konzeption eines dialektischen Wechselverhältnisses, welches naturethisch weder einseitig in Richtung 'Natur' (Physiozentrik) noch 'Mensch' (Anthropozentrik) auflösbar ist (POTTHAST 1999: 246ff.). Ferner ist es gerade notwendig, die angemessenen menschlichen Eingriffe und Nutzungen von weniger angemessenen zu unterscheiden, um Kriterien „ökologischer Nachhaltigkeit" zu entwickeln. Dazu reicht die „Natürlichkeit" ebensowenig aus wie zur Beurteilung „ökologischer Integrität", welche zuweilen ohnehin nur Synonym für erstere ist (siehe BARKMANN, in diesem Band). Im nächsten Abschnitt sei erläutert, daß zudem die naturschutzpolitischen Konsequenzen eines Dualismus eher unerfreulich sind.

2.4 Prozeßschutz und Naturschutzpolitik - eine heikle Verbindung

Auch wenn manche Zielkonflikte zwischen Kulturlandschafts- oder Artenschutz bei genauerer Betrachtung lösbar werden, führt der Prozeßschutz eine fundamentale Ambiguität in der Naturschutzdebatte fort. Prozesse sind einerseits Grundlage für jede Art von wertgeschätzten Strukturen, andererseits aber sollen allein „natürliche" Prozesse schützenswert sein. Formuliert man dies als generelle Alternative für die Ausrichtung des Naturschutzes, so müßte tatsächlich der Naturschutz in/von Kulturlandschaften komplett abgeschafft werden. Das große Nichtstun bräche aus, denn überall überließe man die Natur sich selbst, auf daß natürliche Prozesse dort walteten. Offenkundig handelt es sich bei diesem Szenario um eine überzogene Karikatur. Für die Naturschutzpraxis in Deutschland gilt, daß Eingreifen und Gewährenlassen sich ergänzen und nicht ausschließen sollen (PLACHTER 1996, NICKEL 1998). Nichts anderes besagt auch JEDICKEs (1999) obengenannte Einteilung in Prozeßschutz im engeren Sinne und Nutzungsprozeßschutz - und untermauert dabei nolens volens die Spaltung zwischen segregativem und integrativen Ansätzen. Die Auseinandersetzung ist für die Praxis und den konzeptionellen Hintergrund von großer politischer Brisanz: Naturschutz sieht sich in der Auseinandersetzung um Nutzungsformen mit dem Vorwurf der „Käseglockenmentalität" konfrontiert. Bei der Verhinderung vor Umgestaltung unversiegelter Flächen zu Straßen, Gewerbe-/Technologieparks oder Wohnsiedlungen kommen jedoch sowohl 'musealer' als auch 'dynamischer' Naturschutz um dieses Problem nicht herum. Im Gegenteil, mit einem ideologisch gewendeten „alles fließt" lassen sich sogar Zerstörungen scheinbar besser legitimieren, weil Ausgleichs- und Ersatzmaßnahmen an anderer Stelle ja auch ein dynamisches Prozeßmosaik erzeugen (KONOLDs 1998 Polemik läßt sich durchaus so, vielleicht gegen dessen Intention, interpretieren). Ebenso problematisch wie solche zwar leicht durchschaubaren, aber wirkmächtigen Manöver ist die undifferenzierte Forderung, auf den vorhandenen Vorrangflächen für den Naturschutz das Verhältnis von „gepflegt" generell in Richtung „wild" zu verschieben. Letzteres vertritt SCHUSTER (1998) unter dem Motto: „Dynamik statt Käseglocke. Ein Plädoyer für mehr Wildnis". Eine solche Redeweise erfordert es eigentlich, sich die immens komplizierten Facetten von Wildnisideen zu vergegenwärtigen. „Wildheit" oder „Wildnis" verweisen alles andere als eindeutig auf unberührte Natur, sondern vielmehr auf eine innige Verknüpfung von Natur- und Kulturgeschichte (siehe NASH 1967 und SCHAMA 1996) - und dies hat sehr bedeutsame praktische Konsequenzen.

Schutz natürlicher Prozesse und der Wildnis gelten als die Antipoden zu musealer Gestaltung und rückwärtsgewandter Statik sowie zudem als ökologietheoretisch auf der Höhe der Zeit. Nolens volens befördert eine solche Denkweise aber einen fatalen Trend, wenn Prozesse und Wildnis undifferenziert gegen andere Naturschutzziele und -maßnahmen ausgespielt werden:

> „(Es) besteht die Gefahr, daß Prozeßschutz [...] als billige Variante des Naturschutzes eingestuft wird, die in nahezu jeder Situation beliebig Anwendung finden kann." (FELINKS & WIEGLEB 1998: 302)

Dem meist plakativ geäußerten Vorwurf, daß „wir" uns eingreifenden Naturschutz nicht mehr leisten können, begegnet NICKEL (1998) mit folgendem Beispiel: Der staatlich finanzierte Ausbau eines fünf Kilometer langen Autobahnabschnittes bei Karlsruhe/Karlsbad kostete 77 Millionen Mark; Pro EinwohnerIn des Landes Baden-Württemberg sind dies etwa 8 Mark und somit das Vierfache dessen, was jährlich für die Pflege sämtlicher bestehender und geplanter Naturschutzgebiete in diesem Bundesland nötig wäre. Finanzierbarkeitsargumente sind unauflösbar mit politischen Prioritätensetzungen verbunden und der Verweis auf zu teuren Naturschutz sogar aus den Reihen aktiver Naturschützer hilft dabei nicht unbedingt. Der 'neue' Naturschutz charakterisiert sich selbst als flexibel, dynamisch und preiswert, nicht zuletzt, weil der Kostenfaktor menschliche Arbeit (Pflegemaßnahmen) sich erübrigt: dies paßt nur allzu glatt in die derzeitige politische Lage Deutschlands, dessen „Modernisierer" Natur anscheinend nur schützen können wollen, wenn es keine materiellen Kosten – und möglichst geringen gedanklichen Aufwand – erfordert. Gleichzeitig steht die Fokussierung allein auf möglichst ungenutzte und unbeeinflußte Gebiete in der Gefahr, in schlechte alte segregative Konzepte zurückzufallen, bei denen Naturschutz nur noch in Reservaten stattfindet. Um Mißverständnisse zu vermeiden: es geht nicht darum, bestimmten Protagonisten durchweg Naivität oder gar böse Absicht zu unterstellen, aber der skizzierte politische Kontext sollte zur Vorsicht mahnen, „natürliche Prozesse" im Sinne von „Wildnis" als *das* zukunftsweisende Naturschutzziel für vergleichsweise *kleinräumige* Naturschutzgebiete (in) der Kulturlandschaft im wahrsten Sinne des Wortes zu verkaufen. STURM (1993) bietet insofern ein positives Gegenbeispiel, als er Prozeßschutz als Strategie/Vorbild forstlicher *Nutzung* versteht. Auch JEDICKE (1998) plädiert explizit für eine naturschutzfreundliche Nutzung – aber zugleich gegen bloße nutzungsimitierende Pflege der historisch überlieferten Kulturlandschaft. Es bleibt offen, *welche* der historischen Landschaften mit Hilfe angemessener Nutzung erhalten werden können und auch sollen. Noch unklarer ist, was mit denjenigen geschehen soll, die überhaupt nicht mittels extensiver Neu- oder Weiternutzung sondern allein mit Hilfe der Landschaftspflege gesichert werden können (Anstöße zur Diskussion bei KONOLD 1998).

Anders gelagert sind die Streitigkeiten um die Ausweisung von Kernzonen nach IUCN-Kategorie II in deutschen Nationalparken. Die Forderung nach Abwesenheit aller Eingriffe richtet sich hier pragmatisch vor allem gegen massive Interessen zur Ressourcennutzung, welche erhebliche Beeinträchtigungen mit sich bringen, und wo bisherige Nutzer geplante Kernzonen oder deren Erweiterungen nicht akzeptieren wollen. Hier wird das Kostenargument Munition von ProzeßschutzgegnerInnen, die dem Naturschutz Verdienstausfälle aller Art anlasten. Großflächiger Reservatsschutz und völlige Aufgabe der Eingriffe haben zu einem zuweilen dramatischen Streit um den Nationalpark Bayerischer Wald geführt, dessen Darstellung hier unterbleiben muß (Überblick und Literatur aufgearbeitet in WITTMER 1999). Eine konsequente Anwendung des Mottos „Natur Natur sein lassen" hatte unter anderem ästhetisch unerwartete Konsequenzen des Waldbildes gezeitigt und der Nationalparkverwaltung erheblichen argumentativen Aufwand abverlangt. Einerseits scheint der Verlauf der populistisch aufgeladenen Debatte BOTKINs (1990) These zu bestätigen, nach der Natur immer noch fälschlicherweise mit Stabilität und gewohnten Bildern assoziiert wird. Andererseits scheint mir der Streit um 'ordentliche' versus 'unordentliche' und bedrohliche Natur eher Vehikel von finanziellen Partikularinteressen zu sein. Und gegen politische Intrigen verbohrter Naturschutzgegner mit handfestem Eigeninteresse helfen weder naturwissenschaftliche noch ethische noch volkswirtschaftliche Argumente, sondern allein verbindliche politische Entscheidungen, Gesetze und Verordnungen.

Bei aller berechtigten Enttäuschung über Rückschläge sollte jedoch der Erfolg nicht unterschätzt werden, welcher in der Vermittlung des Naturschutzgedankens sowie der Idee des Prozeßschutzes in Totalreservaten erzielt wurde. Die Nationalparkverwaltung Bayerischer Wald führt inzwischen beispielgebend für andere Nationalparke vor, wie Naturschutztheorie und Natuererleben anschaulich vor Ort vermittelt sind. Für den Naturschutz außerhalb solcher Totalreservate bleibt das Konzept des Prozeßschutzes jedoch ambivalent: Es muß stets genau angegeben werden, welche Prozesse in welcher Weise und mit welchem Ziel gesichert werden sollen.

3 Prozeßschutz: welche Funktionen und welche Art von Unsicherheit?

Ökologische Prozesse scheinen ubiquitär; ob sie ohne die mit ihnen verbundenen jeweils entstehenden Muster zu sichern wären, ist keine besonders sinnvolle Frage. Gemeint ist stets die Verknüpfung von Mustern und Prozessen. Entsprechend der unterschiedlichen Bedeutungen von 'Prozeß' ergeben sich sehr allgemeine Zuordnungen zu ebenfalls unterschiedlichen Aspekten von Funktion und Unsicherheit, welche in Tabelle 2 zusammengestellt sind.

Wenn Prozesse *alle* Interaktion in ökologischen Systemen umfassen, dann ist auch die Differenzierung von bestimmten Strukturen und Funktionen obsolet. Prozeßschutz sichert mit allen Interaktionen zugleich sämtliche Funktionen und Strukturen. Unsicherheit liegt in der generellen Stochastizität ökologischer Ereignisse begründet, welche zwar nicht per se als unerwünscht gilt, aber gleichwohl auch nicht erwünschte Phänomene generieren kann. Das ist der Fall, wenn das System – egal ob natürlich oder anthropogen – mit und in seinen Funktionen erhalten werden soll, jedoch interne oder externe Einflüsse in unvorhergesehener Weise Funktionen beeinträchtigen oder gar das System zerstören. Es gilt dabei, daß aufgrund der Komplexität und Stochastizität sich der Gesamtkonnex nicht einfach kausal-deterministisch beschreiben läßt. Unsicherheit bedeutet hier sowohl ein interessantes Phänomen als auch das klassische Problem eingeschränkter Prognosemöglichkeiten.

Nicht ganz klar ist der Übergang von Interaktion zu Funktion: Bei PLACHTER (1996: 299) umfassen Interaktionen allgemeine Phänomene wie Prädation, Konkurrenz und Stoffkreisläufe, aber auch Funktionen in einem engeren Sinne ökologischer Dienstleistung: nämlich Selbstreinigung, Schadstoffabbau, Wirkungen von 'Nutzinsekten'. Bezieht man sich mit dem Prozeßbegriff auf solche Funktion, dann werden die Modi des Funktionierens im Prinzip sowohl bezogen auf den direkten Nutzungszweck von Menschen als auch hinsichtlich der zugrundeliegenden Prozesse (Sukzession, Mineralisierung, Bestäubung) verstanden. Dabei stellt sich das Problem der Unsicherheit allein als klassisches Problem der Unbestimmtheit zukünftiger Ereignisse, welche die bisherigen Funktionskonnexe zeitweilig oder auf Dauer (zer)stören könnten.

Tab. 2: Drei unterschiedliche Bedeutungen des Prozeßbegriffs in ihrer Verknüpfung mit jeweils bestimmten Auffassungen von Funktion und Unsicherheit.

Bedeutung von: **Prozeß**	Funktion	Unsicherheit
alle Interaktionen	alle Funktionen innerhalb bzw. des ökologischen Systems Trans-Kausalität wegen Komplexität und Stochastizität einiger Interaktionen	evtl. unerwünschte Phänomene interne und externe Ereignisse: neue interessante Phänomene *und* zugleich Prognoseprobleme
bestimmte Formen von Dynamik und Interaktionen	ausgewählte Phänomene ökologischer Konnexe Kausalnexus hinreichend klar	Unsicherheit i.e.S. und Unbestimmtheit zukünftiger Ereignisse *allein* als Problem
Natürlichkeit natürliche Standortpotentiale	optimale Funktionen im System bzw. des Systems	'natürliche' Unbestimmtheit ist erwünscht Persistenz des Systems nur bei natürlicher Selbstorganisation Unsicherheit i.w.S. wegen anthropogener Effekte: diese per se negativ und bedrohlich

Den Partialfunktionen, unter anderen eben die Funktionen für menschliche Zwecke, steht die Auffassung von *ökologischem Funktionieren des Systems als System* nicht völlig gegenüber, unterscheidet sich aber in der Schwerpunktsetzung. SCHULZE & MOONEY (1993) präsentieren im Sammelband „Biodiversity and Ecosystem Function" unterschiedlichste Ansätze, die im Detail unbekannte und möglicherweise unbestimmte Rolle der Mannigfaltigkeit – also Funktion für das Funktionieren des ökologischen Systems – im Angesicht ihres Verlustes zu bestimmen. Die Unsicherheit über die mögliche (Un)Verzichtbarkeit einzelner Arten geht dabei in zwei Richtungen. Zum einen besteht die Frage, inwiefern natürliche Systeme aufgrund redundanter Besetzung derselben Funktionen mit mehreren Arten externe Zerstörung – also *Risiken* und *Unsicherheit i.e.S.* – besser verkraften können. Zum anderen geht es aber darum, ob bei Artenverlusten nicht mit ganz *unbestimmten* Reaktionen des Systems gerechnet werden muß. Der Prozeßgedanke kommt in solchen Überlegungen insbesondere als Chiffre für die Natürlichkeit *und damit* für das Funktionieren und Persistieren der Systeme vor.

Zumindest implizit besteht weithin die Annahme, daß (allein) die natürlichen Prozesse auch funktionell angepaßt und/oder optimiert sind. Diese Optimalität wird zuweilen als Ergebnis immanenter Notwendigkeit der evolutiven und/oder thermodynamischen Entwicklung gedacht. Bemerkenswerterweise findet sich dies sowohl in der Ökosystemökologie (ODUM 1969, ODUM 1983) als auch in der individualistisch-selektionstischen Evolutionsökologie (PIANKA 1994). Optimierung wird nicht mehr naiv absolut und linear gedacht, sondern vielmehr lokal und relativ zu anderen möglichen Systemzuständen (zum Problem solcher impliziten Teleologie POTTHAST 1999: 233ff.). Im Lichte der Ökosystemökologie erscheint allein mit der Natürlichkeit die ‚richtige' Selbstorganisation gewährleistet. Die damit verbundene Annahme, daß natürliche Prozesse alle ökologischen Funktionen an besten gewährleisten, entspricht Barry Commoners Diktum „Nature knows best" als „drittem Gesetz der Ökologie" (COMMONER 1972: 41). Dies bedeutet wiederum mehrererlei: die evolutive und/oder thermodynamische Optimierung im Laufe der Zeit gewährleistet aktuelle Angepaßtheit und gleichzeitig Flexibilität für zukünftige Veränderungen. Als instrumentelle Norm ist also der unbeeinflußte Zustand gleichzeitig Referenzzustand für die Beurteilung anthropogener Zustände: je natürlicher, desto bessere Funktion des Systems oder der Lebensgemeinschaft. Nolens volens wird mithin *jedes* anthropogene ökologische System zweitklassig und -rangig. Diese Sichtweise ist ein weit verbreitetes naturmetaphysisches, aber zugleich naturwissenschaftlich formuliertes Paradigma in Ökologie und Naturschutz. Nun spricht nichts gegen die Untersuchung möglichst unbeeinflußter Natur als Referenzsystem, sehr wohl aber etliches gegen eine unreflektierte moralische und evaluative Hierarchisierung. Wissenschaftstheoretisch gesehen ist es unangemessen zu glauben, daß ÖkologInnen 'unbeeinflußte Natur' untersuchen könnten. In Form der Fragestellung und des methodischen Zugriffs, vor allem aber durch die Praxis der Probenahme und des Experiments wird die zu untersuchende Natur nachgerade erst hergestellt. Natürlichkeit allein als Kriterium für natürliches Funktionieren heranzuziehen, ist zudem zirkulär. Es muß im Detail gezeigt werden, welche Funktionen natürliche Systeme angemessener erfüllen. Eine Funktion könnte beispielweise die Sicherung möglichst vieler Arten sein, eine andere sich auf Bodenbildung oder Nährstoffretention beziehen. Ob etwas besser oder weniger gut „funktioniert", hängt davon ab, welche Funktion, welchen Zweck man der Beurteilung zugrundelegt.

Fazit

Das Konzept des Prozeßschutzes hat große Bedeutung in der Bündelung von Natur-Vorstellungen und ökologischen Theoremen, die eine zu starre und ausschließlich strukturorientierte Sicht ökologischer Systeme angemessen dynamisieren. Der Schutz von Prozessen 'an sich' ohne Bezug zu Strukturen ist begrifflich und praktisch jedoch obsolet. Ökologische Prozesse sind ebenso wie ökologische Funktionen in Einzelnen zu spezifizieren, um Naturschutzziele zu entwickeln und operationalisierbar zu machen. Zuweilen bedeutet 'Prozeß' die Natürlichkeit im Sinne völliger Abwesenheit menschlicher Einflüsse, was in vorab dafür festgelegten Gebieten die angemessene Schutzstrategie ist; zugleich sichert dies bestimmte Strukturen des ökologischen Systems einschließlich deren Veränderlichkeitsoptionen. Bemerkenswerterweise ist die Unbestimmtheit zukünftiger Prozesse allerdings größer bei der Voraussage von Entwicklungen anthropogen gestörter (Wald durch Emissionen) oder sogar zerstörter Gebiete (Siedlungs-/Industriebrachen, Bergbaufolgelandschaft), da für Naturlandschaften und 'klassische' Kulturlandschaft die Sukzessionsvorgänge besser bekannt sind. Das Ziel Natürlichkeit ist also ebenfalls uneindeutig, denn ein meist historisch bestimmter Referenzzustand und das zu erwartende Resultat vollständiger Nutzungsaufgabe (vegetationskundlich: die aktuelle potentiell natürliche Vegetation) fallen nicht unbedingt zusammen.

'Natürlichkeit' und 'Prozesse' *allein* geben weder gut begründete Naturschutzziele ab, noch gewährleisten sie das beste Funktionieren ökologischer Systeme. Auch die Rolle der Unsicherheit ist in dem Zusammenhang ambivalent: Einerseits betrifft sie Risiken, Unsicherheit i.e.S. und Unbestimmtheit als *unerwünschte* Resultate menschlicher (Zer)Störungen der 'natürlichen Funktionen', andererseits soll die Unbestimmtheit gerade Teil des *erwünschten* Faszinosums sein, Natur einfach sich selbst zu überlassen. Beide Bedeutungen sind notwendige Bestandteile der Naturschutzes – ihre Widersprüchlichkeit ist jedoch nicht aufzulösen, auch nicht über die Idee natürlicher Selbstorganisation ökologischer Systeme. Der notwendige Streit, welche Natur an welcher Stelle auf welche Weise geschützt, erhalten und ermöglicht werden soll, läßt sich nicht zugunsten *eines* Ziels im Rahmen eines Masterkonzepts umgehen. Der Schutz natürlicher Prozesse in möglichst großen, vielfältigen, ästhetisch bedeutsamen und bedrohten Reservaten sollte unstrittig sein. Dringend notwendig ist jedoch zugleich, – mittels Analysen zu Funktionen als Interaktionsnetzwerken und zur Unbestimmtheit in ökologischen Systemen – Kriterien zur differenzierten Analyse anthropogener Systeme zu finden. Diese sollten sich weder instrumentell noch moralisch normativ an einem letztlich obsoleten „Naturzustand" orientieren, sondern an der Prozeßhaftigkeit der Wechselwirkungen zwischen Menschen und nichtmenschlichen Bestandteilen ökologischer Systeme, in denen sich menschliche Zwecksetzungen und ökologisches Funktionieren mitnichten per se ausschließen.

Dank

Hilfreiche Kritik und Hinweise zum Manuskript verdanke ich Magdalena Steiner (Wiesbaden/Kiel), Martin Stock (Tönning), Ludwig Trepl (Freising) und Matt Price (Berlin). Dank für die institutionelle Unterstützung gebührt Hans-Jörg Rheinberger vom Max-Planck-Institut für Wissenschaftsgeschichte in Berlin sowie der Deutschen Forschungsgemeinschaft (DFG, Förderinitiative Bioethik).

Literatur

ARISTOTELES, 1987: Physik. – Meiner, Hamburg: Li + 272 S.
BARKMANN, J. 2000: Eine Leitlinie für die Vorsorge vor unspezifischen ökologischen Gefährdungen. *dieser Band.*
BOCK, W. J. & G. v. WAHLERT 1965: Adaptation and the form-function complex. - Evolution 19: 269-299.
BOTKIN, D.B. 1990: Discordant harmonies - a new ecology for the 21st century. - Oxford University Press, New York: x + 241 S.
BRECKLING, B. 1992: Uniqueness of ecosystems versus generalizability and predictability in ecology. - Ecological Modelling 63: 13-27.
BRÖRING, U. & G. WIEGLEB 1998: Ecological orientors: pattern and process of succession in relation to ecological orientators. - In: MÜLLER, F. & M. LEUPELT (eds.): Eco targets, goal functions, and orientors - theoretical concepts and interdisciplinary fundamentals for an integrated, system-based environmental management. Springer, Berlin: 34-62.
COMMONER, B. 1972: The closing circle: nature, man, and technology. - Alfred Knopf, New York: 350 S.
CONNELL, J.H. 1978: Diversity in tropical rain forests and coral reefs. - Science 199: 1302-1310.
FELINKS, B. & G. WIEGLEB 1998: Welche Dynamik schützt der Prozeßschutz? Aspekte unterschiedlicher Maßstabsebenen - dargestellt am Beispiel der Bergbaufolgelandschaft. - Naturschutz und Landschaftsplanung 30: 298-303.
HABER, W. 1979: Grundsätzliche Anmerkungen zum Problem der Pflege der Landschaft. - Ber. ANL 3: 87-105.
IUCN (ed.) 1994: Guidelines for protected area management categories. IUCN Commission on National Parks and Protected Areas with the assistance of the World Conservation Monitoring Centre. – IUCN, Gland/Switzerland & Cambridge, UK: x + 261 S.
JAEGER, J. 2000: Zur Unterscheidung zwischen verschiedenen Arten von Unsicherheit bei der Bewertung von Landschaftseinheiten. *dieser Band.*

JALAS, J. 1955: Hemerobe und hemerochore Pflanzearten. Ein terminologischer Reformversuch. Acta Soc. Fauna Flora Fenn. 72(11): 1-15.
JAX, K. 1999: Natürliche Störungen - ein wichtiges Konzept für Ökologie und Naturschutz? - Z. Ökologie u. Naturschutz 7: 241-253.
JAX, K. 2000: Verschiedene Verständnisse des Funktionsbegriffs in den Umweltwissenschaften. *dieser Band.*
JEDICKE, E. 1998: Raum-Zeit-Dynamik in Ökosystemen und Landschaften. Kenntnisstand der Landschaftsökologie und Formulierung einer Prozeßschutz-Definition. - Naturschutz und Landschaftsplanung 30(8/9): 229-236.
KONOLD, W. (ed.) 1996: Naturlandschaft - Kulturlandschaft: die Veränderung der Landschaften nach der Nutzbarmachung durch den Menschen. - Landsberg, ecomed: 322 S.
KONOLD, W. 1998: Raum-zeitliche Dynamik von Kulturlandschaften. Was können wir für den Naturschutz lernen? - Naturschutz und Landschaftsplanung 30(8/9): 279-284.
LEVINS, R. 1968: Evolution in changing environments - some theoretical explorations. - Princeton University Press, Princeton NJ: ix + 120 S.
LORENZ, K. 1973: Die acht Todsünden der zivilisierten Menschheit. 2. Auflage, Piper, München: 112 S..
LOTKA, A.J. 1922: Contributions to the energetics of evolution. - Proc. Nat. Acad. Science 8: 147-151.
MACARTHUR, R.H. 1955: Fluctuations of animal populations, and a measure of community stability. - Ecology 36: 533-536.
MÜLLER, F. 1996: Emergent properties of ecosystems - consequences of self-organizing processes? - Senckenbergiana maritima 27: 151-168.
MÜLLER, F. & M. LEUPELT (eds.) 1998: Eco targets, goal functions, and orientors - theoretical concepts and interdisciplinary fundamentals for an integrated, system-based environmental management. – Springer, Berlin,: xviii + 635 S.
NASH, R. 1967: Wilderness and the American mind. - Yale University Press, New Haven & London: viii + 256 S.
NICKEL, E. 1998: Wildnis und Kulturlandschaft - Wie gepflegt wollen wir die Natur? - Fachdienst Naturschutz - Naturschutz-Info: 8-12.
ODUM, E.P. 1969: The strategy of ecosystem development. - Science 164: 262-270.
ODUM, H.T. 1983: Systems ecology - an introduction. - John Wiley, New York: xv + 644 S.
PIANKA, E.R. 1994: Evolutionary Ecology. - 5. Auflage; Harper Collins, New York: x + 486 S.
PICKETT, S.T.A. & P.S. WHITE (eds.) 1985a: The ecology of natural disturbance and patch dynamics. - Academic Press, San Diego & New York: 472 S.
PICKETT, S.T.A. & P.S. WHITE 1985b: Patch dynamics: a synthesis. - In: PICKETT, S.T.A. & P.S. WHITE, (eds.): The ecology of natural disturbance and patch dynamics. - Academic Press, San Diego & New York: 371-384.
PICKETT, S.T.A., PARKER, V.T. & P.L. FIEDLER 1992: The new paradigm in ecology: implications for conservation biology above the species level. - In: FIEDLER, P.L. & S.K. JAIN (eds.): Conservation biology. The theory and practice of conservation, preservation and management. Chapman & Hall, New York: 65-88.
PICKETT, S.T.A., OSTFELD, R.S., SHACHAK, M. & G.E. LIKENS (eds.) 1997: The ecological basis of conservation. Heterogenity, ecosystems, and biodiversity. - Chapmann & Hall, New York: XIX + 466 S.
PLACHTER, H. 1996: Bedeutung und Schutz ökologischer Prozesse. - Verh. Ges. Ökologie 26: 287-303.
POTTHAST, T. 1996: Inventing biodiversity: genetics, evolution, and environmental ethics. - Biologisches Zentralblatt 115: 177-188.
POTTHAST, T. 1999: Die Evolution und der Naturschutz. Zum Verhältnis von Evolutionsbiologie, Ökologie und Naturethik. – Campus, Frankfurt a.M.: 307 S.
REICH, M. & V. GRIMM 1996: Das Metapopulationskonzept in Ökologie und Naturschutz: Eine kritische Bestandsaufnahme. - Z. Ökologie u. Naturschutz 5: 123-139.
REMMERT, H. 1991: The mosaic-cycle concept of ecosystems - an overview. - In: REMMERT, H. (ed.) The mosaic-cycle concept of ecosystems. Springer, Berlin; 1-21.
SCHAMA, S. 1996: Der Traum von der Wildnis. Natur als Imagination. – Kindler, München: 704 S.
SCHERZINGER, W. 1990: Das Dynamik-Konzept im flächenhaften Naturschutz - Zieldiskussion am Beispiel der Nationalpark-Idee. - Natur und Landschaft 65: 292-298.
SCHULZE, E.-D. & H.A. MOONEY (eds.) 1993: Biodiversity and ecosystem function. – Springer, Berlin: xxiii + 525 S.
SCHUSTER, S. 1998: Dynamik statt Käseglocke. Ein Plädoyer für mehr Wildnis. - Fachdienst Naturschutz - Naturschutz-Info: 13-15.

SHRADER-FRECHETTE, K.S. & E.D. MCCOY 1993: Method in ecology - strategies for conservation. - Cambridge University Press, Cambridge: ix + 328 S.

SIMBERLOFF, D. 1980: A succession of paradigms in ecology: essentialism to materialism and probabilism. - Synthese 43: 3-39.

STOCK, M., ESKILDSEN, K., GÄTJE, C. & A. KELLERMANN 1999: Evaluation procedure for nature conservation in a national park - a proposal for the protection of ecological processes. - Z. Ökologie u. Naturschutz 8: 81-95.

STURM, K. 1993: Prozeßschutz - ein Konzept für naturschutzgerechte Waldwirtschaft. - Z. Ökologie u. Naturschutz 2: 181-192.

TAKACS, D. 1996: The idea of biodiversity - philosophies of paradise. - Johns Hopkins University Press, Baltimore & London: xiii + 393 S.

WATT, A. S. 1947: Pattern and process in the plant community. - Journal of Ecology 35: 1-22.

WHITE, P.S., & S.P. BRATTON 1980: After preservation: philosphical and practical problems of change. - Biological Conservation: 241-255.

WITTMER (geb. MEIXNER), F. 1999: Interessenkonflikte in Nationalparken aus ethischer Perspektive. Mit Beispielen aus dem Bayerischen Wald, Hainich und Kellerwald. Diplomarbeit, Universität Tübingen, Fakultät Biologie, 139 S.

WITTMER, F. 2000: Diskussionsanstoß: Was ist ein „natürlicher Prozess"? - *dieser Band.*

WORSTER, D. 1994: Nature's economy: a history of ecological ideas. - Second Edition, Cambridge University Press, London & New York: xiii + 507 S.

Diskussionsanstoß:
Was ist ein „natürlicher Prozess"?

Frank Wittmer

Interfakultäres Zentrum für Ethik in den Wissenschaften, Keplerstraße 17, D-72074 Tübingen
e-mail: frank.wittmer@uni-tuebingen.de

Eine Problematik des Naturschutzes besteht darin, dass „Natur" nicht ausreichend genau definierbar ist. Was ist dann ein „natürlicher" Prozess? Ich möchte mit diesem Diskussionsanstoß die von POTTHAST (in diesem Band) aufgeworfene Frage nach dem normativen Gehalt des „Natürlichen" im Naturschutz weiter vertiefen. Soll Naturschutz nur möglichst unberührte Naturelemente vor dem Zugriff des Menschen retten, aufbewahren, konservieren? Ist es dazu notwendig, der Natur zu „helfen", da mittlerweile schon große Flächen durch menschlichen Einfluss gestaltet sind? Gibt es so etwas wie Renaturierung? Oder ist Natur das „ganz Andere", in das Menschen überhaupt nicht lenkend oder gestaltend eingreifen sollten?

Notwendigerweise wird das *Handeln* des Menschen durch diese Sichtweise außerhalb des Natürlichen angesiedelt. Dieser Naturbegriff geht auf Aristoteles zurück:

> „Im Anschluß an Aristoteles läßt sich die Natur als die vom Menschen unabhängig bestehende, nicht auf seine Eingriffe angewiesene Welt begreifen. In seinen natürlichen Lebensvollzügen gehört der Mensch zu dieser Welt, durch seine Handlungen schafft er eine Gegenwelt. (...) Je weniger die technische Zivilisation an einem Ort Spuren hinterlassen hat, desto eher sind wir geneigt, ihn natürlich zu nennen" (SCHIEMANN 1996: 20).

Das Dilemma für den Menschen und in diesem speziellen Fall für den Menschen, der Natur schützen will, ist, *in seinem Handeln außerhalb* der Natursphäre zu stehen. Versteht man Natur als das nicht vom Menschen gemachte, sollte Naturschutz konsequenterweise auf Eingriffe in diese Natur verzichten. Dieser Naturschutz kann Natur zwar kopieren, niemals aber Ursprünglichkeit postulieren. Das Bedürfnis nach „echter", „unverfälschter" Natur kann nur befriedigt werden, wenn auf lenkende Eingriffe genügend lange verzichtet wird.

Doch was bedeutet dieses „genügend lange"? Die Begriffe „natürlich" oder „naturnah" werden häufig in naturschutzfachlichen Bewertungen verwendet (USHER & ERZ 1994: 24, 33), allerdings nicht einheitlich und ohne exakte Definitionen. Es wird meist nicht zwischen einem Eingriff unterschieden und wie lange sich der Standort danach ungestört entwickeln konnte (PLACHTER 1991: 242). Maß und Zeitpunkt menschlichen Einflusses sind die wichtigsten Parameter des Bewertungskriteriums „Natürlichkeit". Es gibt Ansätze, die jeden menschlichen Einfluss ausschließen und solche, die „geringfügige Veränderungen" durch Menschen als Bestandteile natürlicher Ökosysteme zulassen (USHER & ERZ 1994: 33). Zum Ausschluss jeglichen anthropogenen Einflusses muss allerdings angemerkt werden, dass Klimawandel, Schadstoff- und Nährstoffverfrachtung mittlerweile globale Effekte sind und auch entlegene, noch unberührte Teile der Natur erreicht haben.

Deshalb muss die Qualität des menschlichen Einflusses charakterisiert werden. Ökologisch und naturschutzfachlich kann *jeder* Einfluss (nicht nur der menschliche!) festgestellt werden, indem Veränderungen in ökologischen Abläufen zu beobachten sind. Diese Veränderungen können wiederum in einem zweiten Schritt als „gewollt" oder „nicht gewollt" charakterisiert werden, was aber nur unter Verwendung gesellschaftlicher Wertmaßstäbe geschehen kann (s. ESER & POTTHAST 1997; WITTMER 1999). Das bloße Vorhandensein von Zuständen und Prozessen in der Natur reicht für ihre allgemeine Wertschätzung nicht aus. Die Feststellung, dass etwas „natürlich" ist, bedeutet nicht automatisch, dass es als schützenswert eingestuft werden muss. Was als wertvoll und wünschenswert in der Natur erachtet wird, kann nur unter Berücksichtigung moralischer Grundsätze und gesellschaftlicher Konsense festgelegt werden (WITTMER 1999).

Diese Diskussion ist auch für Nationalparke interessant, da sie Ökosysteme in ihrer „Unberührtheit" beziehungsweise „Unversehrtheit" schützen wollen (s. IUCN 1994). Beide Aspekte legen eine möglichst geringe Beeinflussung durch menschliche Aktivitäten nahe. Nationalparke wollen aber den Menschen nicht ausschließen, sondern Naturerlebnisse ermöglichen. Die internationale Naturschutzorganisation „International Union for Conservation of Nature and Natural Resources (IUCN)" versuchte deshalb eine Definition der „Natürlichkeit", die den Menschen als Bestandteil eines Ökosystems bis zu gewissen Grenzen mit einbezieht:

> „It is true that research has shown that the extent of past human modification of ecosystems has in fact been more pervasive than was previously supposed; and that no part of the globe can escape the effects of long-distance pollution and human-induced climate change. In that sense, no area on earth can be regarded as truly 'natural'. The term ist therefore used here as it is defined in Caring for the Earth:
>
> Ecosystems where since the industrial revolution (1750) human impact (a) has been no greater than that of any other native species, and (b) has not affected the ecosystem's structure. Climate change is excluded from this definition" (IUCN 1994: 10).

Ein grundsätzlicher Einwand gegen diese Definition lautet: Menschen haben schon spätestens seit Ende der letzten Eiszeit Ökosysteme gravierend verändert (SCHERZINGER 1996: 16). Zum Beispiel entstanden durch Abholzung der „ursprünglichen" Wälder Moore.

Buchenwälder existieren in dieser Form in Mitteleuropa aber erst seit 5000-2000 Jahren (ELLENBERG 1996, REMMERT 1985). Es ist auch gar nicht sicher, ob das von Tacitus (um 55-116 n.Chr.) in *„De origine et situ Germanorum"* beschriebene Bild der undurchdringlichen, das heißt geschlossenen, Wälder als natürlich gelten kann. Zu diesem Zeitpunkt waren Megaherbivore wie Wisent, Wildpferd, Auerochse und Elch in den europäischen Wäldern weitestgehend ausgerottet. Ihnen wird zusammen mit dem Biber aber von REMMERT (1985) eine wesentliche waldgestaltende Rolle zugewiesen. REMMERT zufolge wären die Wälder durch die Pflanzenfresser zu einem Achtel offen gehalten worden.

Die Quintessenz dieses Einwandes lautet also folgendermaßen: Jede Definition eines Zeitpunkts, ab wann ein Ökosystem in seiner weiteren Entwicklung heute als natürlich zu bezeichnen ist, ist willkürlich und daher kritisierbar.

Um dieses Problem zu lösen, kann folgender Vorschlag gemacht werden: Die Definition von „natürlich" sollte den Einfluss des Menschen bis zu einem gewissen Grad mit einbeziehen, weil der Einfluss des Menschen immer da ist, wo auch Menschen sind. Sonst würde es heißen: Natürlich ist der Ort, wo kein Mensch jemals war. Das Kriterium „natürlich" würde durch den völligen Ausschluss menschlichen Einflusses sinnleer, da dieser Zustand auf der Erde niemals wieder erreicht werden kann. Abgesehen davon würde niemand wissen, wie dieser ursprüngliche Zustand ausgesehen haben soll.

Der Zeitpunkt 1750 scheint günstig gewählt zu sein, da über den Zustand der Landschaft zu dieser Zeit recht verlässliche Aufzeichnungen vorliegen. Dies darf aber nicht bedeuten, dass die Kulturlandschaft um 1750 zum ausschließlichen Leitbild für heutige Naturschutzmaßnahmen erhoben wird, genausowenig wie irgend ein früherer Naturzustand automatisch zur Referenz für heutige Naturschutzmaßnahmen erklärt werden darf.

Die oben genannte Definition der IUCN ist demnach als Arbeitsdefinition zu sehen, die, in anderen (eigenen!) Worten ausgedrückt, besagt:

Ökosysteme, die seit mindestens 250 Jahren nicht durch menschlichen Einfluss in ihrer Struktur verändert worden sind, können pragmatischerweise heute als „natürlich" bezeichnet werden.

Diese Definition erlaubt, das problematische Kriterium „natürlich" in naturschutzfachlichen Bewertungen durch das exaktere „bedroht" zu ersetzen. Die Tatsache, dass Ökosysteme, die seit 250 Jahren nicht wesentlich verändert worden sind, heute zumindest in Mitteleuropa außerordentlich gefährdet sind, ist eine starke, unmittelbar einsichtige Begründung ihrer Schutzwürdigkeit. Während bei der „Natürlichkeit" das Problem besteht, das Maß des erlaubten menschlichen Einflusses festzulegen und zu entscheiden, ob dieser Einfluss gewollt ist oder nicht, ist dies bei der „Gefährdung" schon geschehen. Es besteht eine konkrete Gefahr, nämlich dass Arten und Lebensräume aufgrund des menschlichen Einflusses in ihrer Existenz bedroht sind. Dennoch müssen auch bei der Feststellung der „Gefährdung" oder „Bedrohung" durch menschlichen Einfluss die der Bewertung zugrunde liegenden Wertmaßstäbe allgemein nachvollziehbar sein.

Es wäre dann noch naturwissenschaftlich zu definieren, was eine Veränderung der Struktur von Ökosystemen ausmacht. Einen Ansatz dazu liefert die Mosaik-Zyklus-Theorie mit der Unterscheidung exogener und endogener Dynamik (s. z.B. BÖHMER 1997). Exogene Störungen und Katastrophen sind Feuer, Stürme und anthropogene Effekte wie Klimaerwärmung. Sie gehören nicht zum Ökosystem und können daher dessen Struktur verändern. Endogene Lebenszyklen und störungsähnliche Vorfälle sind durch dem Ökosystem immanente Faktoren wie z.B. Bodenauslaugung und stark gestaltende Arten wie Biber oder Ameisen hervorgerufen (BÖHMER 1997).

JAX (1994: 109f.) kritisiert allerdings die Unterscheidung des innerhalb/außerhalb eines Ökosystems Liegenden:

> „Die Unterscheidung zwischen exogenen und endogenen Störungen ist in vielen Fällen kaum sinnvoll zu treffen, da es sich bei Ökosystemen (...) nicht um von der 'Natur vorgegebene' Systeme handelt, die ihre Grenzen selbst setzen (wie z.B. ein Organismus), sondern um Systeme, die vom Beobachter in Abhängigkeit von seiner Fragestellung abgegrenzt werden."

Ökosysteme werden meist so verstanden, dass Menschen außerhalb stehen müssen. Also sind menschliche Einflüsse exogen und daher störend. Durch die Definition von „natürlich" als „Ausschluss exogener Einflüsse" ist kein Fortschritt zu erzielen, da damit Ausschluss *menschlicher* Einflüsse gemeint ist. Dies war aber schon weiter oben als unbefriedigende Definition von „natürlich" verworfen worden.

Deshalb ist auch hier der Begriff „Bedrohung" aufgrund eines erkanntermaßen ungewollten menschlichen Einflusses besser als das indifferente „natürlich". Es ist dadurch nicht notwendig, menschliche Einflüsse per se auszuschließen, sondern sie können genauso als gewollt oder ungewollt (= bedrohlich) gewertet werden wie andere ökologische Veränderungen.

Literatur

BÖHMER, H.-J. 1997: Zur Problematik des Mosaik-Zyklus-Begriffes. - Natur Landsch. 72: 333-338.
ELLENBERG, H. 1996: Vegetation Mitteleuropas mit den Alpen in ökologischer, dynamischer und historischer Sicht. 5. Auflage. – Ulmer, Stuttgart.

ESER, U. & T. POTTHAST 1997: Bewertungsproblem und Normbegriff in Ökologie und Naturschutz aus wissenschaftsethischer Perspektive. - Z. Ökologie u. Naturschutz 6: 181-189.

IUCN 1994: Guidelines for protected area management categories. - IUCN, Gland, Switzerland and Cambridge, UK: 261 S.

JAX, K. 1994: Mosaik-Zyklus und patch-dynamics: Synonyme oder verschiedene Konzepte? Eine Einladung zur Diskussion. - Z. Ökol. Natursch. 3: 107-112.

PLACHTER, H. 1991: Naturschutz. - Gustav Fischer, Stuttgart und Jena: 463 S.

POTTHAST, T. 2000: Funktionssicherung und/oder Aufbruch ins Ungewisse? Anmerkungen zum Prozeßschutz, - *dieser Band*.

REMMERT, H. 1985: Was geschieht im Klimax-Stadium? Ökologisches Gleichgewicht aus desynchronen Zyklen - Naturwissenschaften 72: 505-512.

SCHERZINGER, W. 1996: Naturschutz im Wald. Qualitätsziele einer dynamischen Waldentwicklung. – Ulmer, Stuttgart.

SCHIEMANN, G. (ed.) 1996: Was ist Natur? Klassische Texte zur Naturphilosophie. - München.

USHER, M. B. & W. ERZ (eds.) 1994: Erfassen und Bewerten im Naturschutz. - Heidelberg und Wiesbaden.

WITTMER [vorm. MEIXNER], F., 1999: Interessenkonflikte in Nationalparken aus ethischer Perspektive. - Diplomarbeit an der Fakultät für Biologie der Eberhard-Karls-Universität, Tübingen.

Normativer Gehalt in den Konzepten „Ecosystem Health" und „Ecosystem Integrity" und ihre Verwendung des Funktionsbegriffs

Magdalena Steiner[1] und Hubert Wiggering[2]

[1]*Ökologiezentrum an der Christian Albrechts Universität zu Kiel, Schauenburgerstr. 112, D-24118 Kiel,*
[2]*Geschäftsstelle des Rats von Sachverständigen für Umweltfragen, 65180 Wiesbaden.*
e-mail: magdalena.steiner@pz-oekosys.uni-kiel.de, hubert.wiggering@uba.de

Abstract

The terms "ecosystem health" and "ecosystem integrity" have been widely used in the recent discussion among conservationists in Northern America. However there is no agreement about the underlying concepts or even the way how to measure health and integrity. This paper describes and analyzes the actual debate - including some present proposals for definitions of health and integrity. The discussion shows two facets - questions of environmental ethics on the one hand, dealing with arguments and reasons for the protection of nature, and ecosystem theory approaches, searching for properties of ecosystems indicating health or integrity on the other. Different scientific approaches (e.g. from thermodynamics or network theory) to translate these general concepts into concrete measures of health or integrity are based on different ideas about ecosystems in general. One aspect of the analysis is how the term "function" is used in the different concepts and theories. Another aspect of the analysis is the normative load of the concepts "health" and "integrity" and their related ecosystem theories. Finally the problem of defining loss of integrity is discussed and its dependence on the principle idea about ecosystems in general. It is necessary to distinguish between the responsibility of scientists – to describe features of ecosystems and predict changes as far as possible – and the responsibility of society – to decide which state or change of an ecosystem is acceptable and which is not.

Keywords: *ecosystem health, ecosystem integrity, ecosystem theory, functions, value judgements, normative loads*

Schlüsselwörter: *Ökosystemgesundheit, Ökosystemintegrität, Ökosystemtheorie, Funktionsbegriff, Werturteile, normative Gehalte*

1   Einleitung

Die Begriffe „Ecosystem Health" bzw. „Ecosystem Integrity" werden seit einiger Zeit vor allem in der nordamerikanischen Umweltdiskussion benutzt (z.B. CALLICOTT 1992, 1995, COSTANZA 1992, 1995, KARR 1992, KAY 1993, NELSON 1995, NORTON 1995, RAPPORT 1989 & 1995, REGIER 1993, WESTRA 1994, 1995, WOODLEY 1993), ohne daß Einigkeit über die genaue Bedeutung der zugrunde liegenden Konzepte besteht. Welche Bedeutung diese Ansätze haben, zeigt sich daran, daß die Begriffe z.B. Eingang in die Erklärung von Rio gefunden haben (UNCED 1992). In Prinzip Nr. 7 heißt es:

> „States shall cooperate in a spirit of global partnership to conserve, protect and restore the *health* and *integrity* of the earth's ecosystem" (Hervorh. M.S. & H.W.).

Beide Begriffe dienen als Metaphern und sollen denjenigen Naturzustand bzw. Zustand von Ökosystemen beschreiben, der als bewahrens- und schützenswert betrachtet wird bzw. der wiederhergestellt werden soll. (Zum Begriff der „Ökologischen Integrität" siehe auch den

Beitrag von BARKMANN, in diesem Band). Während es nun Aufgabe der Umweltethik ist, diesen Schutzanspruch zu begründen, besteht die Herausforderung an die Ökosystemforschung darin, diese Konzepte auf eine naturwissenschaftliche Ebene herunterzubrechen, d.h. konkrete Meßmethoden bzw. Indikatoren dafür zu liefern, wann ein Ökosystem als „gesund" oder „integer" angesehen wird bzw. an welcher Stelle auf einer gedachten Skala der Gesundheitszustand eines Ökosystems einzustufen ist. Die Konzepte lassen sich also in zwei verschiedene Ebenen einordnen (die bei der Diskussion oft nicht immer klar getrennt werden): die übergeordnete Ebene der Umweltethik einerseits und die naturwissenschaftliche Ebene andererseits.

Daß die Konzepte auf der übergeordneten Ebene einen normativen Charakter haben, liegt auf der Hand – und zwar in zweierlei Hinsicht: Einerseits werden Werturteile darüber gefällt, was als „gesund" oder „integer" bzw. „unversehrt" angesehen wird, das heißt sie sind „evaluativ". Darüber hinaus enthalten sie zumindest implizit die Aufforderung, diesen Zustand auch zu bewahren, das heißt, sie enthalten auch eine präskriptive Komponente.

Die Tatsache, daß es sich hier um normative Konzepte handelt, wird von einigen Kritikern als problematisch angesehen, die daraus schließen, daß die Konzepte für eine wissenschaftliche Beurteilung des Zustandes von Ökosystemen nicht brauchbar seien (vgl. RAPPORT 1995:297). Andere wiederum sehen gerade im normativen Gehalt dieser Konzepte ihre Stärke – nämlich dann, wenn es darum geht, Bewußtsein in der Öffentlichkeit zu schaffen. So argumentiert der Philosoph Nelson z.B. folgendermaßen: die einleuchtenden Metaphern „Gesundheit" und „Krankheit" könnten dazu beitragen, bestimmte gesellschaftliche bzw. umweltpolitische Reaktionen auszulösen und evtl. dazu dienen, die Allgemeinheit dazu zu bringen, der Natur einen Eigenwert beizumessen (NELSON 1995:311). Die Gegenposition wird beispielsweise von NORTON (1995:331) vertreten, der keine Notwendigkeit sieht, der Natur intrinsische Werte zuzuschreiben, da es seiner Ansicht nach genügt, wenn sie einen instrumentellen Wert für die Menschen darstellt, um daraus Schutzansprüche abzuleiten.

Im folgenden soll nicht weiter auf die umweltethische Diskussion eingegangen werden, sondern der Frage nachgegangen werden, wie die naturwissenschaftliche Umsetzung dieser Konzepte mit Hilfe bestimmter Ökosystemtheorien erfolgt und welche impliziten normativen Gehalte in diesen Theorien, das heißt auf der „Umsetzungsebene", enthalten sind. Das beinhaltet auch die Frage, auf welcher Art von Ökosystemverständnis die Vorschläge beruhen und welche Annahmen und impliziten Werturteile den Theorien zugrunde liegen: Wird das Ökosystem eher als ein *dynamisches* oder ein *statisches* System angesehen? Herrscht eher eine *organismische* oder *individualistische* Sichtweise vor? Liegt eher ein *strukturelles bzw. räumliches* Verständnis zugrunde, das Ökosysteme als eindeutig abgegrenzte Räume mit bestimmten Organismen und Lebensgemeinschaften definiert, oder ein *funktionales*, das Ökosysteme als Systeme von Stoff- und Energieflüssen mit austauschbaren Arten begreift?

2 Definitionsvorschläge für Ecosystem Health

2.1 Aldo Leopold als Begründer des Health-Konzeptes

Der Begriff „Health" geht zurück auf den amerikanischen Naturforscher Aldo LEOPOLD, der ihn in den 30er und 40er Jahren in seinem Konzept „land health" benutzte. Nach seiner Überzeugung ist konservierender Naturschutz in der Form von Naturschutzreservaten - wie er im großen Maßstab in Amerika praktiziert wurde und wird - deshalb notwendig, damit die unberührte Natur („wilderness") als Bezugsgröße („base-datum of normality") für „land health" herangezogen werden kann. Reservate dienen dann sozusagen als natürliches Forschungslabor, in dem diejenigen ökologischen Parameter ermittelt werden, deren Einhaltung eine fortdauernde Landnutzung der Gebiete außerhalb des Reservates durch den Menschen ermöglichen (CALLICOTT 1992:48).

LEOPOLD (1944:310) definiert land health als „state of vigorous self-renewal" und führt dies weiter aus:

> „Such collective functioning of interdependent parts for the maintenance of the whole is characteristic of an organism. In this sense land is an organism, and conservation deals with its *functional integrity, or health.*" (LEOPOLD 1944: 310; Hervorh. M.S. & H.W.).

Das heißt, LEOPOLD hatte sowohl ein eher funktionales Verständnis von „land" bzw. „land health" als auch eine eher organismische Sicht der Natur. Allerdings beinhaltet die Aufrechterhaltung von „land health" nicht notwendigerweise gleichzeitig, daß die existierenden Lebensgemeinschaften in ihrer historisch gewachsenen Struktur erhalten bleiben müssen. Neu in das System eindringende Arten werden nach seiner Vorstellung ausschließlich unter dem Gesichtspunkt bewertet, welchen Einfluß sie auf die „funktionale Integrität" des Systems haben, das heißt, ob das System noch in derselben Weise „funktioniert" wie im „unberührten" Zustand.

Health wird demnach von LEOPOLD mit „funktionaler Integrität" gleichgesetzt, das heißt, die *Funktionsweise* des Systems – wie immer sie auch beschrieben werden kann - soll unverändert bleiben, auch wenn die Einzelteile bzw. einzelne Arten ausgetauscht werden. Hier liegt die Vorstellung von einem Ökosystem als System von Stoff- und Energieflüssen mit austauschbaren Arten zugrunde (vgl. JAX 1994: 95). Diese Überlegung taucht auch in neueren Vorschlägen zur Abgrenzung der Konzepte „Health" und „Integrity" wieder auf (s. Kapitel 3.1).

2.2 Ansätze aus der Systemtheorie

Im Gegensatz zu LEOPOLD, der eindeutig aus der Sicht eines Naturforschers argumentiert, hat COSTANZA (1992) die Vorstellung eines umfassenden Konzepts von „Health", das sich aus der allgemeinen Systemtheorie entwickeln läßt und für komplexe Systeme im allgemeinen - von der Zelle bis hin zum ökonomischen System - gleichermaßen anwendbar ist.

> „What we are after is a general concept of complex system health that draws on ideas from human health practice and ecosystem (and economic system) theory and practice but is equally applicable to evaluating the health of any complex system at any scale – from cells to organs to organisms to populations to ecosystems and economic systems." (COSTANZA 1992: 243).

Mit Blick auf den Spezialfall „Ökosystem" legte COSTANZA zusammen mit einigen anderen Wissenschaftlern im Rahmen eines Workshops folgende Arbeitsdefinition für „Ecosystem Health" fest:

> „An ecological system is healthy and free from distress syndrome if it is *stable* and *sustainable* - that is, if it is active and maintains its organisation and autonomy over time and is resilient to stress. (...) A key concept in this definition is sustainability, which implies that the system can maintain its structure and function over time." (HASKELL et al. 1992: 9, Herv. M.S.& H.W.).

Das heißt, die Wunsch- bzw. Sollvorstellung für Ökosysteme ist, daß sie stabil und nachhaltig sind, wobei die beiden Begriffe in diesem Kontext weitgehend synonym benutzt werden, da hier mit „nachhaltig" gemeint ist, daß das System seine Struktur und Funktion im Zeitverlauf beibehält (vgl. obiges Zitat).

Zur konkreten Operationalisierung des hier als Zielvorstellung zum Ausdruck kommenden Stabilitätsgedankens muß auf Ökosystemtheorien zurückgegriffen werden: welche Ökosystemeigenschaften garantieren Stabilität bzw. anhand welcher Eigenschaften läßt sie sich messen? Nach o.g. Definitionsvorschlag soll das Ökosystem vital sein, seine Organisation und Autonomie beibehalten und Belastungen abpuffern können. Entsprechend schlägt COSTANZA (1995) vor, die drei Faktoren Vitalität, Organisationsgrad und Resilienz zu erfassen, um Aussagen über den Gesundheitszustand eines Ökosystems zu machen. Die Vitalität („vigor") könnte dann anhand der Produktivität, der Organisationsgrad anhand von Strukturparametern wie Biodiversität und die Resilienz z.B. anhand von Maßen wie der „population recovery time" oder der „disturbance absorption capacity" gemessen werden (COSTANZA 1995:108).

Das diesen Überlegungen zugrunde liegende Verständnis von Ökosystemen fußt auf den von NORTON (1991) als „basic elements of a worldview in the sense that they shape and give context to environmental science" beschriebenen Vorstellungen (ebd.: 193):

- Ökosysteme sind *dynamische Systeme*, d.h. Natur ist weniger eine Zusammenstellung von Objekten als vielmehr ein Satz von Prozessen; alles ist im Fluß.
- Alle Prozesse sind mit allen Prozessen verknüpft („*Relatedness*").
- Ökosysteme sind *hierarchisch* aufgebaut: Prozesse sind nicht immer auf derselben Ebene miteinander verknüpft, sondern laufen auf verschiedenen räumlichen und zeitlichen Maßstabsebenen ab. Es gibt Systeme innerhalb der Systeme.
- Ökosystemare Prozesse sind *kreativ* und stellen die Basis für die Produktion von Biomasse dar.
- Ökosysteme sind *unterschiedlich empfindlich*. Sie unterscheiden sich darin, bis zu welchem Ausmaß sie anthropogene Beeinträchtigungen verkraften bzw. ausgleichen können.

Die Auflistung ist nicht eindeutig einer Denkrichtung zuzuordnen. Sie enthält Elemente aus der Netzwerktheorie, der Hierarchitätstheorie und der Selbstorganisationstheorie. Allerdings zeigt sich hier ein Widerspruch zwischen dem im Definitionsvorschlag zum Ausdruck kommenden Stabilitäts-Paradigma und der Vorstellung von Ökosystemen als dynamische Systeme. „Stabilität" ist offensichtlich eine sehr menschlichen Bedürfnissen entsprungene Idealvorstellung, die nicht unbedingt mit naturwissenschaftlichen Erkenntnissen über das Wesen von Ökosystemen zusammenpaßt. Daß beide Prinzipien in ein und derselben Publikation aufgeführt werden, zeigt umso mehr, wie schwierig – aber auch wie notwendig - die deutliche Trennung zwischen der normativen und der naturwissenschaftlichen Komponente ist.

2.3   Ansätze aus der Netzwerk- und Informationstheorie

Entsprechend der Netzwerktheorie kann der Grad der Vernetzung innerhalb eines Systems als Indikator für den Gesamtzustand benutzt werden. Diese Vernetzung bezieht sich sowohl auf den Austausch von Stoffen und Energie als auch von Informationen. ULANOWICZ (1992) wendet das aus der Informationstheorie stammende Konzept der „Ascendency" auf Ökosysteme an und bezeichnet das Produkt aus dem gesamten System-Durchsatz (an Stoffen) und dem Grad der Netzwerkorganisation (average mutual information) als „system ascendency". Nach dieser Vorstellung nimmt die „Ascendency" im Laufe der Sukzession eines Ökosystems fortlaufend zu, sie charakterisiert sozusagen seinen Entwicklungszustand und ist eines unter mehreren (allerdings nicht genannten) Kriterien, anhand derer sein Gesundheitszustand beurteilt werden könne. Entsprechend lautet die Definition für „Ecosystem Health" nach ULANOWICZ (1992):

> „A healthy ecosystem is one whose trajectory toward the climax is relatively unimpeded and whose configuration is homeostatic to influences that would displace it back to earlier successional stages." (ULANOWICZ 1992: 191).

Diesem Ansatz liegt die (inzwischen von vielen Vegetationskundlern als überholt angesehene) Vorstellung zugrunde, daß sich ein Ökosystem im Laufe seiner Sukzession in Richtung eines Klimaxstadiums entwickelt. Es ist dann gesund, wenn es auf dem Weg dorthin nicht „aufgehalten" wird bzw. wenn es solche Einflüsse kompensieren kann. Das heißt, ULANOWICZ bedient sich eines *dynamischen* Ökosystemverständnisses, in dem Entwicklung und Veränderung mehr zählen als Stabilität und Gleichgewicht. Gleichzeitig hebt er das Problem hervor, daß es mit dieser engen Vorstellung von „Gesundheit" in einem gesunden System eigentlich keine Evolution geben könnte:

> „(...) hence the notion of health in the longer evolutionary scheme becomes problematical at best. A healthy ecosystem at one temporal scale would serve to impede evolution over the long duration." (ULANOWICZ 1992: 192).

ULANOWICZ löst diesen Widerspruch dadurch auf, daß er das Health-Konzept nur für kürzere Betrachtungszeiträume (eben z.B. den einer Sukzession) für praktikabel hält. Für den längerfristigen Blickwinkel schlägt er das Konzept der „Ecosystem Integrity" vor. Integrity beziehe sich dann auf den gesamten Entwicklungsablauf einschließlich vergangener und zukünftiger Ökosystemzustände im Sinne von HOLLING (1986), wobei es auf jeden Fall das Health-Konzept umfassen soll:

> „(...) It necessarily follows that integrity subsumes ecosystem health. (...) That is, integrity addresses a system's entire trajectory of past and future configurations" (ULANOWICZ 1995: 77).

Insgesamt baut sich dabei aber ein Widerspruch auf, da zwar in die Definition von Integrität auch vorübergehend „ungesunde" Zustände als Schritte der Weiterentwicklung des Systems einbezogen werden, Gesundheit aber gleichzeitig als wesentliche Grundvoraussetzung von Integrität begriffen wird.

3 Ecosystem Integrity

3.1 Ecosystem Integrity in Abgrenzung zu Ecosystem Health

Nachdem in der Diskussion bisher die beiden Begriffe oft synonym benutzt wurden, schält sich neuerdings immer mehr eine Unterscheidung zwischen beiden Konzepten heraus. Das Health-Konzept wird eher auf die genutzten oder zumindest menschlich beeinflußten Ökosysteme angewandt, evtl. auch nur innerhalb eines kurzfristigen Betrachtungszeitraums (z.B. ULANOWICZ 1995), während „Integrity" ein umfassendes Konzept darstellt, das auf alle Ökosysteme anwendbar ist und eine längerfristige, wenn nicht sogar zeitlich unbegrenzte Perspektive beinhaltet. Konsequenterweise beinhaltet dann das Konzept von „Integrity" auch dasjenige von „Health" in dem Sinne, daß integere Systeme immer auch gesund sind, während umgekehrt Systeme, die gesund sind, nicht unbedingt auch die Kriterien für Integrität erfüllen müssen.

Health wird dabei sehr stark mit funktionalen Gesichtspunkten in Verbindung gebracht oder auch mit Managementmaßnahmen, während Integrity vorzugsweise den „unberührten" Ökosystemen mit ihrer „ursprünglichen" Ausstattung zugeschrieben wird. So machen KARR & CHU (1995:40) den Vorschlag, mit Ecosystem Health den idealen Zustand von Ökosystemen zu beschreiben, die durch menschliche Aktivitäten beeinflußt sind (wie z.B. Agrarökosysteme, Forste, Fischzuchtanlagen, Siedlungen), während der Begriff „Ecosystem Integrity" natürlichen bzw. naturnahen Ökosystemen vorbehalten bleibt. Eine „gesunde" Landnutzung würde nach ihrer Meinung bedeuten, mit den natürlichen Ressourcen bzw. dem Ökosystem einen solchen Umgang zu pflegen, daß es auch für künftige menschliche Nutzungen ohne Einbußen dienen kann. Einen ähnlichen Vorschlag macht auch CALLICOTT (1995:358), indem er die Konzepte „Biological Integrity" und „Ecosystem Health" als komplementäre Prinzipien betrachtet: ersteres wird in Reservaten „bewahrt", letzteres in den von Menschen genutzten Ökosystemen aufrechterhalten oder wiederhergestellt. Auch WESTRA (1994:24) unterscheidet zwischen Zielen für „instrumentelle", d.h. genutzte Landschaften einerseits und Zielen für „ursprüngliche" Landschaften andererseits. Als Bezeichnungen führt sie dann I_a für „Integrity" und I_b für „Health" ein (1994:27).

Nach WESTRA (1994:24) können auch wenig naturnahe oder sogar degradierte Ökosysteme in einem Zustand der „Ecosystem Health" sein, vorausgesetzt sie *funktionieren* in der gewünschten Weise. Als Beispiele werden organisch bewirtschaftete Agrarökosysteme oder ein See, der aufgrund anthropogener Einflüsse seine größeren Fischarten verloren hat, aber nun eine größere Anzahl anderer, kleinerer Fischarten beherbergt, genannt. Von „Health" kann nach diesem Konzept sogar gesprochen werden, wenn ein System nur mit Hilfe von Unterstützung von außen funktioniert.

Funktionalität – und zwar durchaus in dem Sinne, daß diese Funktion dem Menschen dient - ist damit für Westra ein entscheidendes Kriterium der „Ecosystem Health". Während aber der Zustand der „Ecosystem Health" durchaus zeitlich und räumlich beschränkt sein kann, ist mit dem Begriff „Integrity" die Vorstellung verknüpft, daß es zumindest keine zeitliche Beschränkung mehr gibt. Ein integeres Ökosystem wird auch in Zukunft „integer" bleiben. Ähnlich wie LEOPOLD, der „Health" mit funktionaler Integrität gleichsetzt, betont WESTRA die *funktionalen* Aspekte im Zusammenhang mit „Ecosystem Health", während strukturelle Aspekte (z.B. Erhalt von Arten) in den Bereich der „Integrity" fallen. Nach ihrer Vorstellung würde die Substitution einer Art durch eine andere Art lediglich die Integrität – und zwar wird hier der strukturelle Aspekt betont – beeinträchtigen, nicht aber die Gesundheit (WESTRA 1994:40).

Auch in der Begründung für den Erhalt von Integrity schließt sich WESTRA der Argumentation von LEOPOLD an: „Ecosystem Integrity" - der „absolute Wert" I_a - soll als Maßstab und als notwendige Unterstützung für „Ecosystem Health" (I_b) dienen, weil genutzte Ökosysteme nicht nachhaltig genutzt werden können, wenn sich ihr Management nicht an Verhältnissen in Gebieten orientiert, in denen „wahre" (oder „rein natürliche") Integrität das aktuelle Ziel ist (WESTRA 1994: 27).

3.2 Ansätze aus der Thermodynamik

Während WESTRA als Philosophin noch auf einer recht allgemeinen Ebene argumentiert, stellen KAY (1993) bzw. KAY & SCHNEIDER (1995) aus der Ökosystemtheorie kommend Verbindungen zwischen ihrem thermodynamischen Ansatz und dem Konzept der „Ecosystem Integrity" her. Ein Schlüsselbegriff in ihrer Theorie ist der „optimum operating point". Damit wird ein Punkt bezeichnet, an dem die von außen auf ein Ökosystem einwirkenden desorganisierenden Kräfte einer Umweltveränderung mit den organisierenden thermodynamischen Kräften des Systems im Gleichgewicht stehen. Allerdings kann ein solcher Gleichgewichtszustand nur ein vorübergehendes Stadium, nie ein Endzustand sein - er verändert sich ständig, wenn sich die Umweltbedingungen ändern (KAY & SCHNEIDER 1995: 55). Integrität hängt danach mit der Fähigkeit des Systems zusammen, diesen „optimum operating point" zu erreichen und beizubehalten. Gelingt dies unter normalen Umweltbedingungen, ist das System nach Auffassung von KAY & SCHNEIDER „gesund". Kann es aber zusätzlich auch noch mit Streß umgehen, d.h. sich auf einen anderen „optimum operating point" einstellen und diesen dann beibehalten, so ist eine weitere Anforderung des Integrity-Konzepts, nämlich die der Resilienz, erfüllt. Eine dritte wesentliche Eigenschaft eines Ökosystems, um die Integritätsansprüche zu erfüllen, ist der Erhalt seiner Selbstorganisationsfähigkeit:

> „(...) it must be able to continue the process of *self-organisation* on an ongoing basis. It must be able to continue to evolve, develop, and proceed with the birth, growth, death and renewal cycle." (KAY & SCHNEIDER 1995:55, Hervorh. M.S. & H.W.)

Die Anforderung an die Selbstorganisationsfähigkeit kommt in dem Integrity-Konzept von KAY & SCHNEIDER gegenüber den bereits erwähnten Konzepten neu hinzu. Es spiegelt jedoch eher den Einfluß eines anderen (neueren?) Ökosystemverständnisses als ein grundsätzlich anderes Verständnis von „Gesundheit" oder „Integrität".

Einen ähnlichen Ansatz verfolgt MÜLLER (1998) mit seiner (Arbeits-) Definition von Ökosystemintegrität:

> „Ein Ökosystem ist integer und kann nachhaltig bestehen, wenn es in der Lage ist, seine Organisation und seinen Fließgleichgewichtszustand gegenüber kleinen Störungen zu erhalten und wenn es über eine hohe Anpassungs- und Entwicklungskapazität verfügt, so daß es sich langfristig selbstorganisiert fortentwickeln kann. (MÜLLER 1998:61)

Auch dieser Vorschlag beinhaltet – analog zu dem von KAY & SCHNEIDER - die Kriterien Resilienz und Selbstorganisation. Gleichzeitig steckt eine dynamische Vorstellung von Ökosystemen dahinter.

Eine davon abweichende Auffassung, die sich gleichwohl auf die thermodynamischen Grundlagen ökologischer Selbstorganisation bezieht, entwickelt Barkmann mit seiner Leitlinie „Ökologischer Integrität" (BARKMANN & WINDHORST 1999, BARKMANN, in diesem Band). Ökologische Integrität wird hier als „Leitlinie für die Vorsorge vor schwer bestimmbaren ökologischen Gefährdungen" verstanden (s.a. JAEGER, in diesem Band). Diese Gefährdungen stammen aus drei prinzipiellen Ungewißheiten, die eine Prognose über die langfristige Bedeutung bestimmter ökologischer Systeme für die menschliche Bedürfnisbefriedigung erschweren. Aufgrund des unspezifischen Charakters der Gefährdungen könne nur ein derart unspezifisches Phänomen wie die Selbstorganisationsfähigkeit ökologischer Systeme der Gefährdungsvorsorge dienen. Für die Operationalisierung der Ökologischen Integrität wird die Beobachtung der langfristig wirksamen *Voraussetzungen* der Selbstorganisation ökologischer Systeme vorgeschlagen: (a) momentane thermodynamische Selbstorganisation; (b) Verfügbarkeit biologischer Information; (c) Verfügbarkeit von Stoffen (z.B. Wasser) und nutzbarer Energie (Exergie).

4 Die Verwendung des Funktionsbegriffs in den vorgestellten Konzepten

Die sinnvolle bzw. eindeutige Verwendung des Funktionsbegriffs stößt bei Ökosystemen, die ja im Gegensatz zu Organismen nicht auf ein Ziel hin ausgerichtet sind, an ihre Grenzen. Trotzdem taucht der Begriff der Funktionsfähigkeit von Ökosystemen in allen Definitionsvorschlägen explizit oder implizit auf. Er scheint vor allem bei der Unterscheidung zwischen „Health" und „Integrity" eine entscheidende Rolle zu spielen. Das „Funktionieren" eines Ökosystems kann dann bedeuten, daß es bestimmte Dienstleistungen erbringt - z.B. daß ein Acker einen bestimmten Ertrag abwirft, daß das Sickerwasser gefiltert oder die Luft gereinigt wird. Es kann aber auch bedeuten, daß es einfach - im Sinne von KAY – „business as usual" betreibt, d.h. daß kontinuierlich dieselben Prozesse ablaufen bzw. das Ökosystem seinen eigenen Regeln folgt, ohne daß es einen menschlichen Nutzungsanspruch erfüllen muß.

Einige Autoren (z.B. WESTRA 1994, KARR & CHU 1995, KAY 1993, ULANOWICZ 1995) betonen, daß es aber einen wünschenswerten Zustand von Ökosystemen gäbe, der über das bloße „Funktionieren" innerhalb eines bestimmten Zeitraums hinausgeht und nennen dieses dann „Integrity". Hier kommen dann Vorstellungen von „Unversehrtheit", langfristiger Entwicklungsfähigkeit etc. ins Spiel – das momentane Funktionieren ist nur eine notwendige, aber noch nicht hinreichende Bedingung. Viele schreiben diese Eigenschaften tatsächlich nur natürlichen („pristine") Ökosystemen zu. Die Abgrenzung zwischen „natürlichen" und „nicht natürlichen" Ökosystemen dürfte allerdings nicht weniger schwierig sein als die zwischen „Health" und „Integrity", weshalb diese Zuordnung wenig hilfreich ist.

5 Die Rolle der Gesellschaft

5.1 Ökosystemtheorie und Gesellschaft

Entsprechend des wissenschaftlichen Erkenntniszuwachses sind Ökosystemtheorien einem ständigen Wandel unterworfen. In einigen Arbeiten (z.B. TREPL 1991,1992, SCHWARZ & TREPL 1998, EHRENFELD 1992, GOLLEY 1993) wurde gezeigt, daß diese Theorien nicht unabhängig von der Situation der Gesellschaft gebildet werden, sondern oft eine bestimmte gesellschaftliche Entwicklung widerspiegeln. EHRENFELD (1992) z.B. zeigt auf, daß die organismische Theorie – wonach alles mit allem zusammenhängt und die Einzelteile für das große Ganze arbeiten - sehr gut in die gesellschaftlichen Wertvorstellungen Anfang des 20. Jahrhunderts in den USA paßte, während es in einer später eher individualistisch organisierten Gesellschaft naheliegend war, andere Theorien zu entwickeln. Diese sind vor allem stärker individualistische Theorien über die Struktur von Lebensgemeinschaften oder Ungleichgewichtstheorien (EHRENFELD 1992:139).

Wie in den vorausgegangenen Abschnitten gezeigt wurde, wird in den derzeitig diskutierten Vorschlägen für eine Operationalisierung der Konzepte „Ecosystem Health" und „Ecosystem Integrity" nicht klar getrennt zwischen dem normativem Konzept als solchem – das unabhängig von jeder Ökosystemtheorie existieren sollte und eine ethische Begründung erfordert – und seiner naturwissenschaftlichen Umsetzung, die zwangsläufig auf Ökosystemtheorien zurückgreifen muß. Hier bleibt zu prüfen, wie sich einzelne Ansätze weiter entwickeln, wie etwa der bewußt normativ ansetzende Versuch von BARKMANN (in diesem Band). EHRENFELD (1992) schlägt hingegen vor, die Begriffe lediglich als Metapher zu benutzen und unabhängig von der gerade aktuellen Ökosystemtheorie zu definieren (ebd.:142) Damit ist aber das Problem der Bewertung des Gesundheitszustands oder der Integrität von Ökosystemen nach wie vor nicht gelöst.

5.2 Bewertung des Integritätsverlusts - Aufgabe der Wissenschaft oder der Gesellschaft?

Ökosysteme können auf Umweltveränderungen in unterschiedlicher Weise reagieren. Einige denkbare Möglichkeiten sind (vgl. KAY & SCHNEIDER 1995:55):

1. Das System kann weiterhin so funktionieren („to operate") wie zuvor, obwohl seine Funktionen („operations") anfangs bzw. zeitweise gestört sind. (Dabei wird „to operate" mit

„funktionieren" übersetzt, da es im Deutschen die entsprechende begriffliche Trennung zwischen „to operate" und „to function" nicht gibt.)
2. Das System kann auf einem anderen Level weiter funktionieren („to operate"), benutzt aber dieselben Strukturen weiter, die es ursprünglich hatte (z.B. erhöht oder erniedrigt es nur die Artenzahl).
3. Es entwickeln sich neue Strukturen, die die alten ersetzen oder verdrängen (z.B. neue Arten oder Pfade im Nahrungsnetz).
4. Ein neues Ökosystem mit vollständig neuen Strukturen entwickelt sich.
5. Das Ökosystem kollabiert und es gibt keine Regeneration.

Es stellt sich nun die Frage, welche dieser Veränderungen einen Verlust von „Ecosystem Integrity" darstellen. Als ein Extrem könnte so argumentiert werden (und es wird oft so argumentiert), daß eine Umweltveränderung, die die normalen Funktionen („operations") des Ökosystems permanent verändert, die Integrität beeinträchtigt. Ecosystem Integrity wäre dann als Fähigkeit definiert, Umweltveränderungen zu absorbieren, ohne daß sich das Ökosystem auf Dauer verändert. Das würde heißen, daß nur bei der ersten Reaktion kein Integritätsverlust zu verzeichnen wäre, obwohl alle (mit Ausnahme der letzten) Reaktionen des Ökosystems darstellen, in denen sich das System infolge einer Umweltveränderung reorganisiert. Im anderen Extrem könnte so argumentiert werden, daß jedes Ökosystem, das sich irgendwie erhalten kann, ohne vollständig zu kollabieren, Integrität besitzt. Dann wären fast alle Ökosysteme integer.

Dieses Problem kann nicht auf der deskriptiven Ebene gelöst werden, sondern hier kommen unweigerlich Werturteile ins Spiel, ohne damit das Problem grundsätzlich lösen zu können. Es gibt keinen wissenschaftlichen Grund dafür, warum ein bereits existierendes Ökosystem das einzige sein soll, das Integrität aufweist, nur weil es zuerst da war (KAY & SCHNEIDER 1995:56). Dies anzunehmen würde bedeuten, dem klassischen Sein-Sollen-Fehlschluß zu erliegen.

Selbstverständlich gibt es Veränderungen in Ökosystemen, die aus menschlicher Perspektive nicht wünschenswert sind. Das bedeutet aber, daß Werturteile darüber gefällt werden müssen, was als wünschenswert angesehen wird und was nicht. Dies kann nicht mehr Aufgabe der wissenschaftlichen Ökologie sein. Sie kann zwar darüber informieren, welche Reaktionen des Ökosystems auf bestimmte menschliche Einflüsse zu erwarten sind. Welche Reaktionen aber akzeptabel für die Menschen sind, kann nur die Gesellschaft entscheiden. Diese Argumentation folgt einem Ansatz, der der Natur einen instrumentellen bzw. inhärenten Wert zuspricht. Deshalb gibt es unter den zahllosen Definitionsvorschlägen auch solche, die „Ecosystem Health" oder auch „Ecosystem Integrity" als Fähigkeit zum Erbringen von Umweltdienstleistungen definieren (z.B. CALOW 1995:38).

6 Schlußfolgerungen

Daß die Konzepte „Health" und „Integrity" als solche einen normativen Anspruch haben, ist unumstritten. Einwände werden eher gegen die Wahl der Metapher der „Gesundheit" erhoben, weil sie zu sehr an die mittlerweile überholte Vorstellung von Ökosystemen als „Superorganismus" erinnere. Viele Schwierigkeiten mit dem Gesundheitsbegriff resultieren daraus, daß er aus der Erfahrung mit (menschlichen) Organismen entlehnt ist, Ökosysteme jedoch keine Organismen sind.

Interessant wird es dann, wenn die aus verschiedenen Ökosystemtheorie-Schulen stammenden Vorschläge zur Operationalisierung der Konzepte „Ecosystem Health" und „Ecosystem Integrity" genauer betrachtet werden, die oft mit dem Anspruch vertreten werden, sich ausschließlich auf naturwissenschaftliche Tatsachen zu beziehen. Die Analyse zeigt jedoch, daß auch diese nicht unabhängig von normativen Festsetzungen sind und auch nicht sein können. Jede Ökosystemtheorie baut auf einer Vorstellung davon auf, was ein Ökosystem ausmacht und wie es „funktioniert". Die Vorstellungen reichen von statisch (COSTANZA) bis zu dynamisch, dieses noch differenziert in auf eine Richtung hinzielend (ULANOWICZ) oder eher zyklisch (HOLLING); das Ökosystemverständnis kann eher funktional (LEOPOLD) oder eher strukturell (WESTRA) sein. Die Idealvorstellung von Ökosystemen kann die eines möglichst vom Menschen unbeeinflußten Systems sein, das in seinen Entwicklungsmöglichkeiten nicht vom Menschen beeinträchtigt wird (integere Ökosysteme nach WESTRA) oder aber ein Ökosystem, das gegenwärtig und zukünftig in der Lage ist, Umweltdienstleistungen für den Menschen zu erbringen (z.B. gesunde Ökosysteme nach KAY, „Gefährdungsvorsorge" leistende Ökosysteme nach BARKMANN). Erst auf der Basis dieser Wertsetzungen kann als nächster Schritt darüber nachgedacht werden, wie der Erfüllungsgrad dieser Idealvorstellungen gemessen werden kann, wobei eigentlich erst jetzt die unterschiedlichen Ansätze zum Tragen kommen, die je nach theoretischem Hintergrund den Grad der Vernetzung (ascendency bei ULANOWICZ), den Selbstorganisationsgrad (KAY) oder die Produktivität (COSTANZA) als Indikator verwenden.

Von wenigen Ausnahmen in der neuesten Literatur abgesehen, werden die den Operationalisierungsvorschlägen zugrunde liegenden normativen Setzungen jedoch nicht explizit genannt, sondern mehr oder weniger unbewußt impliziert. Es wäre jedoch notwendig, die jeweiligen normativen Anteile offenzulegen, um eine sinnvolle „Arbeitsteilung" zwischen Naturwissenschaft und Gesellschaft zu ermöglichen. Um die Begriffe „Health" oder „Integrity" mit konkreten Zielvorstellungen in Verbindung zu bringen, ist beides notwendig: sowohl das naturwissenschaftliche Verständnis über die Funktionsweise von Ökosystemen als auch ein gesellschaftlicher Konsens darüber, was als wünschenswerter Zustand von Ökosystemen angesehen wird.

Ob die Begriffe „Health" und „Integrity" tatsächlich innerhalb der *wissenschaftlichen* Debatte hilfreich sind, scheint angesichts der dargestellten Vielfalt an Konzepten, die sich alle unter dem Dach von „Health" oder „Integrity" einordnen, eher fraglich. Unbestritten ist jedoch sicherlich die *psychologische* Zugkraft der Begriffe in der Öffentlichkeit. Es würde aber dem wissenschaftlichen Ethos widersprechen, der Öffentlichkeit zu suggerieren, es gäbe einen rein wissenschaftlich ermittelbaren Sollzustand von Ökosystemen. Die Auseinandersetzung zwischen wissenschaftlicher Erkenntnis und gesellschaftlichen Prioritäten kann letztlich nicht umgangen werden.

Literatur

BARKMANN, J. 2000: Eine Leitlinie für die Vorsorge vor unspezifischen ökologischen Gefährdungen. *dieser Band*.

BARKMANN, J. & W. WINDHORST 1999: Hedging our bets: the utility of ecological integrity. In: JØRGENSEN, S.E & F. MÜLLER (eds.): Handbook of Ecosystem Theories. CRC Press, Boca Raton, FL (USA). Im Druck.

CALLICOTT, B. 1992: Aldo Leopold's Metapher. In: COSTANZA, R., NORTON, B.G. & B.D. HASKELL (eds.): Ecosystem Health. New Goals for Environmental Management. Island Press, Washington D.C., Covelo: 42-56.

CALLICOTT, B. 1995: The Value of Ecosystem Health. In: Ecosystem Health. Special Theme Issue of Environmental Values (ed. by A. HOLLAND). 4 (4): 345-361.

CALOW, P. 1995: Ecosystem Health - a Critical Analysis of Concepts. In: RAPPORT, D.J., GAUDET, C. & P. CALOW (eds.): Evaluating and Monitoring the Health of Large-Scale Ecosystems. Springer: 33-41.

COSTANZA, R. 1992: Toward an Operational Definition of Ecosystem Health. In: COSTANZA, R., NORTON, B.G. & B.D. HASKELL (eds.): Ecosystem Health. New Goals for Environmental Management. Island Press, Washington D.C., Covelo: 239-257.

COSTANZA, R. 1995: Ecological and Economic System Health and Social Decision Making. In: RAPPORT, D.J., GAUDET, C. & P. CALOW (eds.): Evaluating and Monitoring the Health of Large-Scale Ecosystems. Springer: 103-125.

EHRENFELD, D. 1992: Ecosystem Health and Ecological Theories. In: COSTANZA, R., NORTON, B.G. & B.D. HASKELL (eds.): Ecosystem Health. New Goals for Environmental Management. Island Press, Washington D.C., Covelo: 135-143.

GOLLEY, F.B. 1993: A History of the Ecosystem Concept in Ecology. More than the Sum of the Parts. Yale University Press, New Haven and London: 254 S.

HASKELL, B.D., NORTON, B.G. & R. COSTANZA 1992: What is Ecosystem Health and Why Should We Worry about It? In: COSTANZA, R., NORTON, B.G. & B.D. HASKELL (eds.): Ecosystem Health. New Goals for Environmental Management. Island Press, Washington D.C., Covelo: 3-22.

HOLLING, C.S. 1986: The Resilience of Terrestrial Ecosystems: Local Surprise and Global Change. In: W.C. CLARK & R.E. MUNN (eds.): Sustainable Development of the Biosphere. Cambridge University Press, Cambridge, U.K.

JAEGER, J. 2000: Zur Unterscheidung zwischen verschiedenen Arten von Unsicherheit bei der Bewertung von Landschaftseinheiten. *dieser Band.*

JAX, K. 1994: Das ökologische Babylon. - Bild der Wissenschaft 9/1994: 92-95.

KARR, J.R. 1992: Ecological Integrity: Protecting Earth's Life Support Systems. In: COSTANZA, R., NORTON, B.G. & B.D. HASKELL (eds.): Ecosystem Health. New Goals for Environmental Management. Island Press, Washington D.C., Covelo: 223-237.

KARR, J.R., & E.W. CHU 1995: Ecological Integrity: Reclaiming Lost Connections. In: WESTRA, L. & J. LEMONS (eds.): Perspectives on Ecological Integrity. Kluwer Academic Publisher,. Dordrecht, Boston, London: 34-48.

KAY, J. 1993: On the Nature of Ecological Integrity: Some Closing Comments. In: WOODLEY, S., KAY, J. & G. FRANCIS (eds.): Ecological Integrity and the Management of Ecosystems. University of Waterloo and Canadian Park Service, Ottawa: 201-212.

KAY, J. & E. SCHNEIDER 1995: Embracing Complexity - The Challenge of the Ecosystem-Approach. In: WESTRA, L. & J. LEMONS (eds.): Perspectives on Ecological Integrity. Kluwer Academic Publishers, Dordrecht, Boston, London: 49-59.

LEOPOLD, A. 1944: Conservation: In Whole or in Part? In: S.L. FLADER & J.B. CALLICOTT (eds.) 1991: The River of the Mother of God and Other Essays by Aldo Leopold. University of Wisconsin Press. Madison: 310-319.

MÜLLER, F. 1998: Ableitung von integrativen Indikatoren zur Bewertung von Ökosystem-Zuständen für die Umweltökonomischen Gesamtrechnungen. Band 2 der Schriftenreihe Beiträge zu den Umweltökonomischen Gesamtrechnungen. Metzler Poeschel, Stuttgart.

NELSON, J. L. 1995: Health and Disease as 'Thick' Concepts in Ecosystemic Contexts. In: Ecosystem Health. Special Theme Issue of Environmental Values (ed. by A. HOLLAND) 4 (4): 311-322.

NORTON, B. 1991: Toward Unity among Environmentalists. Oxford University Press.

NORTON, B. 1995: Objectivity, Intrinsicality and Sustainability: Comment on Nelson's 'Health and Disease as „Thick" Concepts in Ecosystemic Contexts'. In: Ecosystem Health. Special Theme Issue of Environmental values (ed. by A. HOLLAND) 4 (4): 323-332.

RAPPORT, D.J. 1989: What constitutes Ecosystem Health? Perspectives in Biology and Medicine 33: 120-132.

RAPPORT, D.J. 1995: Ecosystem Health: More than a Metaphor? In: Ecosystem Health. Special Theme Issue of Environmental Values (ed. by Alan HOLLAND) 4 (4): 287-309.

REGIER, H.A. 1993: The Notion of Natural and Cultural Integrity. In: WOODLEY, S., KAY, J. & G. FRANCIS, G. (eds.): Ecological Integrity and the Management of Ecosystems. University of Waterloo and Canadian Park Service, Ottawa: 3-18.

SCHWARZ, A.E. & L. TREPL 1998: The Relativity of Orientors: Interdependence of Ecological and Sociopolitical Developments. In: F. MÜLLER & M. LEUPELT (eds.): Eco Targets, Goal Functions, and Orientors. Kap. 3.2. Springer, Berlin Heidelberg: 299-311.

TREPL, L. 1991: Zur politischen Geschichte der biologischen Ökologie. In HASSENPFLUG, D. (ed.): Industrialismus und Ökoromantik. Geschichte und Perspektiven der Ökologisierung. Deutscher Universitäts-Verlag, Wiesbaden: 193-210.

TREPL, L. 1992: Zur Geschichte des Umweltbegriffs. - Naturwissenschaften 79: 386-392.

ULANOWICZ, R. 1992: Ecosystem Health and Trophic Flow Networks. In: COSTANZA, R., NORTON, B. G. & B.D. HASKELL, B.D. (eds.): Ecosystem Health. New Goals for Environmental Management. Island Press, Washington D.C., Covelo: 190-205.

ULANOWICZ, R. 1995: Ecosystem Integrity: a Causal Necessity. In: WESTRA, L. & J. LEMONS (eds.): Perspectives on Ecological Integrity. Kluwer Academic Publishers, Dordrecht, Boston, London: 77-87.

UNCED 1992: United Nations Conference on Environment and Development: The Rio Declaration on Environment and Development. www.tufts.edu/fletcher/multi/texts/RIO-DECL.txt.

WESTRA, L. 1994: An Environmental Proposal for Ethics. The Principle of Integrity. Studies in Social and Political Philosophy (General editor: J P. STERBA). Rowman & Littlefield Publishers, Lanham, London.

WESTRA, L. 1995: Ecosystem Integrity and Sustainability: The Foundational Value of The Wild. In: WESTRA, L. & J. LEMONS (eds.): Perspectives on Ecological Integrity. Kluwer Academic Publishers, Dordrecht, Boston, London: 12-33.

WOODLEY, S. 1993: Monitoring and Measuring Ecosystem Integrity in Canadian National Parks. In: WOODLEY, S., KAY, J. & G. FRANCIS (eds.): Ecological Integrity and the Management of Ecosystems. University of Waterloo and Canadian Park Service, Ottawa. 1993: 155-176.

Funktionalität und Ungewißheit
in einfachen Modellen ökologischer Prozesse

Broder Breckling

Universität Bremen, Zentrum für Umweltforschung und Umwelttechnologie (UFT),
Abt. 10, Postfach 33 04 40, 28334 Bremen

Abstract

Simple models of ecological processes are used to show how functionality and uncertainty work together.

According to a deterministic view, uncertainty may be understood as a result of incomplete information about the changing states of an observed system. Usually, researchers expect that uncertainty can be successively reduced while knowledge acquisition proceeds. This assumption is based on a strict conceptual separation of functional and non-functional aspects of ecological processes. In this paper we discuss the epistemological background of this expectation. We argue that it can be useful for an adequate interpretation of ecological phenomena to understand, how both work together inseparably. To explain the inter-relatedness of functional aspects and uncertainty we discuss four model examples. They demonstrate that a purely functional set-up in itself can generate uncertainty and that some unpredictable and thus uncertain processes can be involved in generating highly structured order:

- A very simple difference equation exhibiting chaos (nonperiodic deterministic flow) is introduced and a verbal description of its properties is given. It allows to understand some fundamental properties of chaotic dynamics which also emerge in much more complex models.
- A second example uses iterated function systems to show how highly ordered structures which are relevant also for biological pattern formation emerge from a stochastic process.
- Thirdly, a baker-transformation model serves as a metaphor for ecosystem biomass dynamics and illustrates the simplicity to obtain parameter-dependent transitions between stable, periodic and chaotic behaviour.
- Finally, a model of diffusion-limited growth which is underlying various ecological pattern exhibits another way how uncertainty can be involved in generating an ordered structure.

The models show that the interdependence of functional order on the one side and uncertainty, stochasticity and chaos on the other side are not an exclusive domain of difficult mathematical formalisms. Conceptually simple approaches explain the necessity to consider both for an understanding of a wide range of ecological phenomena. As an epistemological consequence of the relatedness of uncertainty and functional order we need to go beyond the contradicting implications of determinism (everything is reproducible) and agnosticism (everything is unique). We can conclude that the validity of prognoses is generally limited and that models are a valuable tool to investigate the sufficiency and consistency of ecological knowledge.

Keywords: *ecological models, function, uncertainty, stochasticity, chaos, order, iterated function system, diffusion-limited growth*

Schlüsselworte: *ökologische Modelle, Funktion, Unsicherheit, Stochastizität, Chaos, Ordnung, iteriertes Funktionssystem, diffusionsbegrenztes Wachstum*

1 Einleitung: Regelmäßigkeit und Funktionalisierung

Jedes beobachtbare Phänomen bildet einen besonderen Fall im Hinblick auf die Konstellation bzw. den Gesamtzusammenhang, in dem es erscheint. Die Besonderheiten sind die Voraussetzung dafür, es von anderen Phänomenen zu unterschieden. Diese können den Kontext betreffen, aber auch die spezifische Beschaffenheit eines Phänomens selbst (BRECKLING 1990). Ohne eine solche Spezifität könnte es nicht als ein eigenes, von anderen unterscheidbares Phänomen angesprochen werden. Für den Bereich der Wahrnehmung besitzt der mit der Unterscheidbarkeit verbundene Aspekt von Einzigartigkeit eine entscheidende Bedeutung. Für die ursprünglich von der klassischen Mechanik geprägte naturwissenschaftliche Betrachtung ist diese Einzigartigkeit nur von untergeordnetem Interesse. Dort interessieren nicht vorrangig die Einzelfälle und das, was diese von allen anderen unterscheidet. Von naturwissenschaftlichem Interesse sind Gemeinsamkeiten und Regelmäßigkeiten, d.h. diejenigen Gesichtspunkte, nach denen sich Verschiedenartiges ordnen und in Beziehung setzen läßt. Wissenschaftliche Beschreibung impliziert ein Interesse am Wiedererkennen von Zusammenhängen. Einzelfälle, Singularitäten, können nur in sofern wissenschaftliches Interesse auf sich ziehen als sie Ausdruck von etwas Allgemeinem sind, das sich in Form von Zuordnungen, Sätzen oder Regeln formulieren läßt. Zuordnungen sprechen den systematisierenden Aspekt an. Regeln verweisen auf einen funktionalen Aspekt. Systematisierung beinhaltet eine Gruppierung von Phänomenen im Hinblick auf abstrakte Gemeinsamkeiten und bedeutet die Herstellung einer Ordnung. Regeln beinhalten Implikationen zwischen verschiedenen Phänomenen. Regeln sind die Voraussetzung dafür, tragfähige Erwartungen zu formulieren, z.B. im Hinblick auf die Weiterentwicklung von Prozessen, das Eintreten von Ereignissen oder Folgephänomenen. Das Umgehen mit Regeln ist allgemein Voraussetzung für planendes Handeln.

Sobald eine handhabbare Ordnung formuliert ist, richtet sich das naturwissenschaftliche Interesse besonders auf das Auffinden und Formulieren von Zusammenhängen, die den Bereich des regelhaft Faßbaren möglichst weit spannen sollen. Regularität ist eine Voraussetzung dafür, daß eine konsistente gedankliche Herstellung von „Wenn-Dann"-Beziehungen möglich ist, die die Basis für funktionelle Verallgemeinerungen über einen Einzelfall hinaus bilden (GLOY 1995).

Der naturwissenschaftlichen Betrachtung liegt das Kausalitätsprinzip zugrunde. Dieses besagt, daß einer spezifisch faßbaren Veränderung eine ebenso spezifische Ursache vorausgeht: Identische Ursachenkonstellationen ziehen jeweils identische Wirkungen nach sich. Dies setzt voraus, daß es in hinreichendem Umfang möglich ist, eine gegebene phänomenale Verschiedenheit auf eine (gedanklich abstrahierende) Gleichheit zu reduzieren. Ereignisse bzw. Aspekte von Ereignissen, die Unikat-Charakter haben, d.h., daß sie nur einmal auftreten und sich nicht wiederholen, können allenfalls historisch eingeordnet werden. Soweit sie Unikate sind, lassen sie sich per Definition nicht verallgemeinern. Funktionalität, Regelhaftigkeit, Gemeinsamkeit zwischen Verschiedenem bilden den einen Pol, den des wissenschaftlich Zugänglichen. Auf der andren Seite stehen diejenigen Aspekte, die die Phänomene zum jeweiligen Unikat machen, hinsichtlich derer sie jeweils neu und als solche unwiederholbar bzw. unvorhersehbar sind. Hier ist das der naturwissenschaftlichen Zugänglichkeit gegenüberstehende Potenzial von Ungewißheit zuzuordnen.

Sofern eine universelle Gültigkeit des Kausalitätsprinzips angenommen wird, erscheinen „de jure" die gegebenen Unsicherheiten und Ungewißheiten in den beobachtbaren Phänomenen bzw. der uns umgebenden Umwelt lediglich ein Ausdruck unvollständig erschlossener aber im Prinzip wenigstens erschließbarer Ursachenkonstellationen zu sein. Der Bereich dessen, was funktional beschreibbar ist, wäre demnach derjenige, in dem es möglich ist, Ursachen und Wirkungen aufeinander konsistent abbilden zu können. Die entgegengesetzte Postion betont, daß es nur eine Frage der Genauigkeit und Vollständigkeit einer Betrachtung ist, um jedes Phänomen als singulär zu erkennen, daß der Determinismus also eine Fiktion ist.

Die klassische Mechanik basiert auf einer konsequent deterministischen Position. Sie erhob ursprünglich einen universellen Gültigkeitsanspruch, der lediglich die menschliche Willensfreiheit aussparte: Alles nicht funktional Beschreibbare ist danach lediglich Ausdruck vorläufig noch nicht kausal durchdrungener Wirkungszusammenhänge. Grundlegende Erkenntnisse in verschiedenen Bereichen der Naturwissenschaften selbst (und nicht allein Argumente aus dem Bereich der Wissenschaftskritik) haben jedoch zunehmend die Einsicht unterstützt, daß das mechanistische Paradigma nur eine begrenzt verwendbare Näherung für bestimmte Typen von Prozessen liefern kann (PRIGOGINE & STENGERS 1981). Zunächst stellte die Quantenmechanik für die Beschreibung von Prozessen auf der Ebene der Elementarteilchen die Anwendbarkeit des Kausalitätsprinzips außer Frage: Sie stellte fest, daß Kausalität für Quantenprozesse nicht universell gilt. Die Theorie dynamischer Systeme als Teil der Mathematik ermöglichte die Formulierung von Zusammenhängen, in denen infinitesimale d.h. beliebig kleine Wechselwirkungen sukzessiv auf die makroskopische Ebene verstärkt werden können, so daß die Annahme der operationellen Gültigkeit zweier unterschiedlicher Interpretationen für die Mikrowelt der Elementarteilchen auf der einen und die Makrowelt der klassischen Mechanik auf der anderen Seite nicht strikt durchhaltbar ist (Akausalität im Quantenbereich versus Kausalität im makroskopischen Bereich). Solche Dynamiken, die geringste Differenzen (im Prinzip also auch Quanteneffekte) sukzessiv verstärken, ließen sich auch für überraschend viele Typen physikalischer, chemischer und nicht zuletzt biologischer Interaktionen finden. Beispiele für dynamische Prozesse dieser Art werden wir im Hinblick auf den ökologischen Kontext diskutieren. Schließlich liefert die Thermodynamik die Einsicht, daß jeglichem real ablaufenden makroskopischen Prozeß ein irreversibler d.h. singulärer, nicht wiederholbarer Aspekt zukommt. Im Hinblick auf den Bezug von System und Umgebung sind deshalb Wiederholungen jeweils nur näherungsweise möglich (GLANSDORFF & PRIGOGINE 1971). Dem Kausalitätsprinzip als Grundlage einer funktionalistischen Betrachtung kommt daher nur die Bedeutung eines partiell brauchbaren Gedankengebäudes zu, dessen Tragfähigkeit in der Ökologie im Einzelfall zu diskutieren ist.

In diesem Beitrag soll begründet werden, warum entgegen der klassischen Sichtweise Funktionalität und Ungewißheit nicht notwendigerweise als antithetische Gegensatzpaare aufzufassen sind, sondern daß gerade ihre Verknüpfung bzw. ihr Verbundensein in nichttrivialer Weise zu spezifischen Resultaten führt, die für die Erklärung und das Verständnis komplexer ökologischer Prozesse wichtig sein kann. Der Ausschließlichkeitsanspruch des Determinismus, den die Mechanik zu Beginn der neuzeitlichen Naturwissenschaften formulierte, lebt heute weiter in der Vorstellung der Trennbarkeit von Funktionalität und Ungewißheit. Eine „post-mechanistische" Sichtweise sollte nicht nur die Begrenztheit beider Konzepte zur Kenntnis nehmen und entsprechend zwischen funktionalen oder statistischen Beschreibungsweisen unterscheiden, sondern auch damit operieren, daß beide nichttrivial verknüpft sein können und erst ihr Zusammenwirken Phänomene verständlich macht, die in einer separierenden Betrachtung nicht hinreichend zugänglich sind. Weder sind Ungewißheiten lediglich die marginalen Ränder funktionaler Kernbereiche noch ist Funktionalität immer die Abwesenheit von Ungewißheit. Beide können einander durchdringen und bedingen. An Modellbeispielen wollen wir dies veranschaulichen und abschließend Folgerungen für die ökologische Theorie zusammenfassen.

2 Die Verknüpfung von Funktionalität und Ungewißheit in mechanischen und ökologischen Prozessen

Funktionale Beschreibungen sind in praktischer Hinsicht manchmal als brauchbare Näherungen geeignet, sofern unvorhergesehene Einwirkungen nur einen vernachlässigbaren Anteil am Resultat des Prozesses bewirken. Dies gilt insbesondere dann, wenn Folgewirkungen temporärer Einwirkungen („Störungen") im weiteren Verlauf nicht anwachsen sondern eine Dämpfung erfahren und sukzessiv an Bedeutung für das Fortschreiten des Prozesses verlieren. Hier nun wollen wir Beispiele vorstellen, in denen das Zusammenwirken von Funktionalität und Ungewißheit erst das Resultat zustandebringt, das für das Prozeßverständnis von Interesse ist. Dabei können einerseits Ungewißheiten dazu beitragen, eine funktionale Struktur auszuprägen, andererseits können funktionale Zusammenhänge als ungewiß anzusehende Resultate hervorbringen. Schließlich kann dieses Zusammenwirken Resultate hervorbringen, die organisierend über eine weite Spanne von Skalenbereichen wirken. Es werden auf Einfachheit hin angelegte Modellbeispiele gezeigt, an denen sich dieses veranschaulichen läßt:

- Am Beispiel einer einfachen Zahlenfolge veranschaulichen wir zunächst das Hervorgehen von Ungewißheit aus einem funktionalen Zusammenhang und erläutern damit grundlegende Eigenschaften chaotischer Systeme.

- mit Hilfe von Iterierten Funktionssystemen zeigen wir die potentielle Rolle des Zufalls für die Ausformung hochorganisierter selbstähnlicher Strukturen.

- Eine modifizierte Bäcker-Transformation als radikal vereinfachte Metapher für die Dynamik eines Ökosystems zeigt das Zusammenwirken von Funktionalität und Ungewißheit.

- Das Beispiel diffusionsbegrenzten Wachstums schließlich illustriert den Skalenaspekt selbstorganisierter Strukturbildung, die auf kumulierten Zufallsereignissen basiert.

2.1 Eine schlichte Folge mit fataler Wirkung: Dynamisches Chaos in einfachen Worten

Chaos wird in der neueren mathematischen Terminologie als dynamischer Prozeß definiert, der nach strikt definierten Regeln abläuft, wobei jedoch minimale Abweichungen sukzessiv verstärkt werden und ursprünglich ähnliche Zustände sich zunehmend unabhängig voneinander entwickeln (GLEICK, 1987). Dies bedeutet, daß die Korrelation ähnlicher, nur minimal verschiedener Systemzustände im Verlaufe der Dynamik langfristig betrachtet geringer wird und schließlich zerfällt. Um derartige Prozesse langfristig prognostizieren zu können, wäre daher im Prinzip eine unendlich genaue Kenntnis des Zustandes verbunden mit unendlicher Rechengenauigkeit erforderlich. Trotz des strikt deterministischen Bildungsgesetzes ist es deshalb für reale Systeme praktisch nicht möglich, genaue, langfristige Prognosen für chaotische Systeme zu erarbeiten, da marginale Ungenauigkeiten mit der Zeit so stark anwachsen, daß sie den Fortgang der Dynamik schließlich dominieren. Das Wettergeschehen ist ein Prozeß, in dem aus derartigen Gründen langfristige, genaue Prognosen unmöglich sind.

Komplexe, bizarre, chaotische Dynamiken lassen sich nicht nur mit komplizierten sondern in bestimmten Fällen auch im Rahmen ganz einfacher Rechenvorschriften erzeugen. Dies hat MAY 1974 und 1976 am Beispiel einer diskreten Version der logistischen Wachstumsfunktion demonstriert. Wir möchten hier nun zeigen, daß es sogar möglich ist, die Eigenschaften chaotischer Dynamik an einem Beispiel zu erklären, das noch wesentlich einfacher ist und das ohne die Verwendung von Formeln verbal verständlich gemacht werden kann. Die spezifischen Charakteristika von Chaos sollten damit auch für diejenigen nachvollziehbar werden, denen mathematische Formalismen den Zugang zum Inhalt eher verschließen.[1]

Eine Folge besteht aus einer Aneinanderreihung von Zahlen. Von einem Anfangsglied ausgehend wird mit Hilfe einer festgelegten Rechenanweisung jeweils ein Folgeglied ermittelt. Dessen Nachfolger kann wiederum mit derselben Vorschrift bestimmt werden. Die Wiederholung dieses Ablaufs wird als Iteration bezeichnet. Die so erhaltenen sukzessiven Größen können als Zustandsfolge und in sofern als Repräsentation eines Prozesses interpretiert werden; sie bilden dessen Dynamik ab.

Eine der einfachsten Folgen ist diese: Wir beginnen mit einer beliebigen reellen Zahl und ermitteln das jeweils nächste Folgeglied, indem wir den Kehrwert der aktuellen Zahl von dieser abziehen.[2] Diese Folge wurde bei BRECKING & SCHOEN (1984) diskutiert. Um beispielsweise den Nachfolger für die Zahl 10 zu bestimmen, ziehen wir von 10 ein Zehntel ab. Wir erhalten also 9,9 als Nachfolger. Stellen uns vor, für jede Zahl auf diese Weise einen Nachfolger zu ermitteln (für die dann der weitere Nachfolger bereitsteht). Es entsteht auf diese Weise ein Zahlengefüge mit interessanten Eigenschaften.

Jede Zahl außer der Null besitzt genau einen Nachfolger. Von Vorgängern zu Nachfolgern können wir uns jeweils iterativ weiterbewegen. Analysieren wir die hierbei möglichen Wege, so stellen wir fest, daß wir bereits mitten ins Chaos hineingeraten sind. Betrachten wir nun, wie es dazu kommt: Wir verwenden zunächst eine beliebige große Zahl als Anfangswert; groß bedeutet, ihr Betrag soll 1 deutlich überschreiten. Die Folgeglieder werden sukzessiv kleiner. Wie groß auch immer die anfänglich verwendete Zahl gewesen sein mag, durch die immer wiederholte Subtraktion des Kehrwertes wird irgendwann die Situation erreicht, daß die aktuelle Größe sich etwa auf den Bereich von 1 vermindert. Beginnen wir alternativ auf der anderen Seite der Zahlengeraden mit einer entsprechenden negativen Zahl, so verhält es sich umgekehrt. Die Subtraktion des Kehrwerts einer negativen Zahl bedeutet eine Addition, die Folgeglieder werden jeweils größer - so lange, bis schließlich der Bereich nahe -1 erreicht wird. Noch ist die Situation übersichtlich: Alle Folgeglieder, die wir erhalten, nähern sich dem Bereich zwischen -1 und 1 egal wie weit außerhalb dieses Intervalls wir starten.[3] Innerhalb des Bereichs zwischen -1 und 1 hingegen bestehen inverse Verhältnisse. Zwischen 0 und 1 ist der abzuziehende Kehrwert größer als 1. Der Nachfolger wird also negativ. Zwischen -1 und 0 ist der abzuziehende Kehrwert kleiner als -1. Wenn wir diesen abziehen, erhalten wir einen Nachfolger im positiven Bereich.

Insgesamt betrachtet resultiert also eine Dynamik, in der für den gesamten Zahlenbereich außerhalb von -1 und 1 dieser Bereich als Attraktor wirkt. Für Zahlen im Inneren des Attraktors erhalten wir jedoch Folgeglieder, die wieder außerhalb liegen und zwar um so weiter, je näher die vorhergehende Zahl an Null gelegen hat. Der positive und der negative Bereich werden beim Durchgang durch das Einheitsintervall jeweils auf die andere Seite geklappt. Eine für die Dynamik wichtige Singularität ergibt sich für 1 bzw. -1: Das Abziehen des Kehrwertes

---

[1] Der Text wendet sich auch an LeserInnen, die mit ökologischer Modellbildung weniger vertraut sind. Für diejenigen, die Formeln vermissen, fügen wir diese in Fußnoten an. Die „formellose" Darstellung erinnert etwas an die Mühsamkeit alter Texte, denen das Instrumentarium mathematischer Formalismen teilweise noch nicht zur Verfügung stand (siehe z.B. Cusanus, HOFFMANN et al. 1980). Gelegentlich kann es heute von didaktischem Interesse sein, sich daran zu erinnern, inwiefern die mathematische Schreibweise eine Prägnanz ermöglicht, die sich umgangssprachlich nur durch eine Vergrößerung des Textaufwandes nachbilden läßt.

[2] Die zu iterierende Funktion lautet also: $N_{n+1} = N_n - (1/N_n)$

[3] $N_n > 1 \Rightarrow N_{n+1} < N_n$ bzw. $N_n < -1 \Rightarrow N_{n+1} > N_n$

ergibt in beiden Fällen 0 - und hier kann kein weiteres Folgeglied angegeben werden, denn von 0 selbst ist der Kehrwert nicht definiert. Interessant ist also die Überlegung, wo überall Zahlen liegen, deren Nachfolgerkette irgendwann bei 0 endet. Dazu müssen wir die Folge in umgekehrter Richtung betrachten.[4] Für viele LeserInnen wird dies kein Problem sein: 1 wird im Folgeschritt auf 0 abgebildet, und auf 1 wird diejenige Zahl abgebildet, deren Kehrwert um genau 1 kleiner ist als die gesuchte Zahl selbst. Der Lösungsansatz führt auf eine quadratische Gleichung und ergibt eine irrationale Zahl. Hier soll folgende Überlegung ausreichen: Je weiter wir die Vorgängerkette der Zahlen verfolgen, die schließlich auf 0 abgebildet werden, in um so geringeren Abständen treffen wir Zahlen, deren Nachfolger irgendwann einmal bei 0 enden. Dies ergibt sich aus dem Grunde, daß bei großen Zahlen die Kehrwerte entsprechend kleiner sind.

Betrachten wir nun das Schicksal einer „Störung" des Prozesses. Nehmen wir dazu an, wir könnten die Größe, die wir als Anfangswert verwenden wollen, nicht mit absoluter Genauigkeit bestimmen, sondern müssen Schwankungen in einem minimalen Ausmaß tolerieren. Das heißt, wir betrachten nicht eine einzige Zahl sondern ein (beliebig kleines) Intervall, also den Bereich zwischen zwei annähernd gleich großen Zahlen. Wir beobachten nun, wie sich dieses Intervall im Verlauf der Iteration verhält. Wird es mit der Zeit kleiner, verlieren Störungen sukzessiv an Bedeutung. Wird es aber bei folgenden Iterationen größer, wäre es um die Stabilität des Prozesses geschehen.

Der Kehrwert der Untergrenze des Intervalls ist größer als der Kehrwert der Obergrenze des Intervalls. Das Intervall wird also bei der Iteration nicht gleichmäßig verschoben. Die Obergrenze bleibt gegenüber der Untergrenze bei jedem Schritt etwas zurück. Das bedeutet, der Abstand der Intervallgrenzen wächst im Verlauf der Iteration immer weiter an. Das Intervall wird gestreckt. Jeweils das bereits kleinere der beiden Intervallenden wird bei jedem Iterationsschritt schneller klein als das größere. Bei einem Durchgang durch das Einheitsintervall wird diese Spreizung noch stärker. Im Verlauf der Iteration wird jedes ursprünglich beliebig kleine Intervall schließlich soweit gespreizt sein, daß die Intervallgrenzen rechts und links von 1 (bzw. -1) zu liegen kommen. Im folgenden Schritt umfaßt das Intervall die 0. Beliebig kleine Zahlen beliebig nahe an Null besitzen beliebig große Kehrwerte. Es wird sozusagen das Innere des Intervalls zu beiden Seiten nach außen geklappt und beiderseits bis ins Unendliche ausgebreitet. Auf diese Weise kommt es zustande, daß es nur eine Frage der Iterationsdauer ist, bis *alle* Intervalle, wie klein sie anfänglich gewesen sein mögen, über den gesamten Zahlenbereich zwischen +/- Unendlich ausgebreitet werden. Dies gilt für jedes beliebige Intervall ohne Ausnahme. Wie klein auch immer eine Differenz ursprünglich gewesen sein mag, sie findet sich im Verlaufe der Iteration schließlich bis in die Unendlichkeit ausgestreckt.

---

[4]   Den Vorgänger N_{n-1} erhalten wir aus deren Nachfolger N_n, indem wir die Folge

$$N_n = N_{n-1} - (1 / N_{n-1})$$

für ein bekanntes N_n nach N_{n-1} auflösen. Dazu wird mit N_{n-1} multipliziert und dann die linke Seite der Geichung subtrahiert. Dies führt auf die Normalform der quadratischen Gleichung

$$0 = N_{n-1}^2 - N_n * N_{n-1} - 1$$

Deren Lösung ist

$N_{n-1} = (N_n^2 / 2) + \mathrm{Sqrt}((N_n^2 / 4) + 1)$ für positive und

$N_{n-1} = (N_n^2 / 2) - \mathrm{Sqrt}((N_n^2 / 4) + 1)$ für negative Werte von N_n.

Für $N_n = 1$ ergibt sich der Vorgänger N_{n-1} also

$1/2 + (\mathrm{Sqrt}((1/4) -1) = 0.5 + 0.5 *\mathrm{Sqrt}(5) = 1.618033989...$

Hier sehen wir eine fundamentale Eigenschaft des Chaos, anfänglich minimale Differenzen durch die Dynamik sukzessiv zu vergrößern, bis sie entscheidend für den Fortgang der Dynamik werden. Bei dieser Folge kommt noch die Eigenschaft hinzu, daß jedes Intervall, egal wie klein, egal wo auf der Zahlenachse befindlich, auch solche Zahlen enthalten muß, deren Nachfolger schließlich bei 0 enden. Obwohl also jede einzelne Operation definiert abläuft, genügen minimalste Abweichungen von unendlich genauer Präzision, um jede noch so kleine Störung anwachsen zu lassen und sie in beide Richtungen in die Unendlichkeit auszubreiten. In jedem beliebig kleinen Anfangsintervall sind Entwicklungslinien enthalten, die irgendwann einmal in die Nähe jedes anderen Gebiets im Zustandsraum führen. Eine solche unendlich feine Verwobenheit divergenter Entwicklungslinien ist eine grundlegende Eigenschaft chaotischer Systeme.

Die Funktionalität der Folge ist zweifelsfrei, sie enthält keinerlei Ungewißheiten. Jedoch, die Exaktheit wäre für reale Prozesse, die einem solchen Ablauf folgen sollten, in sofern fiktiv, als daß jede Abweichung von unendlicher Genauigkeit mit der Zeit zu einem unkalkulierbarem Ergebnis führt. Dies genau bedeutet *Chaos out of Order*: „Eigentlich" funktionale Zusammenhänge, sofern sie beliebig kleine Abweichungen mit der Zeit verstärken, generieren im Hinblick auf die endliche Genauigkeit mit der reale physikalische Prozesse ablaufen, aus sich heraus Unvorhersehbarkeit. Sofern wir Zustände nicht jederzeit absolut, d.h. unendlich genau angeben können, läßt sich die weitere Entwicklung nur noch über eine begrenzte Zeitspanne näherungsweise voraussagen.

Das Anwachsen von „Störungen" innerhalb eines Prozesses hat als erster Poincaré für die Gravitations-Wechselwirkung zwischen 3 Himmelskörpern analysiert (CRAMER 1989). Daher wird das Phänomen des Versagens einer funktionalen Beschreibung durch Selbstverstärkung von Störungen gelegentlich als 'Poincaré'sche Katastrophe' bezeichnet. Die hier skizzierte Folge ist ein besonders einfaches Beispiel einer solchen katastrophalen Dynamik. Sie beschreibt keinen realen Prozeß. Sie illustriert aber, daß chaotische Dynamik nicht erst in einer Sphäre besonders komplizierter Verhältnisse auftritt, sondern bereits mit den sozusagen allereinfachsten Mitteln gedanklich zu realisieren ist. Auch für die Ökologie können wir uns Abläufe vorstellen, die sich durch Modelle mit den oben skizzierten chaotischen Eigenschaften beschreiben lassen. Das unten diskutierte Beispiel einer Variante der Bäcker-Transformation wird dies weiter veranschaulichen. Sowohl anhand des von MAY (1974, 1976) analysierten Modells, das nicht überlappende Generationen einer dichteabhängig wachsenden Population näherungsweise beschreiben kann, als auch in kontinuierlichen Räuber-Beute Modellen (z.B. GILPIN 1979, SCHAFFER 1985) können wir uns ökologische Prozesse als Träger chaotischer Dynamiken vorstellen, in denen ein funktioneller Zusammenhang ein anwachsendes Ungewißheitspotential generiert.

Aber es „funktioniert" sozusagen auch der umgekehrte Fall und das ist vielleicht noch faszinierender. Unvorhersehbarkeit kann sich im Zusammenwirken mit funktionalen Aspekten als entscheidend für das Zustandekommen von Strukturen erweisen, die als Ganze durchaus ein geordnetes Aussehen besitzen und keineswegs einen amorphen Eindruck machen müssen. Ein solches Zusammenwirken soll an iterierten Funktionssystemen veranschaulicht werden.

2.2   Iterierte Funktionssysteme: der Zufall als Miterzeuger von Ordnung

Ein einfaches Beispiel hierzu sind lineare Abbildungen in der Ebene. PEITGEN et al. (1992) stellen diese als „Mehrfach- Verkleinerungs- Kopiermaschine" (MVKM) vor. Im Prinzip handelt es sich um iterativ ausgeführte Koordinatentransformationen (Drehungen, Verschiebungen, Spiegelungen), die mit einem beliebigen Punkt der Ebene beginnen. Nehmen wir als

Bedingung hinzu, daß es sich bei diesen Transformationen um *Kontraktionen* handeln soll, d.h. daß die Größe der Koordinaten bei wiederholter Anwendung der Transformationen beschränkt bleibt und nicht über alle Grenzen wächst. Dies allein verspricht noch nicht viel Aufregendes. Stellen wir uns eine begrenzte Menge solcher Transformationsvorschriften vor, zwischen denen eine Auswahl getroffen werden kann. Wird in einer regelmäßigen Weise zwischen den Transformationen gewechselt, wird das Ergebnis nicht sehr viel interessanter. Die Gesamtheit aller möglichen Anfangspunkte wird mit der Zeit auf eine bestimmte Menge von Endpunkten abgebildet. Jetzt nehmen wir eine Prise Ungewißheit hinzu, indem wir die Auswahl zwischen den zur Verfügung stehenden Transformationen zufällig treffen. Es mag intuitiv erscheinen, daß das Resultat ein unabsehbares Durcheinander ergibt. Dies gilt auch für die einzelnen Punktfolgen. Jedoch für die dabei durchlaufene *Gesamtheit aller erreichbaren Zustände* ergibt sich ein anderes Bild: Erstaunlicherweise läßt sich ein unüberschaubar vielfältiger Zoo verschiedenster hochgradig geordneter Strukturformen auf diese Weise erzeugen. Es können je nach Konstellation der Transformationen endliche oder unendliche Punktmengen als Attraktoren vorkommen, letztere können aus isolierten Punkten, linearen oder flächenfüllenden Strukturen bestehen. Flächengrenzen können glatt sein oder in unendlich feine Windungen gegliedert vorkommen. Es läßt sich eine geradezu unglaubliche Vielfalt selbstähnlicher Strukturformen modellieren, von denen viele Bezüge zu biologischen

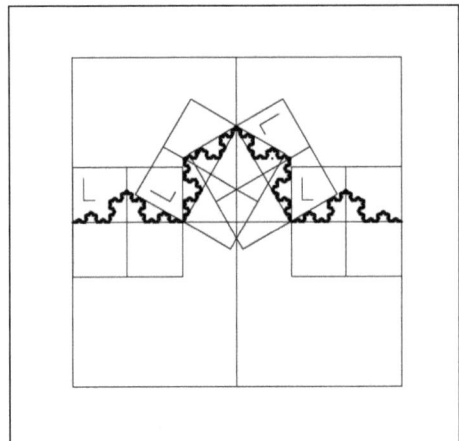 

Abb.1: Beispiel eines Iterierten Funktionssystems. Es wird folgende Iteration durchgeführt: Die Koordinaten des als Fenster dargestellten großen Quadrats werden auf die kleinen Quadrate abgebildet. Die Transformationen umfassen also Verkleinerungen, Verschiebungen und Drehungen. Von einem Iterationsschritt zum nächsten wird zufällig zwischen diesen 4 Transformationen ausgewählt. Als Resultat ergibt sich eine geordnete selbstähnliche Struktur. Bei der gewählten Konstellation ist dies die von Koch'sche Kurve.

Abb. 2: Mit Hilfe von iterierten Funktionssystemen lassen sich nicht nur abstrakte geometrische Objekte erzeugen sondern auch viele biologische Formen approximieren. Ähnlich wie in Abb. 1 werden hier vier Transformationen iteriert. Das Resultat ergibt eine Form, die eine Blattstruktur annähert.

Formen aufweisen. Dies basiert darauf, daß selbstähnliche Formbildungsprozesse auch im Rahmenvon organismischen Aktivitäten vorkommen. Abbildungen 1 und 2 zeigen Beispiele solcher Attraktoren.

Iterierte Funktionssysteme sind einfache Modelle. Für einige Fragen der Darstellung und Analyse der umweltbedingten Modifikation organismischer Formbildungsprozesse sind sie jedoch auch von praktischem ökologischem Interesse. Sie wurden bisher jedoch nur selten in diesem Zusammenhang benutzt. Iterierte Funktionssysteme zeigen, daß die Einbeziehung von Ungewißheit, hier in Form eines stochastischen Prozesses, auf aggregierter Ebene einen entscheidenden Anteil am Zustandekommen eines „geordneten" Gesamtzusammenhanges besitzen kann. Ordnung und „Durcheinander" wirken zusammen und je nachdem ob die Teilprozesse oder das Gesamtresultat im Mittelpunkt des Interesses steht, ist entweder der zufällige Ablauf der Einzeloperationen oder das geordnet erscheinende Ergebnis des Gesamtprozesses von Bedeutung.

2.3 Übergänge: Modifizierte Bäcker-Transformationen als einfaches Ökosystem-Modell

Im folgenden Beispiel nähern wir uns einem in stark vereinfachter Weise dargestellten ökosystemaren Prozeß. Wir zeigen an diesem Beispiel, wie ein Prozeß je nach Wahl der Parameter eine Kaskade unterschiedlicher dynamischer Charakteristiken aufweisen kann, in der sowohl Konstellationen auftreten, die sich stabil verhalten und bei denen kleinere Störungen gedämpft werden, als auch solche Konstellationen, in denen eine Dämpfung nicht erfolgt.

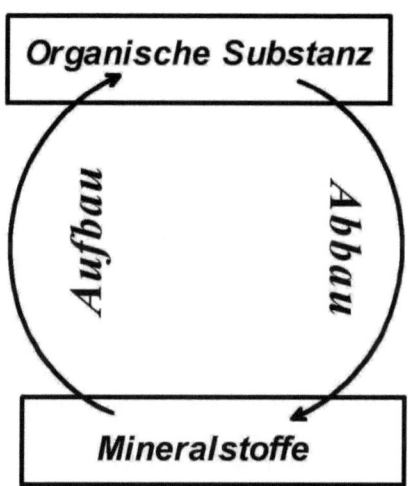

Abb. 3: Eine grundlegende Ökosystemfunktion ist die Kopplung des Aufbaus und Abbaus organischer Substanz durch die Organismen. Je nachdem welche Funktion wir für diese Prozesse einsetzen, ergeben sich unterschiedliche Dynamiken. In der ökologischen Modellbildung wird häufig mit stark vereinfachten Zusammenhängen begonnen, die im Laufe der Entwicklung dann verfeinert werden.

Als ein grundlegendes Merkmal von Ökosystemen gilt das Zusammenwirken zweier entgegengesetzt gerichteter Prozesse, der Aufbau und der Abbau organischer Substanz durch die Organismen des Systems. Die Synthese organischer Substanz aus anorganischen Komponenten mit Hilfe von Lichtenergie oder chemischer Energie leisten Pflanzen bzw. einige Bakterien (Photosynthese bzw. Chemosynthese). Andere Organismen (Tiere, Bakterien, Pilze) hingegen bauen organische Substanz ab. Aufbau und Abbau sind qualitativ verschiedene Prozesse, die unterschiedlicher Regulation und unterschiedlicher Kinetik folgen (Abb. 3). Sie stehen miteinander in Wechselbeziehung, da Aufbau und Abbau sich gegenseitig zur Voraussetzung haben. Der Abbau degradiert die vorhandene Biomasse und setzt abiotische Komponenten frei, deren Verfügbarkeit eine Bedingung des erneuten Aufbaus ist. Wenn wir eine fundamentale Vereinfachung erlauben wollen, können wir ein schrittweise gekoppeltes Schema nach der Art der oben skizzierten Folgen verwenden.

Eine sehr weitgehende Vereinfachung ist die folgende: Im Rahmen der Aufbaufunktion wird die gegebene Biomasse von Schritt zu Schritt um einen bestimmten Prozentsatz zuzüglich einer Konstante erhöht. Würde der Abbau den Zuwachs jeweils rückgängig machen, erhielten wir ein triviales Gleichgewicht. Wir nehmen jedoch an, der Abbau erfolge unabhängig und würde nur dann stattfinden, wenn die akkumulierte Biomasse einen bestimmten Grenzbetrag überschreitet. Dann soll die Abbaufunktion die Biomasse um einen als konstant angenommenen Betrag reduzieren. Eine solche Festlegung ist für Ökosysteme nicht realistisch. Sie ist aber ein Ausgangspunkt um eine Kopplung zweier verschiedener Prozesse darzustellen, die für ökologische Zwecke dann ausgebaut und komplexer spezifiziert werden kann. Hier ist also ein schrittweiser exponentieller Wachstumsprozeß mit einem schrittweisen konstanten Abbauprozeß gekoppelt. Eine Formulierung dieses Zusammenhanges ist die Folge

Aufbau: $\quad N_{XX} = N_n *$ Aufbaufaktor + Konstante

Abbau: $\quad$ If $N_{XX} >$ Grenzwert then $\quad N_{n+1} = N_{XX} -$ Abbaubetrag

$\quad\quad\quad$ else $\quad N_{n+1} = N_{XX}$

mit N_n als Eingabewert, N_{XX} als Zwischenwert und N_{n+1} als Ergebnis einer Iteration -

oder in ein Zahlenbeispiel umgesetzt:

Anfangswert: $\quad N_0 = 0.1$

Aufbau: $\quad N_{XX} = N_n * 1.3 + 0.3$

Abbau: $\quad$ If $N_{XX} > 1.0$ then $\quad N_{n+1} = N_{XX} - 0.8$

$\quad\quad\quad$ else $\quad N_{n+1} = N_{XX}$

Ähnlich der im ersten Beispiel angegebenen Folge finden wir auch hier, daß jede Zahl, jeder Zustand einen definierten Nachfolger hat. Anders als im Beispiel 2.1 bleibt die Folge auf ein bestimmtes Gebiet (im gegebenen Zahlenbeispiel unterhalb von 1.6) beschränkt, sofern wir mit hinreichend kleinen Startwerten (N_0) beginnen. Es erfolgt so lange ein schrittweises Wachstum, bis der Grenzwert überschritten wird, der den Abbau aktiviert. Innerhalb des als Attraktor wirkenden Gebietes jedoch herrscht „Ungewißheit". Abhängig von der Wahl der Größe des Aufbaufaktors gibt es Konstellationen, in denen sich wiederholende Zustände mit unterschiedlicher Periodenlänge auftreten, wobei auch chaotische Dynamiken vorkommen. Beginnen wir die Iteration mit zu großen Zahlen, kann ein einzelner Abbauschritt das Gleichgewicht nicht herstellen, der Zuwachs wäre größer. Eine solche Dynamik besäße zwei zu unterscheidende Bereiche, einen, in dem die sie auf ein begrenztes Gebiet beschränkt bleibt und einen, in dem unbegrenztes Wachstum stattfindet. Eine solche Wachstumsexplosion ließe sich im Modell vermeiden, indem Abbauschritte so lange sukzessiv ausgeführt würden, bis die Grenzbedingung wieder unterschritten ist.

Betrachten wir auch hier die Entwicklung eines Intervalls statt einer einzelnen Zahl, so sehen wir hier ebenfalls einen Prozeß der Expansion ursprünglich kleiner Differenzen. Sofern die den Abbau in Gang setzende Grenzbedingung innerhalb des iterierten Intervalls zu liegen kommt (was wegen der auch hier zu beobachtenden Spreizung des Intervalls durch den Wachstumsprozess unausweichlich ist), wird das Intervall „zerschnitten": Der den Grenzwert überschreitende Teil wird um den Abbaubetrag reduziert, der andere Teil hingegen erst im folgenden Schritt. Die nun fragmentierten Teile des Intervalls setzen bei weiterer Iteration den Spreizungsprozeß fort und es kommen sukzessiv neue Fragmente hinzu. Schließlich kann *jeder Teil des möglichen Zustandsraumes* von jedem beliebig kleinen Anfangsintervall ausgehend näherungsweise erreicht werden. Ein vergleichbares Modell haben PRIGOGINE und STENGERS 1984 unter der Bezeichnung „Bäcker-Transformation" diskutiert. Abbildung 4 zeigt, daß bei einer systematischen Veränderung des beteiligten Wachstumsparameters eine Fülle unterschiedlich strukturierter Zustandsfolgen resultieren, die sowohl Chaos als auch stabile bzw. periodische Zustandsfolgen einschließen.

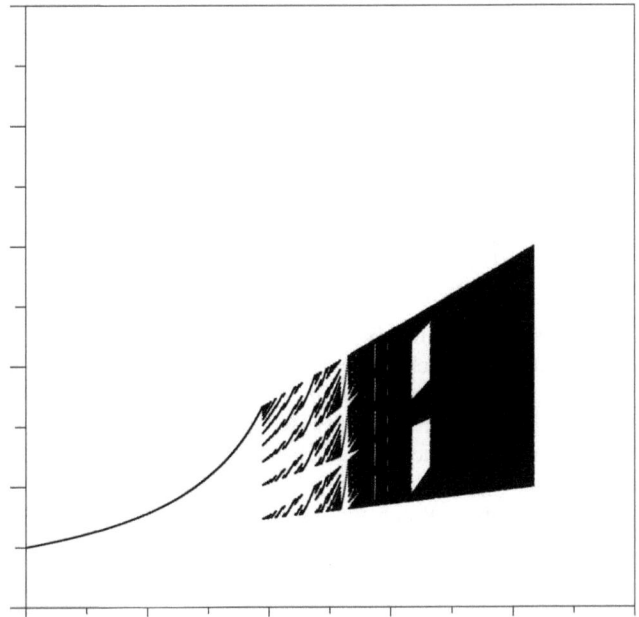

Abb. 4: Als einfaches Modell der Kopplung eines Auf- und Abbauprozesses wird folgendes Funktionssystem iteriert, wobei für ein Nn über die Zwischengröße Nxx die Folgegröße Nn+1 ermittelt wird:
Aufbau: Nxx = r * Nn + 0.3
Abbau: If Nxx > 1 then   Nn+1 = Nxx - 0.8   Else   Nn+1 = Nxx
(Bei jedem Durchgang findet ein Aufbauschritt statt, ein Abbauschritt erfolgt fakultativ bei Überschreitung von 1)
Anfangswert ist N0 = 0.5; entlang der Y-Achse werden die Werte für 500 Iterationen aufgetragen, nachdem zuvor 2000 Iterationen zur Einstellung eines stationären Zustandes verworfen wurden. Entlang der X-Achse wird der Wachstumsparameter r variiert. Skalierung Y-Achse: 0.0... 3.0. Skalierung X-Achse: 0.0 ... 1.8. Bei kleinem Wachstumsparameter ergibt sich ein stabiler stationärer Zustand auf den sich das System einstellt. Bei sukzessiver Vergrößerung von r verhält sich das System in einigen Bereichen periodisch, wobei die Periodenlänge mehrfach wechselt. In dem schwarz ausgefüllten Bereich schließlich finden wir eine chaotische Dynamik. Diese weist eine charakteristische „Fensterstruktur" auf. Der schwarz ausgefüllte Bereich kommt dadurch zustande, daß mit der Zeit praktisch alle Werte eines bestimmten Größenbereichs durchlaufen werden. Für r >1.5 wird die Dynamik instabil. y strebt dann gegen Unendlich.

Die Verwendung dieses Zusammenhangs als Ausgangspunkt für eine Darstellung des Auf- und Abbaus von Biomasse in Ökosystemen folgt einem ähnlichen Vorgehen wie die Entwicklung des Lotka-Volterra Modells für die Interaktion einer isolierten Räuber-Beute Beziehung. Auch dort sind die Einzelaspekte summarisch beschrieben und im Grad der vorgenommenen Vereinfachung biologisch unrealistisch. Die Grundform erlaubt jedoch Erweiterungen, mit denen Annäherungen an unterschiedliche Situationen möglich sind. Die Vielfalt möglicher Dynamiken kann so untersucht werden (BRECKLING 1985). Dies gilt auch für das oben skizzierte Elementarmodell eines ökosystemaren „Anabolismus" und „Katabolismus". Auf- und Abbauprozesse können modifiziert, differenziert und verfeinert werden. Bereits für die relativ einfachsten Modellstrukturen zeigt sich, daß eine große Fülle möglicher Dynamiken mühelos und auf einfache Weise zu realisieren ist.

2.4 Diffusionsbegrenztes Wachstum - globale Strukturen aus lokalen Regeln

Ein abschließendes Beispiel soll einen weiteren Interaktionstyp vorstellen, bei dem Zufallsprozesse am Zustandekommen von Strukturbildungen maßgeblich beteiligt sind. Im Unterschied zum Beispiel in 2.2 (Iterierte Funktionssysteme), deren Struktur auf makroskopischer Ebene vollständig geordnet aussehen kann, ergibt sich hier die Situation, daß bei der Kumulation von Zufallsereignissen die Folgewirkungen entweder in Verstärkungen oder Abschwächungen bestehen können, so daß makroskopisch eine Form von Gleichförmigkeit entsteht, in der stellenweise der zufällige Charakter sichtbar bleibt und so Zufall und Notwendigkeit als gemeinsame Formbildner in Erscheinung treten.

Die Wechselwirkung, die als Diffusionsbegrenztes Wachstum bezeichnet wird, ist mathematisch über partielle Differentialgleichungen recht schwierig zugänglich, begrifflich jedoch leicht erfaßbar und als gitterbasiertes Modell auch anschaulich darstellbar (TOFFOLI & MARGOLUS 1989). Sie ist von grundlegender Bedeutung für viele strukturbildende Prozesse in ökologischen Systemen. Das Wachstum vieler koloniebildender Bakterien, Durchwurzelungsprozesse im Boden sowie die Ausbildung von Wasserscheiden sind Beispiele, für deren Modellierung diffusionsbegrenztes Wachstum eine Rolle spielt.

Ein entsprechendes Modell läßt sich folgendermaßen formulieren. Auf einem Gitter können sich „Nahrungspartikel" in zufälliger Weise verbreiten, wobei sie in unregelmäßiger Weise auf eine der benachbarten Zellen übergehen. Diese Zufallswanderung wird so lange fortgesetzt, bis sie in die direkt angrenzende Nachbarschaft einer Zelle gelangen, die der wachsende „Organismus" bereits erreicht hat. Mit einer gewissen Wahrscheinlichkeit endet dann die Diffusion des mobilen Partikels und die entsprechende Zelle wird dem Organismus als bewachsen eingegliedert. Auf diese Weise entstehen baumartig verzweigte Gebilde. An den Spitzen, dort wo der Organismus am weitesten in das umgebende Medium hineinragt, erfolgt das Wachstum am schnellsten. Obwohl aus Zufallsprozessen zusammengesetzt, erscheint die sich entwickelnde Struktur insgesamt geordnet und selbstähnlich (Abb. 5). Diese Art von des Wachstums ist ein Teilaspekt vieler physikalischer und biologischer Formbildungsprozesse auf ganz unterschiedlichen Skalen.

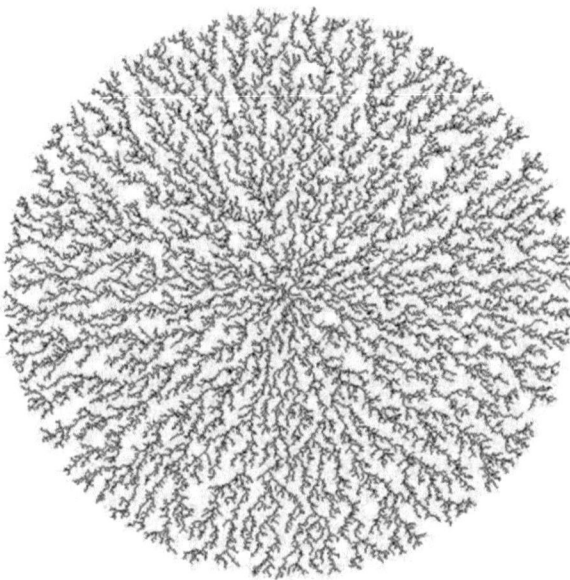

Abb. 5: Diffusionsbegrenztes Wachstum läßt sich auf einem Gitter modellieren, in das „Nahrungspartikel" vom Rand her auf einer Zufallsbahn hineindiffundieren. Sofern sie auf ihrem Weg in die unmittelbare Nachbarschaft einer bereits fixierten Zelle gelangen, werden sie dort mit einer bestimmten Wahrscheinlichkeit festgelegt. Auf diese Weise entstehen baumartige Strukturen mit selbstähnlichen Eigenschaften wie sie bei verschiedenen physikalischen und biologischen Wachstumsprozessen eine Rolle spielen. Die Simulation beginnt mit einer „fixierten" Zelle in der Mitte. Die sich ausbildende Kreisform und das Verzweigungsmuster entsteht auf diese Weise selbstorganisiert.

3 Zusammenfassende Diskussion: Die Einheit von Funktionalität und Ungewißheit in ökologischen Interaktionen

Die zusammengestellten Beispiele wurden ausgewählt, um auf leicht nachvollziehbare Weise zu veranschaulichen, daß bereits in einfachen Modellbeziehungen eine nichttriviale Durchdringung von funktionalen und funktional nicht zugänglichen Aspekten realisiert werden kann. Eine cartesianische Spaltung, die Funktionalität und Ungewißheit vollständig getrennten Polen zuordnet und die versucht, Wirklichkeit in Begriffen eines Entweder-Oder zu interpretieren, sollte für viele ökologische Zwecke als nicht weitreichend genug angesehen werden. Vorhersehbares und Unvorhersehbares durchdringen einander, Funktionalität und Ungewißheit können ineinander übergehen je nach Betrachtungszusammenhang und Betrachtungsebene (EKSCHMITT et al. 1996). Bereits an einfachen konzeptionellen Modellen können wir nachvollziehen, daß ökologische Interaktionen nicht erschöpfend als funktionelle Mechanik interpretierbar sind. Gestützt auf theoretische Überlegungen können wir daher eine Reihe zunächst gegensinnig erscheinender Schlußfolgerungen für den Umgang mit ökologischen Prozessen ziehen, die auf diesem Ineinandergreifen basieren:

- Prozeßerkenntnis und Prozeßsteuerung lassen sich häufig nicht funktional reduzieren. Entsprechende Eingriffe selbst können neue, zusätzliche und unerwartete Unsicherheiten generieren und als Systemantwort nach sich ziehen. Dies spricht dafür, die zu erwartenden „Antworträume" als möglichst groß anzunehmen, wenn das ökologische Systemverhalten schwer zugängliche oder partiell unbekannte Komponenten enthält.

- Die Operationalisierung eines Systems und seine Handhabung in hinreichend verläßlichem funktionalen Rahmen muß keineswegs darauf abzielen, Ungewißheiten möglichst weitgehend zu eliminieren oder als Störgrößen zu betrachten. Bei geeignetem Systemdesign läßt sich Ungewißheit in einigem Umfang funktional integrieren. Oft ist die Ausprägung ökologischer Systemeigenschaften nicht nur mit einem gewissen Ungewißheitsregime vereinbar, sondern sogar von dessen Wirksamkeit abhängig. So kann die Zufälligkeit von Teilprozessen die Vorhersagbarkeit des Gesamtprozesses bedingen.

- Interaktionen, die ein Spektrum unterschiedlicher Integrationsebenen bzw. Komplexitätsebenen aufrecht erhalten oder über eine größere Skalenbreite hinweg zusammenwirken, wie in den Beispielen gezeigt, sind häufig das Resultat eines Zusammenhangs, in dem Bekanntes und Unbekanntes, Steuerbares und Selbststeuerndes sowie Gewißheit und Ungewißheit zusammenkommen. Für diese Prozesse ist es charakteristisch, daß sie sich nicht einfach in antithetische, mechanisch zerlegbare Aspekte zergliedern lassen.

- Ob ein ökologischer Zusammenhang stärker funktional vorhersagbar oder als stochastisches Unikat interpretiert werden kann, hängt nicht zuletzt von der betrachteten Skala, vom Zeithorizont, von der Integrationsebene oder den Beobachtungsmöglichkeiten und dem entsprechend gewählten Modellansatz ab. Die Frage, wie ökologische Systeme *in Wirklichkeit* beschaffen sind, sollten wir daher offenlassen.

Eine Maschine ist als materielle Nachkonstruktion funktioneller Vorstellungen entwickelt und daher mechanischer Begrifflichkeit und Interpretation weitgehend zugänglich. Ihre Konstruktion leitet sich von einer gegebenen Zwecksetzung ab, ihre Struktur ist also teleologisch abgeleitet. Ökologische Prozesse hingegen beinhalten Selbstorganisationsdynamiken. Sie realisieren keine vorgegebenen Zwecksetzungen (MÜLLER et al. 1997). Innerhalb der Begrenzungen des physikochemisch Möglichen existiert ein weiter Bereich des ökologisch Möglichen (EKSCHMITT et al. 1996). In ihrer Gesamtheit ist die belebte Natur also weder als deterministischer Ablauf funktional vorstellbar noch ist sie durchgängig unberechenbar handelnde Instanz. Ihre Unvorhersehbarkeit ist ebenso vorhersehbar wie ihre Vorhersehbarkeit überraschen kann. In diesem Sinne dient die Entwicklung und Anwendung von Modellen nicht nur dem Versuch von begrenzt brauchbaren Prognosen sondern auch der Erläuterung ihrer eigenen Grenzen. Modelle lassen sich erkenntnistheoretisch zur Demontierung mechanistischer Naturinterpretation einsetzen und zur Aufdeckung vieler in intuitiven Vorstellungen über ökologische Prozesse enthaltenen sonst unzugänglichen Implikationen. Sie erlauben deren Konsistenzprüfung und im günstigen Fall die Herstellung von Verknüpfungen verschiedener Integrationsebenen und Bezugssysteme. Als gedankliche Hilfsmittel zeigen sie aber keineswegs wie die Natur wirklich ist sondern allenfalls wie wir zu ihr stehen.

Für Mototsugu Harada

Literatur

BRECKLING, B. 1990: Singularität und Reproduzierbarkeit in der Modellierung ökologischer Systeme. Dissertation Universität Bremen.

BRECKLING, B. 1985: Die Veränderbarkeit der dynamischen Verhaltensqualität des Lotka-Volterra Modells durch Einführung nichtlinearer Ergänzungen - theoretische Konsequenzen. Verhandlungen der Gesellschaft für Ökologie (Bremen 1983) 13: 295 – 304.

BRECKING, B. & M. SCHOEN 1984: Modellierung, Simulation und Realisierung eines Laborökosystems - eine Untersuchung zum Verhältnis von Modell und ökologischer Realität. Diplomarbeit am Fachbereich 2 (Biologie/ Chemie) der Universität Bremen.

CRAMER, F. 1989: Chaos und Ordnung - die komplexe Struktur des Lebendigen. DVA, Stuttgart.

EKSCHMITT, K., BRECKLING, B. & K. MATHES 1996: Unsicherheit und Ungewißheit bei der Erfassung und Prognose von Ökosystementwicklungen. Verhandlungen der Gesellschaft für Ökologie 26: 495 – 500.

GILPIN, M.E. 1979: Spiral chaos in a predator prey model. American Naturalist 113: 306 – 308.

GLEICK, J. 1987: Chaos: Making a new science. Viking, New York.

GLANSDORFF, P. & I. PRIGOGINE 1971: Thermodynamic theory of structure, stability and fluctuations. Wiley, London.

GLOY, K. 1995: Das Verständnis der Natur. Erster Band: Die Geschichte wissenschaftlichen Denkens. C.H. Beck, München.

HOFFMANN, E., WILPERT, P. & K. BORMAN (eds.) 1980: Nikolaus von Kues - Die mathematischen Schriften. Übersetzt von Josepha Hoffmann. Felix Meiner, Hamburg.

MAY, R.M. 1974: Biological populations with non-overlapping generations: Stable points, stable cycles, and chaos. Science 186: 645 – 647.

MAY, R.M. 1976: Simple mathematical models with very complicated dynamics. Nature 261: 459 – 467.

MÜLLER, F., BRECKLING, B., BREDEMEIER, M., GRIMM, V., MALCHOW, H., NIELSEN, S.N., & R.W. REICHE 1997: Ökosystemare Selbstorganisation (19 S.). Handbuch der Umweltwissenschaften III-2.4. Ecomed Verlagsgesellschaft, Landsberg.

PEITGEN, H.O., JÜRGENS, H. & D. SAUPE 1992: Bausteine des Chaos Fraktale. Springer, Klett Cotta, Berlin, Stuttgart.

PRIGOGINE, I & I. STENGERS 1981: Dialog mit der Natur. R. Piper, München.

SCHAFFER, W.M. 1985: Order and chaos in ecological systems. Ecology 66: 93 – 106.

TOFFOLI, T. & N. MARGOLUS 1989: Cellular automata machines - a new environment for modelling. MIT Press, Cambridge (Mass.).

Zur Unterscheidung zwischen verschiedenen Arten von Unsicherheit bei der Bewertung von Landschaftseingriffen

Jochen Jaeger

Akademie für Technikfolgenabschätzung, Industriestr. 5, D-70565 Stuttgart,
e-mail: jochen.jaeger@ta-akademie.de

Abstract

Contemporary effect-oriented methods of ecological risk assessment suffer from several fundamental obstacles (*"Tantalus problems"*) that seem to be characteristic of the structure of environmental research in general. As a consequence, coping with uncertainties of different categories is one of the main questions in assessing and evaluating environmental interventions. Which concepts of risk or uncertainty are used in dealing with this difficulty in practice? In order to answer this question, I have conducted a series of qualitative interviews with experts from traffic engineering, nature conservation, and landscape planning about environmental interventions contributing to landscape fragmentation. The analysis of the interviews leads to six distinct approaches of coping with uncertainties in practice. Each approach combines elements of a rigid *precautionary principle* ("avoid uncertain, but potentially destructive, outcomes") with elements of a – likewise rigid – *proof-first principle* ("avoid unnecessary opportunity costs of prophylactic measures") in a specific way. The results of the interviews reveal a significant gap within the spectrum of notions of risk and uncertainty between "appreciable risks" and "complete ignorance". This gap contains, for example, cumulative impacts or effects on metapopulation dynamics. Several interviewees, however, depreciate these effects as "speculations" and, consequently, as "irrelevant" for environmental decisionmaking. Others assess them as noteworthy and think that they should be considered in the decisionmaking process (but report that, normally, they are disregarded).

These findings demonstrate the need for a careful and solid distinction between different types of uncertainty. Furthermore, the effect-oriented methods of risk assessment have to be complemented by a concept of environmental threat that is based on the quality of the interventions and on the conditions for future damages rather than on the potential effects. Eventually, this paper introduces the distinction of the notions "risk factor" and "threat factor".

Keywords: *risk, uncertainty, indeterminacy, threat factor, Tantalus problems, expert interviews*

Schlüsselwörter: *Risiko, Ungewißheit, Unbestimmtheit, Gefährdungsfaktor, Tantalusprobleme, Expertenbefragung*

1 Einleitung und Überblick

Entscheidungen über künftige Umwelteingriffe müssen in der Regel getroffen werden, ohne daß die Eingriffsfolgen vollständig bekannt sind: Sie sind Entscheidungen unter Unsicherheit. Von solchen Unsicherheiten sind alle Ebenen – von der Raumplanung bis hin zur Beurteilung von Einzeleingriffen – betroffen. Die Ökologie ist seitens der Wissenschaft die wichtigste Kooperationspartnerin der Planenden, um die Entscheidungs- und Planungsgrundlagen zu erstellen. Daher stellt sich für die Ökologie nicht nur die Aufgabe, die Ursachen von Umweltveränderungen zu analysieren und die Umweltfolgen von geplanten Eingriffen – soweit möglich – zu prognostizieren, sondern auch, die verbleibenden Unsicherheiten abzuschätzen und neue, verbesserte tragfähige Kriterien und Indikatoren für die Umweltverträglichkeit von Eingriffen zu entwickeln und zu begründen. Diese Aufgabe beinhaltet die Fragen, welche Kriterien und Indikatoren angesichts von kaum prognostizierbaren Folgewirkungen zur Bewertung geeignet sind, ob sie den intendierten Aussagebereich erwartungsgemäß abdecken (auch hinsichtlich der Zielnormen) und wie die dafür benötigten Daten gewonnen werden können.

Der vorliegende Beitrag befaßt sich mit der empirischen Fragestellung, welche Unsicherheitssituationen in der Praxis der Abwägung über landschaftszerschneidende Eingriffe unterschieden werden und welche Strategien des Umgangs mit Unsicherheit angewendet werden. Hierzu habe ich eine Reihe von qualitativen Interviews durchgeführt, deren Ergebnisse die Grundlage dieses Beitrags bilden. Zunächst fasse ich die Kritikpunkte an der Wirkungsorientierung des Risikobegriffs zu sechs „Tantalusproblemen" zusammen und gehe auf die Unterschiede zwischen Risiko und Ungewißheit ein (Abschnitt 2). Die empirischen Ergebnisse der Interviews stelle ich in den Abschnitten 3 und 4 vor. Die Diskussion der „Tantalusprobleme" und der Interviewergebnisse zeigt die Notwendigkeit, zwischen verschiedenen Arten von Unsicherheit zu unterscheiden und jeweils passende Konzepte für den Umgang mit ihnen anzuwenden. Hierzu zählt insbesondere das Konzept der Umweltgefährdung (Abschnitt 5). Abschließend schlage ich eine Unterscheidung der Begriffe „Riskofaktor" und „Gefährdungsfaktor" vor.

2 Die Anforderungen des Risikobegriffs sind nur partiell erfüllbar

2.1 Grundsätzliche Hindernisse bei der Wirkungsanalyse: die „Tantalusprobleme"

Mehrere grundlegende Schwierigkeiten behindern die Erstellung von Wirkungsanalysen und stellen die tiefere Ursache für verbleibende Unsicherheiten in der Prognose von Eingriffsfolgen dar. Ich nenne sie „Tantalusprobleme" (Tab. 1). Die Bezeichnung soll darauf hindeuten, daß sich diese Probleme einem direkten und endgültigen Lösungszugriff stets entziehen – wie sich das Wasser und die Früchte dem Tantalus entziehen, wenn er seine Hand nach ihnen ausstreckt. Sie können geradezu als kennzeichnend für die Struktur umweltwissenschaftlicher Fragestellungen gelten. Die „Tantalusprobleme" müssen immer wieder neu im jeweiligen Forschungszusammenhang bearbeitet und bewältigt (oder umgangen) werden. Die Vorstellung, diese Probleme – ausgehend von ihrer Bewältigung in konkreten Einzelfällen – in allgemeiner Form zu erfassen und eine generelle Methode zu ihrer Lösung zu entwickeln, bleibt eine Illusion. Beispielsweise kann man untersuchen, wie einzelne Stoffe in einem bestimmten Boden einsickern, für andere Stoffe und andere Böden (mit anderer Schichtung) kommen jedoch immer wieder andere Größen ins Spiel. Eine allgemein gültige Theorie mit wenigen Parametern, die alle Böden und alle Stoffe beschreiben, bleibt letztlich unerreichbar (vgl. hierzu FLURY et al. 1994 und FLURY 1996; für den Hinweis auf dieses Beispiel danke ich Holger Hoffmann-Riem, Zürich).

Ein weiteres Beispiel, welches die Auswirkung der „Tantalusprobleme" illustriert, ist die Diskussion um den Stabilitätsbegriff in der Ökologie (vgl. z.B. GRIMM 1994, GRIMM et al. 1992). Das Sukzessionsproblem, das Abgrenzbarkeitsproblem und die Überkomplexität von Ökosystemen verhindern eine allgemeine Lösung der Frage, welche Größen und Zusammenhänge für die Stabilität und Belastbarkeit eines Ökosystems verantwortlich sind. Diese Frage muß immer wieder neu für den einzelnen Fall bearbeitet werden. Dabei muß auch eine Antwort auf das Abgrenzbarkeitsproblem gegeben werden, denn ohne gewisse Grenzziehungen wäre eine Unterscheidung von inneren Wirkmechanismen und äußeren (Stör-)Einflüssen kaum möglich, und viele wesentliche Begriffe – wie Stabilität, Elastizität und Resilienz – ließen sich nicht anwenden. Es kann daher letztlich nicht darum gehen, die „Tantalusprobleme" grundlegend zu *lösen*, sondern nur darum, einen angemessenen Umgang mit ihnen zu finden. (Wesentliche Aspekte der „Tantalusprobleme" diskutiert GORKE 1999: 27ff im Kapitel „Prinzipielle Grenzen der Ökologie" unter den Stichworten „Komplexität", „Nichtlinearität", „Abgrenzung", „Störung und Meßwertverfälschung", „Einzigartigkeit und Verallgemeinerung" sowie „Qualität und Quantität".)

Tab. 1: Probleme in der Ökologie, welche die Durchführung von Wirkungsanalysen für Umwelteingriffe erheblich erschweren können: „Tantalusprobleme" (aus JAEGER 1998).

Bezeichnung	*Kurzbeschreibung / Kennzeichen*	*Beispiel*
Überkomplexität von Ökosystemen	Unmöglichkeit einer vollständigen Erfassung der Wirkmechanismen in Ökosystemen (und ihrer möglichen Reaktionen auf Einwirkungen) durch eine endliche Zahl von Größen	Waldökosysteme und ihre Reaktionen auf Stoffeinträge
Abgrenzbarkeitsproblem	Da sich Ökosysteme nicht wie Organismen selbst von ihrer Umgebung abgrenzen, ist nicht klar, wie sie räumlich, zeitlich und funktional abzugrenzen sind.	Unterteilung einer Landschaft in eine Vielzahl einzelner Ökosysteme
Zeitmaßproblem (Problem der langen Reaktionszeiten)	Die Akkumulations-, Latenz- und Reaktionszeiten von Ökosystemen sind sehr lang, so daß sich Wirkungen nacheinander erfolgter Eingriffe überlagern und zudem in zeitlich eng befristeten Studien nicht erfaßt werden können.	Reaktion von Wäldern auf höhere Durchschnittstemperaturen und höhere CO_2-Konzentration, Akkumulation von Stoffen in Böden, Bodenneubildung
Zurichtbarkeitsproblem	Unmöglichkeit einer (auf Reproduzierbarkeit abzielenden) experimentellen Zurichtung und Beherrschung von Ökosystemen	Experimente mit der Evolution von Arten, Klimaexperimente
Sukzessionsproblem	Da sich viele Ökosysteme ständig dynamisch weiterentwickeln, besteht eine Vielzahl zukünftiger Möglichkeiten. Gleichgewichtsvorstellungen haben deshalb nur für kurze Zeiträume Gültigkeit, und es können keine längeren Relaxationszeiten für äußere Eingriffe bestimmt werden. Ein Vergleich damit, welche Dynamik sich ohne den Eingriff ergeben hätte, ist meist nicht möglich.	Erfolg von Ausgleichsmaßnahmen, Entwicklung von Bergbaufolgelandschaften
Wahrnehmbarkeitsproblem	Unmöglichkeit einer direkten sinnlichen Wahrnehmung von Umweltveränderungen (z.B. bei sinnlich nicht feststellbaren Stoffeinträgen oder bei schleichenden Umweltveränderungen)	Stickstoffdepositionen, Hormone im Wasser, Artenrückgang, Radioaktivität, elektromagnetische Felder

Das wohl gravierendste „Tantalusproblem" ist die *Überkomplexität* von Ökosystemen (BERG & SCHERINGER 1994, SCHERINGER 1999: 28ff): Es ist im allgemeinen nicht möglich, Ökosysteme in der Komplexität ihrer Wirkmechanismen durch eine endliche Zahl von Beschreibungsgrößen vollständig zu erfassen. Dies gilt insbesondere für die verschiedenen Reaktionsmöglichkeiten von Ökosystemen auf die Vielzahl potenzieller Einwirkungen, z.B. der mehr als 100 000 chemischen Stoffe, die weltweit im Handel sind (vgl. z.B. KLASCHKA et al. 1997), und ihrer Kombinationen. Stets besteht die Gefahr, daß eine Größe außer acht gelassen wurde, welche für das Reaktionsverhalten des Systems auf eine neue Substanz relevant ist. (BERG & SCHERINGER 1994 verstehen das Abgrenzbarkeitsproblem als Teil des Überkomplexitätsproblems. Sie untersuchen außerdem das Problem der *normativen Unbestimmtheit* von Umweltveränderungen als Ursache von Bewertungsschwierigkeiten.) Gleichzeitig führt die Ausdifferenzierung und „Überspezialisierung" der Wissenschaft zu einer unüberschaubaren Zahl konditionaler, zusammenhangloser Detailergebnisse und dadurch zu einer „Überkomplexität des Hypothesenwissens" (BECK 1986: 256). Von einer solchen eng spezialisierten und fragmentierten Wissenschaft kann demnach ebenfalls kaum eine Antwort auf die Frage nach den relevanten Zusammenhängen für das Reaktionsverhalten des gesamten betrachteten Systems erwartet werden.

2.2 Unterscheidung von Risiko und Ungewißheit

Die „Tantalusprobleme" und die daraus resultierenden Prognoseschwierigkeiten haben zur Konsequenz, daß eine Bewertung von geplanten Umwelteingriffen aufgrund der Art und Stärke der möglichen Folgewirkungen oftmals nicht erfolgreich durchführbar ist: In der Regel bestehen signifikante Wissenslücken darüber, *welche Folgewirkungen* möglich sind und *mit welchen Wahrscheinlichkeiten* mögliche Folgen eintreten werden. Der etablierte – wirkungsorientierte – Risikobegriff setzt jedoch genau dieses Wissen voraus. Daher ist der Begriff des Risikos für viele Entscheidungs- und Beurteilungssituationen in den Umweltwissenschaften nicht adäquat (JAEGER 2000a), und es stellt sich die Frage, durch welchen *anderen* Unsicherheitsbegriff diese Situationen angemessen beschrieben werden können.

In der allgemeinsten Bedeutung bezeichnet „Risiko" die Möglichkeit zukünftiger Schadensereignisse. Gelegentlich umfaßt die Definition auch positive Folgen, so z.B. bei O. RENN (1981: 62): „Risiko ist die Wahrscheinlichkeit von negativen oder positiven Konsequenzen, die sich aus der Realisation eines Ereignisses oder einer Handlung ergeben können." In verschiedenen Disziplinen werden zum Teil unterschiedliche Schwerpunkte in der Betrachtung von Risiken gesetzt oder sogar unterschiedliche Risikobegriffe verwendet (vgl. z.B. die Übersicht bei RENN 1992). In der Entscheidungstheorie ist es üblich, eine Situation nur dann als „Risiko" zu bezeichnen, wenn die möglichen negativ oder positiv bewerteten Folgen von Handlungsoptionen und die Wahrscheinlichkeiten ihres Eintretens bekannt oder zumindest abschätzbar sind. Hiervon unterscheidet sich die Situation der *Ungewißheit* (uncertainty), in der keine oder nur unzureichende Angaben über die potenziellen Schäden oder ihre Eintrittswahrscheinlichkeiten verfügbar sind (Tab. 2). Diese Unterscheidung gilt als grundlegend für die Entscheidungstheorie (HARGREAVES HEAP et al. 1992: 349f), sie wird bereits bei J.M. KEYNES (1921) und F. KNIGHT (1921) hervorgehoben. Innerhalb von Ungewißheit kann weiter differenziert werden zwischen *Unsicherheit im engeren Sinne* (d.h. wenn nur die möglichen Schadenshöhen bekannt sind) und *Unbestimmtheit* (d.h. wenn nicht einmal über den Umfang der potenziellen Schäden ausreichende Angaben vorliegen). Zwischen Unsicherheit i.e.S. und Risiko besteht ein kontinuierlicher Übergang in Abhängigkeit von der Größe der Intervalle, wie genau die Wahrscheinlichkeiten der potenziellen Schadensereignisse bekannt sind (*Abschätzungssicherheit*). Die Einteilung von Tabelle 2 ist etwas grundlegend anderes als eine Klassifikation der verschiedenen *Quellen* von Unsicherheiten, wie sie beispielsweise SCHOLLES (1997: 15ff) vornimmt (Modellstrukturfehler, natürliche Varianz, Meßfehler, Schätzfehler etc.).

Ungewißheit ist kennzeichnend für Situationen mit unbekanntem oder intrinsisch unsicherem Ereignisraum. Dies kann dadurch begründet sein, daß die Wissensbasis über die relevanten Prozesse (noch) nicht ausreicht oder daß die Prozesse selbst nicht prognostizierbar sind, etwa weil es sich um offene Systeme oder um Systeme mit chaotischem Verhalten handelt (vgl. HÄFELE et al. 1990). Zur Kategorie der Unbestimmtheit gehört beispielsweise der Klimawandel, dessen Folgen aus einer Vielzahl von Gründen nicht absehbar sind (DÜRRENBERGER 1994). Ein Beispiel für Unsicherheit i.e.S. ist die Frage, an welchem Punkt eine kontinuierlich zunehmende Landschaftszerschneidung zum Zusammenbruch einer Metapopulation führen wird.

Tab. 2: Unterscheidung verschiedener Formen von Unsicherheit (Darstellung nach DÜRRENBREGER 1994).

	Form der Unsicherheit		
	Risiko	Ungewißheit	
		Unsicherheit i.e.S.	Unbestimmtheit
mögliche Schadensereignisse	*bekannt*	*bekannt*	*unbekannt*
Eintrittswahrscheinlichkeiten	*bekannt*	*unbekannt*	*unbekannt*

Manche Autoren verwenden einen viel breiteren Risikobegriff als in der Entscheidungstheorie üblich und verstehen den Grad der Unbekanntheit oder Nichtbestimmbarkeit der Eintrittswahrscheinlichkeiten oder der Handlungsfolgen als ein *Attribut* (d.h. als eine mögliche Eigenschaft) von Risiken, so z.B. H. KUNREUTHER (1992: 307–310): „ambiguities associated with the chances of an event and/or its consequences". Folgerichtig hebt KUNREUTHER hervor, daß die Ausprägung dieses Attributes das Entscheidungsverhalten von Menschen beeinflußt (vgl. auch ELLSBERG 1961). Daneben stiften die unterschiedlichen Bezeichnungen Verwirrung, die sich für die Unterscheidung von Risiko und Ungewißheit, Unsicherheit i.e.S. und Unbestimmtheit in der Literatur finden (vgl. die Zusammenstellung in JAEGER 1999: 48).

Im Aufgabenbereich der Umweltwissenschaften und insbesondere der Ökologie können alle diese verschiedenen Formen von Unsicherheit aus Tabelle 2 gleichzeitig auftreten, so daß die Begriffsvielfalt leicht zu Unklarheiten führt (vgl. auch BRECKLING & MÜLLER 2000). Daß insbesondere auch Situationen von *Ungewißheit* auftreten, wird bei der Rede von „ökologischen Risiken" oft nicht genug deutlich. „Ökologische Risiken" sollen die Möglichkeit zukünftiger ökologischer Schäden bezeichnen. Um ökologische Risiken als „Risiken" genauer zu bestimmen, müßte zunächst Einigung darüber erzielt werden, welche Umweltveränderungen als „Schäden" oder „Beeinträchtigungen" angesehen, d.h. als negativ bewertet werden sollen (zum Schadensbegriff vgl. BERG et al. 1994). Anschließend bedarf es einer Wirkungsanalyse, d.h. einer Untersuchung, welche Einwirkungen bei welchen Intensitäten mit welchen Wahrscheinlichkeiten zu welchen Auswirkungen führen werden. Die *ökologische Risikoanalyse* nach BACHFISCHER (1978) ersetzt die Zerlegung

Risiko R = Schadensausmaß A * Eintrittswahrscheinlichkeit W

durch die alternative Zerlegung

Risiko der Beeinträchtigung = Beeinträchtigungsintensität
* Beeinträchtigungsempfindlichkeit.

Beide Risikobegriffe sind wirkungsorientiert definiert, d.h. auch der Begriff des „ökologischen Risikos" löst die mit der Wirkungsorientierung verbundenen Probleme nicht (vgl. auch EBERLE 1984, JAEGER 2000a). Vielmehr führt die Erstellung von Planungs- und Entscheidungsgrundlagen eher in Ungewißheits- als in Risiko-Situationen. Dies schlägt sich unter anderem darin nieder, daß „ökologische Risiken" in der Regel als nicht versicherbar angesehen werden (HELTEN 1991).

3 Empirisch ermittelte Positionen zum Umgang mit Unsicherheiten

Wie wird mit den verbleibenden Ungewißheiten heute in der Praxis umgegangen, wenn die Risikokomponenten A und W nicht hinreichend bekannt oder nicht zugänglich sind? Zur Bearbeitung dieser Frage habe ich im Rahmen meiner Dissertation Expertinnen und Experten aus unterschiedlichen gesellschaftlichen Interessen- bzw. Berufsgruppen befragt, wie sie die Landschaftszerschneidung als Umweltproblem bewerten. Die Ergebnisse aus der Befragung habe ich mit quantitativen Methoden zur Erfassung der Zerschneidung verbunden, um Kriterien und Indikatoren für die Beurteilung der Erheblichkeit landschaftszerschneidender Eingriffe zu entwickeln (JAEGER 1999; erste Ergebnisse aus dem quantitativ-naturwissenschaftlichen Teil auch in MÜLLER et al. 1998 und JAEGER 2000b). Dieses Vorgehen kann als „transdisziplinär" bezeichnet werden. (Zu den Unterschieden zwischen multi-, inter- und transdisziplinären Forschungsprojekten vgl. JAEGER & SCHERINGER 1998.)

Die Befragung erfolgte in vierzehn zwei- bis dreistündigen qualitativen Interviews in Süddeutschland. Die befragten Expertinnen und Experten lassen sich den drei Gruppen

    (Ns)   Naturschutz,

    (Vp)   Verkehrsplanung,

    (Lp)   Landschaftsplanung u.a.

zuordnen (Gruppe „Lp" enthält auch zwei Befragte aus dem Tätigkeitsfeld Planfeststellung bzw. freies Planungsbüro). Die Befragten sind in ihrer jeweiligen Gruppe beruflich tätig; insbesondere wurden keine nur ehrenamtlich im Naturschutz engagierten Personen befragt. Die Interviews hatten die berufliche, fachliche Sichtweise der Befragten zum Inhalt.

Im Interviewabschnitt zum Umgang mit verbleibenden Unsicherheiten standen drei Fragen im Vordergrund:

    (1) Welche unterschiedlichen *Kategorien von Unsicherheit* wenden die Befragten an?

    (2) Welche *Stellung* haben Unsicherheiten aus Sicht der Befragten in der Abwägung über den Eingriff?

    (3) Welche unterschiedlichen *Strategien* zum Umgang mit Unsicherheiten lassen sich aus den Aussagen der Befragten rekonstruieren?

Die Fragen beziehen sich auf die nach der Umweltverträglichkeitsstudie (UVS) verbleibenden Unsicherheiten, d.h. die Durchführung der üblichen UVS-Routine wurde vorausgesetzt. Die auf Grundlage der UVS erfolgende Abwägung über den Eingriff betrifft im allgemeinen drei Punkte, nach denen die Befragten ihre Aussagen gegebenenfalls differenzieren konnten: (a) den Umfang der Ausgleichsmaßnahmen, (b) den Variantenvergleich sowie (c) die grundsätzliche Entscheidung, ob der Eingriff überhaupt durchgeführt werden soll („Nullvariante"). Einige Befragte wiesen darauf hin, daß wegen der gestaffelten Planungsphasen die Frage (c), ob der Eingriff überhaupt durchgeführt wird, zum Zeitpunkt der UVS kaum noch zur Diskussion stehe. Diese Frage werde in der Regel zu einem viel früheren Zeitpunkt (vor-)entschieden. Daher beziehen sich die Interviewergebnisse überwiegend auf die Bestimmung des Ausgleichs und den Variantenvergleich.

Im folgenden gebe ich einen Überblick über die Aussagen der Befragten zur Frage nach dem Umgang mit Unsicherheiten. Auf dieser Grundlage beantworte ich anschließend die drei Fragen (1) bis (3).

Gemeinsamkeiten und Unterschiede zwischen den Aussagen der Befragten zeigen sich bereits bezüglich der Frage, wie umfangreich und wie relevant die (nach Durchführung der UVS) noch bestehenden Unsicherheiten sind. Die Vorschläge für den Umgang mit diesen Unsicherheiten lassen sich in einem ersten Schritt grob zwischen zwei Extremstandpunkten einordnen: einem Vorsorgeprinzip, das jegliche Handlungen mit Unsicherheit über die Folgen zu vermeiden fordert (*precautionary principle*), und einem Beweispflichtprinzip, welches behauptet, daß die Kosten für die Vermeidung von Unsicherheiten und das Sich-entgehen-lassen von Chancen nur durch den sicheren Nachweis negativer Folgen gerechtfertigt werden

Tab. 3: Empirisch ermittelte Positionen zum Umgang mit Unsicherheiten in der Abwägung über landschaftszerschneidende Eingriffe (Kurzbeschreibungen).

Position A („*Unsicherheiten sind marginal*"):
    Die nach der UVS verbleibenden Ungewißheiten sind marginal und mit Sicherheit nicht entscheidungsrelevant. Sie können daher vernachlässigt werden.

Position B („*offen für Hinweise*"):
    Die Planung sollte offen sein für plausible Hinweise auf Besonderheiten eines Gebiets; solche Hinweise sollten in einer Zusatzuntersuchung überprüft werden. Gehen keine Hinweise ein, so reicht eine grobe Einschätzung der Wertigkeit der Landschaft aus.

Position C („*zuerst Grundlagen erforschen*"):
    Ungewißheiten über naturwissenschaftliche Zusammenhänge sind nicht handhabbar. Sie müssen zunächst erforscht werden. Die Ergebnisse können dann zu neuen Regelungen für die Routineuntersuchungen führen (z.B. Verbesserung der Indikatoren).

Position D („*differenzierte Behandlung*"):
    Für die verbleibenden Unsicherheiten muß *je nach der Art und Schwere der vermuteten Risiken* eine Kombination aus weiterer Untersuchung, Kompensation hypothetischer Schäden durch zusätzlichen Ausgleich, Nachbeobachtung und Inkaufnahme gefunden werden.

Position E („*differenzierte Behandlung und Erforschung*"):
    Je nach Schwere der vermuteten Risiken muß unterschiedlich gehandelt werden; unbekannte Wirkungszusammenhänge sollten getrennt erforscht werden, um die Erhebungsmethoden zur UVS zu verbessern. (D.h. Verbindung der Positionen C und D).

Position F („*Vollzugsdefizit liegt woanders*"):
    Die wesentlichen Vollzugsdefizite des Naturschutzgesetzes liegen im Bereich der *bekannten* Folgen und weniger im Bereich der Unsicherheiten. Daher ist es wichtiger, sich für die Aushandlung eines angemessenen Ausgleichs für die bekannten Folgen zu engagieren, als sich darüberhinaus noch mit den Unsicherheiten zu befassen.

können (*proof-first principle*, vgl. z.B. RAYNER 1992: 109). Die genauere Analyse des Interviewmaterials resultiert in der Unterscheidung von sechs idealtypischen Standpunkten (zur Methode vgl. LAMNEK 1989, MEUSER & NAGEL 1991, FLICK 1995). In Tabelle 3 sind Kurzbeschreibungen dieser Standpunkte zusammengestellt.

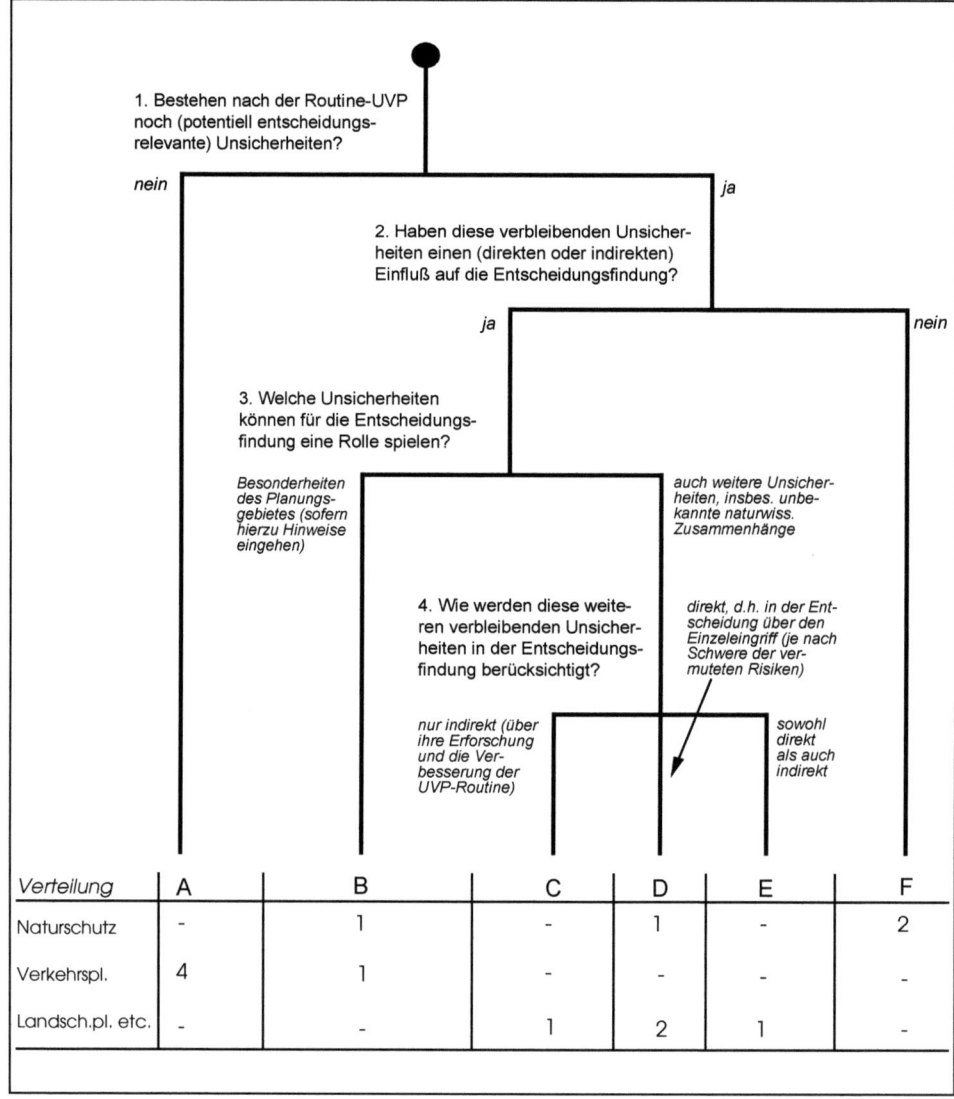

Abb. 1: Darstellung der Unterschiede, die zwischen den empirisch ermittelten Positionen zum Umgang mit Unsicherheiten bestehen, anhand von vier Fragen und Verteilung der Positionen in den drei Befragtengruppen (Fallzahlen). (Die Fragen wurden in dieser Form nicht in den Interviews gestellt, sondern aus den Positionen rekonstruiert. – Für die Anregung, die Unterschiede zwischen den Positionen in einem Entscheidungsbaum darzustellen, danke ich Thomas Schmitt, Mainz.)

Abbildung 1 verdeutlicht die Unterschiede zwischen den Positionen anhand von vier Fragen, welche durch die sechs Standpunkte unterschiedlich beantwortet werden. Die Zuordnung der Aussagen zu den idealtypischen Standpunkten ist zum Teil nur schwerpunktmäßig möglich, d.h. sie richtet sich nach den Aspekten, denen die Befragten das größte Gewicht beimessen: Drei Befragte können nur tendenziell zugeordnet werden, da ihre Aussagen Anteile von mehreren Positionen enthalten (dies betrifft zwei Befragte aus der Gruppe „Naturschutz" in den Positionen B und D sowie eine Person aus der Gruppe „Landschaftsplanung" in Position D). Darüberhinaus sind die Aussagen einer Person aus der Gruppe „Naturschutz" so allgemein gehalten, daß keine Richtung für oder gegen eine der sechs Positionen erkennbar ist.

Insgesamt zeichnen sich folgende Tendenzen ab, welche Standpunkte innerhalb der drei Gruppen bevorzugt eingenommen werden:

- In Position A („*Unsicherheiten sind marginal*") sind ausschließlich Befragte aus dem Bereich „Verkehrsplanung" vertreten. Zwischen der Gruppe „Verkehrsplanung" und den beiden anderen Gruppen bestehen zudem kaum Überschneidungen.

- In der Gruppe „Naturschutz" liegt ein Schwerpunkt auf Position F („*Vollzugsdefizit liegt woanders*") und ein zweiter Schwerpunkt auf der Berücksichtigung von Unsicherheiten je nach der Schwere der vermuteten Risiken und der Plausiblilität der eingehenden Hinweise auf Besonderheiten des Planungsgebietes. Auffällig ist die Nähe der – ausschließlich von Befragten aus dem Naturschutz vertretenen – Position F zur Position A durch die Übereinstimmung in der Aussage, daß Unsicherheiten bei der Abwägung in der Praxis keine Rolle spielen. Diese Aussage erfolgt allerdings mit unterschiedlichen Begründungen und auf Grundlage sehr unterschiedlicher Zielvorstellungen. Dies deutet auf den Konflikt zwischen Verkehrsplanung und Naturschutz hin, in welchem für die Befragten die Auseinandersetzung um die bekannten Folgen und ihre Bewertung sowie um den Vollzug des Naturschutzgesetzes im Vordergrund steht.

- Im Unterschied zu den beiden Gruppen „Naturschutz" und „Verkehrsplanung" liegt das Schwergewicht in der Gruppe „Landschaftsplanung" darauf, im Prinzip auch weitere Unsicherheiten (d.h. außer der Berücksichtigung von eingehenden Hinweisen auf Besonderheiten des Planungsgebietes) mehr oder weniger stark einzubeziehen, sofern die vermuteten Risiken als potenziell entscheidungsrelevant erscheinen.

Die Befragten aus den Positionen B bis E nennen mehrere Beispiele, in denen Unsicherheiten bestehen, welche sie aber nur zum Teil für entscheidungsrelevant einstufen. Diese Beispiele lassen sich zu sechs Unsicherheitsbereichen zusammenfassen:

1. Wertigkeit der Landschaft (umfaßt Kenntnis des Arteninventars, des ökologischen Entwicklungspotentials und der Schutzwürdigkeit der Landschaft),
2. naturwissenschaftliche Zusammenhänge,
3. Erfolg von Ausgleichsmaßnahmen,
4. Summenwirkungen,
5. Unfallszenarien,
6. Monetarisierung der (potenziellen) Schäden in der Kosten–Nutzen-Kalkulation.

Die Vorschläge der Befragten, wie mit diesen Unsicherheiten heute umgegangen wird (und zum Teil auch Vorschläge, wie mit ihnen umgegangen werden sollte), entsprechen vier verschiedenen Handlungsstrategien:

1. Klärung und/oder Beobachtung (z.B. plausiblen Hinweisen nachgehen, ggfs. nachuntersuchen),
2. Berücksichtigung ohne weite Klärung (z.B. mehr Ausgleich vorsehen),
3. Vernachlässigung (z.B. in Kauf nehmen, da nicht entscheidungsrelevant),
4. Mischung aus 1), 2) und 3) je nach Höhe der vermuteten Risiken.

Die deutlich überwiegende Zahl der Nennungen (37 von insgesamt 50) bezieht sich auf den ersten Bereich („Wertigkeit der Landschaft"), während die Zahl der Vorschläge in den Unsicherheitsbereichen „naturwissenschaftliche Zusammenhänge", „Erfolg von Ausgleichsmaßnahmen" und „Summenwirkungen" erheblich abnimmt. Anhand der Übersicht von Tabelle 4 können die unterschiedlichen Strategien im Umgang mit Unsicherheit zwischen den sechs Positionen A bis F verdeutlicht werden: Den vier Handlungsstrategien lassen sich die Positionen zuordnen, wie es Tabelle 4 zeigt. Auf der Grundlage dieser Typenbildung können im folgenden Abschnitt die zu Beginn von Abschnitt 3 gestellten Fragen beantwortet werden.

Tab. 4: Zuordnung der sechs Positionen A bis F zu den bevorzugten Handlungsstrategien zum Umgang mit Unsicherheiten. (Die Zuordnung zeigt, wo die Schwerpunkte der Positionen liegen. Daß die Befragten zum Teil auch zu anderen Feldern in der Tabelle Maßnahmen vorgeschlagen haben, wird durch die Punkte "•" angedeutet.)

Handlungsstrategie	*Bereich der Unsicherheiten*			
	1. Wertigkeit der Landschaft	2. naturwiss. Zusammenhänge	3. Erfolg von Ausgleichsmaßnahmen	4. Summenwirkungen
1) Klärung und/oder Beobachtung	**B** („*offen für Hinweise*")	**C** („*zuerst Grundlagen erforschen*") **E** („*differenzierte Behandlung und Erforschung*")	•	•
2) Berücksichtigung (auch ohne weitere Klärung)	•	•	•	—
3) Vernachlässigung	**A** („*Unsicherheiten sind marginal*") **F** („*Vollzugsdefizit liegt woanders*")	—	—	•
4) Mischung aus 1), 2) und 3) je nach Höhe der vermuteten Risiken	**D** („*differenzierte Behandlung*") **E** („*differenzierte Behandlung und Erforschung*")	—	—	—

4 Ergebnis: Ungewißheiten werden beiseite gelegt

Als ein erster Schritt zur Beantwortung der Frage nach den in der Praxis unterschiedenen Arten von Unsicherheit läßt sich in den Aussagen der Befragten erkennen, daß sie insgesamt drei Gruppen von mit Unsicherheit behafteten Folgen unterscheiden:

a) völlig unabsehbare, ungeahnte Folgen,

b) unsichere, hypothetische Folgen, deren Abklärung keinerlei Relevanz für die Abwägung hätte,

c) unsichere, aber mehr oder weniger plausible Folgen, die abgeklärt werden sollten.

Die Befragten treffen die Unterscheidungen zwischen diesen drei Arten unsicherer Folgen danach, ob die Folgen bereits bei früheren Eingriffen festgestellt wurden, ob sie auch für den geplanten Eingriff plausibel vorstellbar sind und welches Ausmaß sie haben können. (Bei früheren Eingriffen bisher nicht festgestellte Folgen werden nicht berücksichtigt – auch wenn sie vielleicht eingetreten sind.) Aufgrund dieser Enteilung unsicherer Folgen werden die möglichen Wirkungsbereiche des Eingriffs beurteilt. Die Beurteilung erfolgt also *wirkungsorientiert*, d.h. anhand des Kriteriums der Höhe der Schäden, deren Eintritt plausibel möglich erscheint. Wirkungsbereiche, in denen die Folgen nicht im einzelnen konkretisiert und plausibel gemacht werden können und das Ausmaß der Folgen daher nicht abschätzbar ist, können in dieser Einteilung allerdings *nicht* zugeordnet werden. Diese Bereiche fallen durch das Schema, das heißt, es besteht eine Lücke im Spektrum der verwendeten begrifflichen Kategorien. Sie lassen sich weder in Gruppe a), noch in b) oder c) einordnen. Jede Zuordnung würde eine Aussage über ihre Auswirkungen implizieren, die jedoch nicht begründet getroffen werden kann. Falls sie beispielsweise der Gruppe a) zugeschlagen würden, implizierte dies, daß ihre Folgen völlig unabsehbar wären. Die Lücke im Begriffsspektrum liegt quasi „zwischen" der Kategorie konkretisierbarer unsicherer Folgen (d.h. mehr oder weniger „plausible Risiken") und dem Bereich völlig unabsehbarer Folgen; es handelt sich um Wirkungsbereiche innerhalb der Unsicherheitskategorie der Ungewißheit.

Beispiele für solche Unsicherheiten werden von einigen Befragten als „spekulativ" angesehen, so die Wirkungsbereiche „Veränderungen im Nahrungsnetz" und „innerartliche genetische Verarmung":[1]

> „Frage: Mit 'genetischer Verarmung' ist jetzt auch gemeint *innerhalb* einer Population. Ob ich eine Population habe, die genetische Vielfalt in sich trägt, oder eine Population, die kann genauso groß sein, aber sehr ähnliche Gene hat.
>
> Antw. B: Ffff... sehr spekulativ.
>
> Antw. C: Das geht aber wirklich in Spekulationen, also da [halten wir nichts davon]. Das müßte wissenschaftlich [erst einmal bewiesen werden], also da sind wir skeptisch. (...) Das ist zu spekulativ." (Vp-29:17f)

Der Terminus der „Spekulation" dient in diesem Zitat offensichtlich lediglich dazu, um etwas abwertend als „spitzfindig konstruiert und unglaubwürdig" zu charakterisieren (weitere Zitatbeispiele in JAEGER 2000d). Ein ernsthafter *Begriff* für diesen Typ unsicherer Handlungsfolgen (mit einem neutralen Terminus) ist jedoch bei den Befragten nicht vorhanden. (Der Sach-

---

[1] Die hier wiedergegebenen Zitate wurden sprachlich behutsam überarbeitet, ohne die inhaltlichen Aussagen zu verändern. Das Zeichen '(...)' steht für Auslassungen (mindestens ein Wort); Ergänzungen von mehr als einem Wort stehen in eckigen Klammern '[...]'. Zum Spannungsverhältnis von Mündlichkeit und Schriftlichkeit sowie zur Frage, inwiefern Verschriftung, Verschriftlichung und Verschriftsprachlichung von mündlicher Kommunikation zu einer Dekontextualisierung der Äußerungen führt, vgl. z.B. PANTLI (1998).

verständigenrat für Umweltfragen hingegen schlägt hierfür den Begriff „nicht bestimmbares Risiko" vor; vgl. den Schluß von Abschnitt 4). Abbildung 2 stellt die verbleibende Lücke im Begriffsspektrum der Befragten anhand von Beispielen und der in Abschnitt 2.2 eingeführten Unterscheidung von Risiko und Ungewißheit dar.

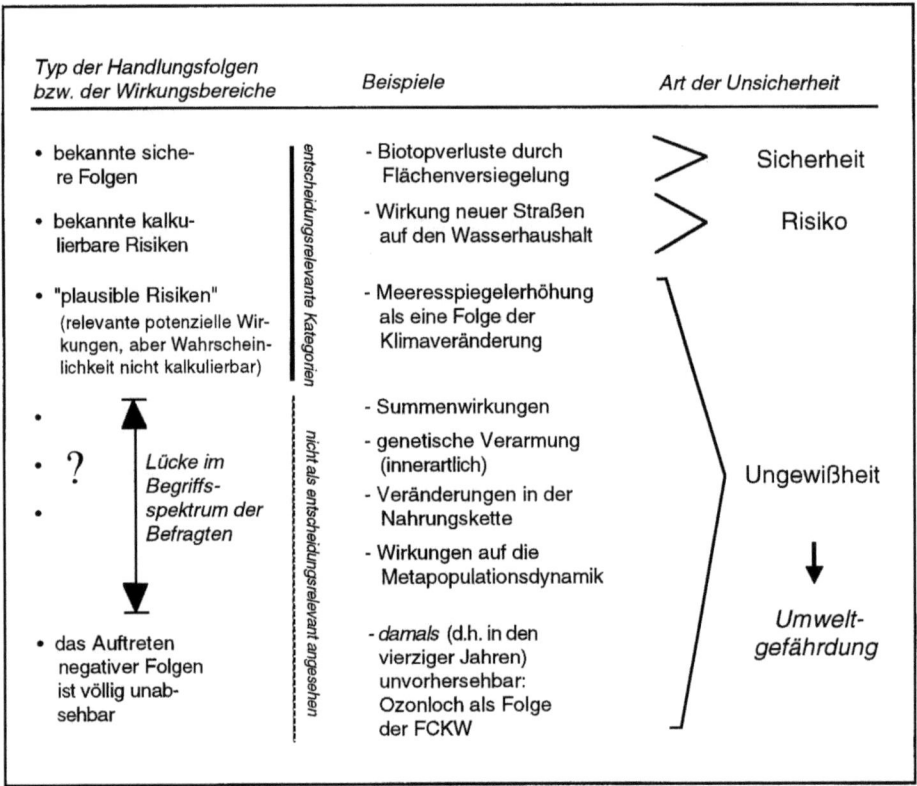

Abb. 2: Konsequenz der Interviewergebnisse: Es besteht eine Lücke im Begriffsspektrum zwischen für wahrscheinlich gehaltenen "plausiblen Risiken" und völliger Unabsehbarkeit.

Welche Bedeutung der fehlende Begriff für Wirkungsbereiche, in denen die Folgen nicht konkretisierbar sind und ihr Ausmaß nicht abschätzbar ist, für den Umgang mit solchen Unsicherheiten in der Praxis hat, läßt sich anhand der Interviewaussagen nicht mit Sicherheit beurteilen. Handelt es sich lediglich um einen *Indikator* dafür, daß solche Wirkungsbereiche als nicht entscheidungserheblich eingestuft werden (zum Begriff der Entscheidungserheblichkeit vgl. MEIER 1997: 32 und SCHOLLES 1996: 475f), oder sind fehlende Begriffe eine *Ursache* für die Vernachlässigung solcher Wirkungsbereiche im Abwägungsprozeß? Kontrovers diskutiert wurde diese Frage (Sprache als Indikator oder als Ursache) beispielsweise im Zusammenhang mit der Gleichberechtigung von Frauen und Männern und ihrer sprachlichen Gleichbehandlung. (Zur sprachlichen Gleichbehandlung vgl. z.B. ALBRECHT & PANTLI 1996). Sicherlich sind – auch wenn das Fehlen seriöser Begrifflichkeiten Auswirkungen hat – eine Reihe weiterer Faktoren ursächlich dafür, wie mit ungewissen Wirkungsbereichen umgegangen wird, z.B. die Begründungspflichtigkeit von Enteignungen für Ausgleichsmaßnahmen oder der Bedarf nach leicht vermittelbaren Argumenten für eine landschaftsschonendere, aber teurere Variante. Allerdings ist auch hier zu bedenken, daß der Austausch von Argumenten ein – annähernd – gleiches Begriffsverständnis bei den Beteiligten voraussetzt.

Auf die Frage, ob es außer den bekannten Folgen noch weitere, heute noch nicht bekannte Folgen der Landschaftszerschneidung geben könnte, antworten mehrere Befragte mit Zustimmung. Die meisten Bereiche werden in der Gruppe Naturschutz genannt (z.B. Wirkungen auf das Sozialverhalten in Tierpopulationen, Streßfaktoren und ihr Einfluß auf die menschliche Psyche, Summenwirkungen), zum Teil kommen Beispiele auch aus der Gruppe Verkehrsplanung (Elektrosmog durch Hochspannungsleitungen, unvorhergesehene Verkehrsverlagerungen) und der Gruppe Landschaftsplanung (z.B. Kombinationswirkungen, Langzeitwirkungen auf Arten und Biotope, Streßsyndrome beim Menschen, Wanderungsbewegungen der Menschen in weniger zerschnittene Gebiete). Demnach können sich die meisten Befragten durchaus Beispiele für nicht abschätzbare Folgen vorstellen, haben aber *dennoch* keine seriöse – nicht wertende – begriffliche Kategorie hierfür in ihrer fachlichen Tätigkeit.

Daß die Befragten für diese Art von Unsicherheiten keinen eigenständigen Begriff verwenden (sondern einige sie – abwertend – als „Spekulationen" oder „Restrisiken" bezeichnen), spiegelt sich darin wider, welche Stellung Unsicherheiten in der Abwägung über den Eingriff haben. Hierauf richtet sich die zweite der drei im vorigen Abschnitt gestellten Fragen. Hierbei möchte ich, um Mißverständnissen vorzubeugen, einen wichtigen methodischen Aspekt hervorheben: Bei der Analyse der Interviews ist zu beachten, daß sich die Untersuchung auf die Sichtweisen der Befragten anhand der von ihnen gemachten Aussagen bezieht und nicht auf eine „objektive" Realität der UVP (einen Vergleich der Interviewaussagen damit, wie Entscheidungen „tatsächlich" ablaufen, habe ich nicht durchgeführt). Es sind allerdings diese Sichtweisen und Interpretationsleistungen der Akteure, welche am Entscheidungsprozeß beteiligt sind, die in der Abwägung aufeinandertreffen und zu einer bestimmten Entscheidung führen (hinzu kommen Akteure aus den politischen Gremien, die Einfluß auf den Ausgang der Abwägung nehmen).

Drei konkrete Beispiele von Unsicherheiten, die zeigen, welchen Stellenwert die Befragten den Unsicherheiten zuordnen bzw. ihrer Wahrnehmung nach in der Abwägung haben, sind die genetische Verarmung, die Funktions- und Überlebensfähigkeit von Metapopulationen und das Thema der Summenwirkungen. Diese mit großen Unsicherheiten verbundenen Wirkungsbereiche erhalten für die Abwägung nur ein geringes Gewicht, begründet jeweils mit ganz verschiedenen Argumenten, welche sich durchaus nicht nur unmittelbar auf die Unsicherheit beziehen (z.B. rechtliche Argumente). Einige Befragte weisen z.B. auf den hohen Begründungsbedarf für Ausgleichsmaßnahmen hin, der bei unsicheren Folgen nicht erfüllt werden könne, daher sei ein *vorsorglicher Ausgleich* für bestehende Unsicherheiten nicht durchsetzbar.

Den deutlich geringeren Stellenwert von Unsicherheiten gegenüber den als sicher angesehenen Folgen beschreiben zwei Befragte aus der Gruppe „Naturschutz" so:

> „Spekulieren kann ich zwar, aber das glaubt mir dann nachher auch keiner. (...) Je mehr ich in theoretische Aussagen hineinkomme, je mehr ich in Spekulationen komme, desto weniger Gewicht hat das natürlich auch dann. Wenn ich konkret sagen kann, wenn ihr diese Straße hierhin baut, dann sterben drei Tierarten hundertprozentig aus, dann sagen die: oh-oh. Wenn ich dann aber sage, und möglicherweise kommen noch die und die und die und die, ja, unter Umständen..., dann sagen die: Naja, da können wir nicht mehr viel damit anfangen." (Ns-26:22f)

> „Frage: Ich hätte eher gedacht, daß dort, wo Ungewißheit besteht, daß Ihnen das sozusagen Verhandlungsspielraum gibt?

> Antw.: Ja aber nicht im positiven Sinne! Sondern das wird ja alles angezweifelt, was wir sagen. Wobei wir noch Glück haben müssen, wenn es einfach nur angezweifelt wird, wenn es nicht ins Lächerliche gezogen wird: (...) 'Wegen so ein paar Laufkäfern sollen wir jetzt die Straße nicht bauen dürfen?!' Und dann kommt's zu solchen Zeitungsartikeln: (...) 'Braungestreifte Beißwanze verhindert Neubaugebiet'. Das steht dann in der Zeitung. Das ist die Realität." (Ns-26:24f)

Die dritte Frage nach den Strategien zum Umgang mit Unsicherheiten beantworten die Befragten fast ausschließlich mit rein wirkungsorientiert begründeten Vorschlägen. (Eine der ganz wenigen Ausnahmen betrifft den Vergleich von Varianten.) Beispielsweise werden in der Strategie von Position D die Unsicherheiten nach Art und Höhe der vermuteten Risiken unterschieden. Bestimmte „große" Schäden sollen ausgeschlossen werden, daher sind gegebenenfalls weitere Untersuchungen nötig, bevor eine Genehmigung möglich ist. „Kleinere" Risiken dagegen gelten als „vertretbar" und können, falls dies möglich ist, durch einen etwas höheren Ausgleich kompensiert werden. Die Schilderungen der relevanten Argumente dafür, daß gemäß allen Positionen eine mehr oder weniger große Zahl von Unsicherheiten nicht weiter berücksichtigt wird, haben zwischen den sechs Positionen unterschiedliche Schwerpunkte, aber es bestehen auch Überschneidungen. Insbesondere das Argument, daß viele Folgen einer Straße „nicht änderbar" seien (z.B. Zerschneidung der Landschaft), wurde sowohl in Position A als auch in Position F als ein in der Abwägung wirksamer Gesichtspunkt genannt. Hierin zeigt sich noch einmal die paradox erscheinende Nähe zwischen den beiden Positionen A und F, wobei im Hintergrund ein unterschiedliches Verhältnis gegenüber diesem Argument besteht: Für Position A stimmen Forderung und Realität überein, während die Realität in Position F mit Bedauern (und zum Teil mit Resignation) zur Kenntnis genommen wird.

Zusammenfassend lassen sich die drei Fragen aus Abschnitt 3 aufgrund der Interviewergebnisse in der folgenden Weise beantworten:

- Ein – nicht wertender – Begriff für die Art von Unsicherheit, die einzelne Befragte aus allen drei befragten Gruppen als „Spekulationen" oder „gewisse Restrisiken" bezeichnen, ist nicht erkennbar. Hier besteht eine „Lücke" im Begriffsspektrum.
- Die Argumentation erfolgt fast ausnahmslos wirkungsorientiert. Nicht genauer abschätzbare Wirkungen (u.a. Summenwirkungen) bleiben damit in der Abwägung im wesentlichen unberücksichtigt.
- „Vorsorge" wird in der Praxis lediglich im Sinne von „Vermeidung einigermaßen gut bekannter Risiken" betrieben.

Insbesondere Unsicherheiten über Summenwirkungen werden nach Darstellung der Befragten nicht berücksichtigt. Der Erfolg von Ausgleichsmaßnahmen scheint selten evaluiert zu werden und wenig bekannt zu sein: Mehrere Befragte weisen darauf hin, daß es fast keine Untersuchungen hierzu gebe. Ähnlich wie für die mangelhafte Berücksichtigung von *ökologischen Funktionen* in UVPs (Vortrag von H. BRUX auf der Tagung in Blaubeuren), die zu einer großen Diskrepanz zwischen Wortlaut und Praxis führt, gibt die Arbeit von BONK (1998: 84f) eine kritische Betrachtung der lückenhaften Berücksichtigung von *Wechselwirkungen* in UVPs. Anleitungen zur ökologischen Wirkungsanalyse unter Berücksichtigung von Wechselwirkungen gibt es erst wenige; ein Beispiel ist DVWK 1996 (über die Wirkungen wasserbaulicher Maßnahmen; der bereits erarbeitete umfangreiche 2. Band wird allerdings voraussichtlich nicht erscheinen).

Die Probleme liegen sicher nicht *allein* auf begrifflicher Ebene. Wenn man ihnen adäquat begegnen wollte, würde dies auch die politische und rechtliche Ebene betreffen. Dann aber bräuchte man als Voraussetzung ein Instrument, um solche mit Unsicherheiten behafteten Wirkungsbereiche differenzierter – und nicht wertend – zu bezeichnen und zu charakterisieren. Auch wenn das Wissen unsicher ist, die eintretenden Folgen sind deshalb nicht weniger real.

In der Risikoliteratur finden sich für Unsicherheiten innerhalb der aufgezeigten begrifflichen „Lücke" mehrere unterschiedliche Begriffsvorschläge (aber bisher nur wenige Vorschläge für Handlungsstrategien). Beispielsweise behandelt der Sachverständigenrat für Umweltfragen diese Art von Unsicherheit bereits in seinem Jahresgutachten von 1987 und führt dazu den Begriff *„nicht bestimmbares Risiko"* ein (SRU 1987: 455f). Für das Beispiel der Wirkung von chemischen Stoffen auf die menschliche Gesundheit weist der Umweltrat an dieser Stelle auf mehrere grundsätzliche Schwierigkeiten hin, derentwegen – ähnlich wie bei den „Tantalusproblemen" – eine Untersuchung der Schadwirkungen immer unvollständig bleiben müsse. Daher seien die damit verbundenen Gefährdungen grundsätzlich auch zukünftig nicht vollständig bestimmbar (SRU 1987: S. 456 / Tz 1677). Den Terminus „Restrisiko" lehnt der Umweltrat ab, denn: „Je mehr die Wissenschaft (...) die Grenzen ihrer Erkenntnisfähigkeit selbst betont und erläutert, umso mehr wird sie dort, wo sie etwas vermag, Vertrauen finden. Dazu zählt auch, die Dinge zu nennen, wie sie sind: Nicht bestimmbares Risiko trifft die Sache besser als Restrisiko. Letzterer Begriff setzt die Wissenschaft dem Verdacht aus, zu verharmlosen." (SRU 1987: Tz 1675 / S. 456).

Der Wissenschaftliche Beirat der Bundesregierung Globale Umweltveränderungen (WBGU) verwendet in seinem Gutachten über globale Umweltrisiken die Bezeichnung *„unbekannte Risiken"* (WBGU 1999: 285ff), ebenso DÜRRENBERGER (1994). Diese Umschreibung für die Situation von Ungewißheit ist zwar auf den ersten Blick sehr anschaulich, aber inkonsistent, denn sie verwischt die Unterschiede zwischen den Begriffsdefinitionen (vgl. Abschnitt 2.2): Die Bezeichnung „unbekannte Risiken" ist von der Wortdefinition her ein Widerspruch in sich, da Art und Höhe „unbekannter Risiken" nicht zureichend bekannt sind, um sie als „Risiken" zu qualifizieren. Der WBGU unterscheidet – aufbauend auf einem Vorschlag von RENN (1993) – sechs Risikotypen anhand der Größenordnung bzw. dem Bekanntheitsgrad der Größen Schadensausmaß A, Eintrittswahrscheinlichkeit W, Abschätzungssicherheit für W, Wirkungsverzögerung, Persistenz, Ubiquität (= räumliche Reichweite), Irreversibilität und gesellschaftliches Mobilisierungspotential. In den Bereich von *Unbestimmtheit* fallen *mehrere* dieser Risikotypen, insbesondere „Pythia" (z.B. Freisetzung transgener Pflanzen) und „Pandora" (z.B. endokrin wirksame Stoffe): Bei beiden sind A und W ungewiß, beim Typ „Pandora" besteht die Gefährdung zudem lang anhaltend (vgl. z.B. auch die knappe Übersicht bei SCHULZ-BALDES 1999). Diese Systematik wurde für globale Risiken entwickelt und läßt sich daher möglicherweise nicht ohne weiteres auf lokale oder regionale Landschaftseingriffe übertragen.

Ein weiteres Beispiel – aus der soziologischen Risikoliteratur – gibt U. BECK (1988). Im Kontext seiner Beschreibung, wie der Protest gegen Gefährdungen „im Gang durch die Instanzen" mit der „Frage nach der *Präzision* des Anliegens" und nach Beweisen empfangen und „erstickt" werde, nennt er Umweltgefährdungen im Bereich von Ungewißheit pointiert *„beweisbare Unbeweisbarkeiten"* (BECK 1988: 102). BECK weist nachdrücklich darauf hin, daß die zunehmende Spezialisierung der wissenschaftlichen Disziplinen und die Erwartung *bestimmter* Folgen dazu führt, daß diese erwarteten Folgen immer weiter erforscht (und realisiert) werden, gleichzeitig aber immer mehr Nebenfolgen außerhalb des schmalen Untersuchungsfensters möglich – und ihr Auftreten damit absehbar – werden. Entscheidend dafür, ob die Wissenschaft „zur Selbstkontrolle ihrer praktischen Risiken beiträgt", sei daher, „welche Art von Wissenschaft bereits im Hinblick auf die Absehbarkeit ihrer angeblich unabsehbaren Nebenfolgen betrieben wird" (BECK 1986: 258). Gefordert wären also – gerade auch von der Wissenschaft – neue Konzepte und Strategien für die Beurteilung von Eingriffen bzw. von technischen Verfahren, deren Nebenfolgen zu großen Teilen unbekannt sind und sich durch Wirkungsanalysen nicht (oder zumindest nicht in absehbarer Zeit) erfassen lassen werden.

5 Folgerung: Aufgabe des strikten Wirkungsbezuges und Vorverlagerung der Bewertung

Als Ergebnis der Abschnitte 2 bis 4 kann festgehalten werden, daß einerseits wegen der „Tantalusprobleme" grundsätzliche Grenzen für die wirkungsorientierte Bewertung von Umwelteingriffen bestehen und daß es andererseits in der Eingriffsabwägung eine Reihe von Wirkungsbereichen gibt, in denen die Eingriffsfolgen unbekannt oder unsicher sind und – in wesentlichem Maße aufgrund ihrer Unsicherheit – in der Wahrnehmung der befragten Expertinnen und Experten als nicht entscheidungsrelevant gelten. Damit ergibt sich in meinen Augen folgendes Bild: Das Wissen über die Folgewirkungen ist in Bereichen wie Metapopulationsdynamik, Nahrungsnetze und kumulative Wirkungen in der Regel unpräzise und lückenhaft aufgrund prinzipieller Begrenzungen des wirkungsorientierten Ansatzes (und nicht wegen mangelhafter Untersuchungsanforderungen der UVS). Gleichzeitig fehlt im begrifflichen Instrumentarium der Abwägung eine Differenzierung zwischen verschiedenen Arten von Unsicherheiten; Wirkungsbereiche mit potenziellen – aber schwer nachweisbaren – Folgen im Bereich von Ungewißheit werden kaum berücksichtigt. (Zwar wird die Betrachtung von Summenwirkungen aus der UVS für Einzeleingriffe von vornherein aufgrund der Begrenzung des Verfahrens ausgegrenzt, ist aber durch diesen Typ der Unsicherheit auch ganz grundsätzlich stark betroffen, z.B. in einer künftigen Plan-UVS.)

Angesichts der prinzipiellen Schwächen der wirkungsorientierten Bewertung erscheint ein solches Entscheidungsverfahren aus der Perspektive des Vorsorgeprinzips methodisch unvollständig. Es besteht die Gefahr, daß die Spätfolgen, die Summenwirkungen und das Mißlingen von Ausgleichsmaßnahmen bei der Eingriffsbilanzierung und der Festsetzung des Ausgleichs systematisch vernachlässigt werden.

Wie können ungewisse, nicht abschätzbare Folgen im Entscheidungsprozeß besser einbezogen werden? „Wie kann eine Vorsorgemaßnahme aussehen, wenn die denkbaren Ereignisse und die möglicherweise eintretenden Schäden nicht bekannt sind?" (ROLLER 1999: 56). Diese Fragestellung scheint derzeit in mehreren Disziplinen mit zunehmender Intensität diskutiert zu werden, u.a. im Kontext der Frage, wie die Gentechnik und ihre ökologischen Auswirkungen bewertet und rechtlich verantwortet werden können. GILL et al. unterscheiden dazu zwischen *erfahrungsbasierter Vorsorge* für erkennbare bzw. abschätzbare Risiken und *ungewißheitsbasierter Vorsorge* für Eingriffe mit nicht oder kaum prognostizierbaren Folgen (GILL et al. 1998: 18f, ROLLER 1999). SCHERINGER unterscheidet *wirkungsgestützte* und *expositionsgestützte* Bewertungspfade für die Beurteilung von Umweltchemikalien (als Grundlage für Vorsorgemaßnahmen; vgl. SCHERINGER 1999: 141ff, SCHERINGER und HUNGERBÜHLER 1998). Der WBGU weist darauf hin, daß mit Innovationen definitionsgemäß „unbekannte Risiken" verbunden seien (WBGU 1999: 287f), und empfiehlt die Untersuchung von Instrumenten für ein „präventives Risikomanagement", um „unbekannte Risiken" zu vermeiden (WBGU 1999: 306–315; vgl. auch die Argumente von BARKMANN zum Schutz der Selbstorganisationsfähigkeit ökologischer Systeme und zur Erhöhung ihrer „Widerstandsfähigkeit" gegenüber anthropogenen Einwirkungen, in diesem Band).

Für diese Aufgabe, die vorherrschende wirkungsorientierte Bewertungsstrategie im Bereich von Ungewißheit zu ersetzen bzw. zu ergänzen durch eine stärker vorsorgeorientierte Bewertungsstrategie ohne strikten Wirkungsbezug, steht seit einigen Jahren ein Konzept bereit, welches von SCHERINGER, BERG und MÜLLER-HEROLD im Rahmen des Polyprojektes

„Risiko und Sicherheit technischer Systeme" an der ETH Zürich entwickelt wurde (SCHERINGER et al. 1994, SCHERINGER et al. 1998). Das Konzept der Umweltgefährdung zielt auf eine systematische Vorverlagerung der Bewertung innerhalb der Kausalkette, die sich anstatt auf die Auswirkungen auf das Ausmaß des Eingriffs und der damit verbundenen Unsicherheiten bezieht. Der Begriff der *Umweltgefährdung* drückt aus, wie stark Umwelteingriffe die Bedingungen für das Auftreten möglicher Umweltschäden in Richtung zunehmender Unsicherheit verändern. Dazu fragt die Gefährdungsanalyse nach solchen Merkmalen des Umwelteingriffs, die als Bewertungskriterien geeignet sind, um „eine gewisse Proportionalität zum angenommenen Risiko" (SRU 1996: 254 / Tz 724) zu wahren. Das Konzept der Umweltgefährdung führt damit eine neue Bewertungsebene *zwischen* der Ebene der Eingriffe und der Ebene der Auswirkungen ein. Für das Beispiel von Umweltchemikalien ist diese Ebene die *Exposition*, d.h. die Verteilung der Stoffe in der Umwelt als Voraussetzung für ihre Wirkungen auf Lebewesen und Ökosysteme. Hier sind „Persistenz" und „Reichweite" die passenden Beurteilungskriterien (SCHERINGER 1999). Für die Bewertung struktureller Landschaftsveränderungen (vgl. SRU 1994: 125f Tz 245ff) eignet sich die Ebene der *Konfiguration*, z.B. mit den Kriterien der zivilisatorisch-technischen Durchdringung (EWALD 1978), der Erhöhung des Zerschneidungsgrades oder der Herabsetzung der *landscape connectivity* (vgl. JAEGER 1998). Ein weiteres Beispiel, welches dem Ansatz der Gefährdungsanalyse entspricht, sind die regionsspezifischen Ausbreitungsindizes für gentechnisch veränderte Kulturpflanzen. Die Indizes beschreiben u.a. die Verbreitungshäufigkeit von Wildarten und die Ausbreitung von Diasporen und ermöglichen die Bildung von Gefährdungskategorien für die Verwilderung oder Auskreuzung transgener Pflanzen (AMMANN et al. 1996, SRU 1998: 284ff / Tz 813ff).

Entscheidend ist die Einführung einer „Zwischenebene", auf der die Einwirkungen durch Eigenschaften charakterisiert werden, die zurechenbar sind und nicht die Kenntnis der Auswirkungen voraussetzen. Das Konzept der Umweltgefährdung ersetzt somit die Strategie der Wirkungsanalyse durch eine vorsorgeorientierte Strategie, bei der man nach den *Bedingungen* für Umweltauswirkungen fragt und sich insbesondere am Ausmaß der bestehenden Ungewißheit orientiert. Falls das Wissen über die potenziellen Auswirkungen zunimmt, können diese ebenfalls bewertet werden und in den Entscheidungsprozeß mit einfließen; gegebenenfalls wird man dann zwischen verschiedenen Kriterien aus beiden Bewertungsstrategien abwägen. Gefährdungsorientierung und Wirkungsorientierung müssen einander also nicht widersprechen, sondern sind komplementäre, einander ergänzende Perspektiven (zu den Vorteilen gefährdungsorientierter Strategien gegenüber der Wirkungsorientierung vgl. JAEGER 2000a: 213f).

„Gefährdung" wird im Naturschutz sowie in der Alltagssprache auch anders gebraucht, als sie hier definiert wurde. Auch in der Rechtsprechung ist „Gefährdung" bereits als Begriff belegt. Beispielsweise gibt es im Recht die Begriffe des Gefährdungsdelikts und der Gefährdungshaftung. (Hierauf wies Karin Mathes in ihrem Diskussionsbeitrag auf der Tagung in Blaubeuren hin. Sie schlug vor, nach einer neuen Bezeichnung zu suchen, um die Aufnahme des Konzeptes in den juristischen Bereich dadurch zu erleichtern; vgl. auch SCHERINGER et al. 1998). Um Verständigungsschwierigkeiten zu vermeiden, eignet sich der Begriff „Umweltgefährdung" oder „ökologische Gefährdung".

Der Ansatz, sich vom strikten Wirkungsbezug zu lösen, ist nicht neu, sondern wird beispielsweise bei der Festlegung von Umweltstandards bereits seit den sechziger Jahren praktiziert. Statt auf der Wirkungsorientierung basiert die Begründung solcher Standards nach dem Vorsorgeprinzip auf einem „Konzept der Minimierung von Umweltrisiken, das sich primär an technischer und sozioökonomischer Machbarkeit sowie an politischer Durchsetzbarkeit orientierte" (SRU 1996: 254).

Weitere Beispiele für Bewertungsstrategien im Sinne einer Vorverlagerung der Bewertung sind das Kriterium der Eingriffstiefe in der Technikbewertung (VON GLEICH 1988, 1997) und das medizinische Modell der Risikofaktoren (J. SCHAEFER et al. 2000). Diese Beispiele zeigen, daß ähnliche Schwierigkeiten wie in der ökologischen Wirkungsanalyse auch in anderen Disziplinen bestehen und zu vergleichbaren Ansätzen wie das Konzept der Umweltgefährdung geführt haben.

Medizinische Risikofaktoren sind bezogen auf bestimmte Erkrankungen (mit oder ohne Angabe der Eintrittswahrscheinlichkeit, d.h. im Bereich von Risiko oder von Unsicherheit i.e.S.). Für ökologische Gefährdungsfaktoren im Konzept der Umweltgefährdung dagegen braucht ein Bezug auf bestimmte ökologische Schäden nicht gegeben zu sein (d.h. im Fall von Unbestimmtheit, vgl. Tab. 2). Um diesen Unterschied sprachlich zu berücksichtigen, sollte man von (ökologischen) *Risiko*faktoren im strengen Sinne an sich nur dann sprechen, wenn sie auf bestimmte, angebbare mögliche Umweltschäden einschließlich der Eintrittswahrscheinlichkeiten bezogen sind, und ansonsten von (ökologischen) *Gefährdungs*faktoren. Da der Begriff „Risikofaktor" in der Medizin jedoch auch in Situationen von Unsicherheit i.e.S. eingesetzt wird und oft genau in diesem Sinne in die Umweltforschung übertragen wird (in der Bedeutung, dieser „Faktor" trage in einem unbekannten Maße zum angenommenen, unbestimmten Risiko bei), besteht hier in der Praxis eine Überlappung, und die strenge Sprachregelung wird sich daher nicht durchsetzen lassen. (Beispielsweise entsprechen den Risikofaktoren der Medizin im Bereich von Unsicherheit i.e.S. die „Gefährdungsfaktoren" für Rote-Liste-Arten im Naturschutz, denn diese beziehen sich auf bestimmte Arten oder Artengruppen ohne Aussage zur Höhe der Extinktionswahrscheinlichkeiten.) Ich schlage daher vor, zwischen (probabilistisch) abgeschätzten und unabgeschätzten Risikofaktoren sowie zwischen (schadens-)bezogenen und nichtbezogenen Gefährdungsfaktoren zu unterscheiden (Abb. 3). Unabgeschätzte Risikofaktoren und schadensbezogene Gefährdungsfaktoren sind demnach synonym zu verstehen.

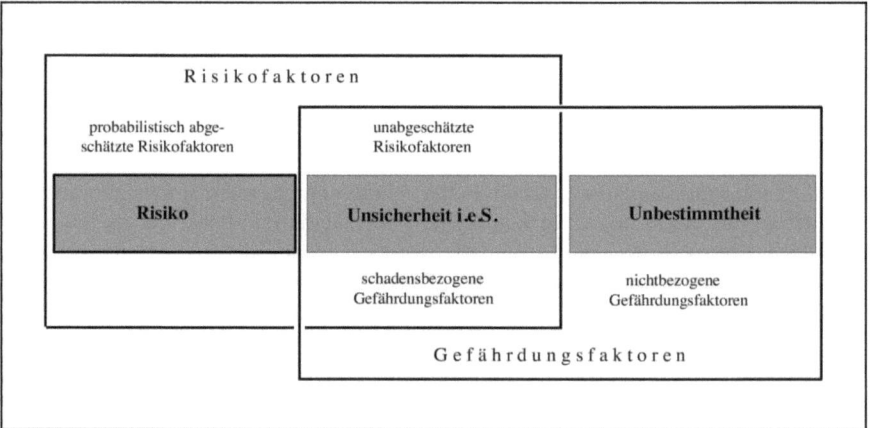

Abb. 3: Unterscheidung und Präzisierung von Risikofaktoren und Gefährdungsfaktoren (aus JAEGER 1998).

Der Vergleich des Risikofaktorenmodells mit dem Gefährdungskonzept macht deutlich, daß die beiden Ansätze kompatibel sind, d.h. daß man konsistent vom einen zum anderen übergehen kann. Beispielsweise lassen sich ähnlich wie beim Gefährdungskonzept auch im Risikofaktorenmodell mehrere Bewertungsebenen innerhalb der Kausalkette abgrenzen und primäre und sekundäre Risikofaktoren unterscheiden (H. SCHAEFER 1976). Das Gefährdungskonzept geht in der Loslösung von der Wirkungsorientierung allerdings einen wesentlichen Schritt weiter als das Modell der Risikofaktoren, denn es bestimmt die Gefährdung von der Seite der Einwirkungen her.

6 Zusammenfassung: Welche Konzepte sind angemessen für den Umgang mit „ökologischen Gefährdungen"?

Zur kontinuierlichen Zunahme der Landschaftsnutzung (z.B. Flächeninanspruchnahme, Landschaftszerschneidung) tragen die geringe Gewichtung von unsicheren Wirkungsbereichen ebenso bei wie der Wille der Gesellschaft, Landschaftseingriffe auch im Wissen um die Folgewirkungen durchzuführen. Wie groß der Anteil dieser beiden Faktoren als Ursache für die zunehmende Landschaftsinanspruchnahme eingeschätzt werden muß, ist aus der Analyse der Interviews letztlich nicht bestimmbar. Deutlich geworden ist allerdings: Die Anforderungen des Risikobegriffs sind sehr oft nicht erfüllbar. Die geforderten Wirkungsanalysen in der UVS entsprechen einem theoretischen Konzept, welches zwar durch theoretische Überlegungen gut begründet ist, gegenüber der früheren Situation (ohne UVS) einen großen Fortschritt darstellt und auf den damals gesammelten Erfahrungen basiert, das aber in der Praxis heute nur teilweise umgesetzt wird und aufgrund der „Tantalusprobleme" grundsätzlich niemals vollständig erfüllt werden kann. Dieses *Umsetzbarkeitsdefizit* betrifft insbesondere die kumulativen Wirkungen von Umwelteingriffen und hat – wie die Interviewergebnisse gezeigt haben – Konsequenzen für die Umweltbelastung. In der Summe kommt es in weiten Bereichen zu einer stetigen Verschlechterung der Umweltqualität, vor allem hinsichtlich Biodiversität, Verlärmung, Landschaftsbild und Erholungseignung (z.B. SRU 1998: 114ff / Tz 224ff). Daher kann es keine Lösung sein, sich mit der bestehenden Situation abzufinden.

Einen Ausweg aus diesem Zustand erhoffen sich manche Technikphilosophen durch eine massive Erweiterung des ökologischen Wissens und eine darauf gründende „technische Reorganisation der Natur": „Wenn wir diese Unvollkommenheiten der gegenwärtigen Technik überwinden wollen, brauchen wir (...) weiteren technischen Fortschritt, der (...) die umfassenden Ökosystemzusammenhänge einbeziehen muß und dann auf eine durchgängige Technisierung der Natur hinauslaufen wird" (ROPOHL 1991: 251f). Ein solcher Beherrschbarkeitsoptimismus stellt zwar eine markante technophile Extremposition dar, doch zeigt dieses Beispiel, wohin die einseitige Ausrichtung auf ein theoretisches Konzept führen *kann* (nicht muß), welches die Überkomplexität von Ökosystemen und die übrigen „Tantalusprobleme" und ihre Konsequenzen für die Prognostizierbarkeit und Beherrschbarkeit des Verhaltens von Ökosystemen ausblendet (kritisch dazu vgl. auch GORKE 1999: 23ff). Einer Verbesserung der Praxis der Wirkungsanalyse sind auch dann, wenn das ökologische Wissen rapide zunimmt, Grenzen gesetzt.

Aus allen diesen Gründen wird hier der Ansatz verfolgt, die Blickrichtung umzukehren, d.h. *von dem Befund der Schwierigkeiten* in der Praxis mit der Wirkungsorientierung und mit der Analyse von funktionalen Beziehungen *auszugehen* und nach den Konsequenzen daraus für die Theorie zu fragen: d.h. nach theoretischen Ansätzen zu suchen, welche diese Schwierigkeiten in der Praxis ernstnehmen und entsprechende neue Vorschläge entwickeln. Wenn die Anpassung der Praxis an eine bestehende Theorie offensichtlich nicht möglich ist (weil UVPs bezahlbar bleiben müssen und weil eine vollständige Wirkungsanalyse auch prinzipiell nicht geleistet werden kann) und wenn dieses Umsetzbarkeitsdefizit negative Folgen hat, dann muß die Tauglichkeit der Theorie hinterfragt und nach ergänzenden oder geeigneteren Konzepten gesucht werden.

Wie es das Beispiel des Gefährdungskonzepts vorführt, sollte man dabei nach den *Bedingungen* für Umweltveränderungen fragen und sich u.a. an dem Ausmaß der bestehenden Unsicherheit orientieren. Unsicherheit ist einer genaueren Analyse und Kennzeichnung zugänglich und läßt sich z.B. durch geeignete Kriterien charakterisieren. Zusammenfassend ergeben sich folgende Erfordernisse:

- Man sollte zwischen verschiedenen Arten von Unsicherheit unterscheiden, denn für jede Art von Unsicherheit kann ein anderer Umgang angemessen sein. Umwelteingriffe führen häufig in die Unsicherheitsbereiche von „Unbestimmtheit" und „Unsicherheit i.e.S.". Entsprechend der jeweiligen Art von Unsicherheit sollte zwischen den Begriffen „Risikofaktor" und „Gefährdungsfaktor" unterschieden werden.

- Es gibt eine Vielzahl von Unsicherheiten, für deren Bewertung man sich von der Wirkungsorientierung und vom Risikobegriff lösen sollte. Es besteht sonst die Gefahr, daß sie in der Praxis weiterhin als „Spekulationen" abgewertet und außer acht gelassen werden (z.B. Summeneffekte).

- Für Umweltgefährdungen sollte man die Bewertung vorverlagern auf eine den Auswirkungen vorgeordnete Ebene (z.B. Exposition und Konfiguration) und dafür geeignete Kriterien entwickeln. Erste Beispiele für solche Kriterien sind:
    - Reichweite von Umweltchemikalien (SCHERINGER et al. 1994, SCHERINGER & BERG 1994, SCHERINGER 1997),
    - regionsspezifische Ausbreitungsindizes von gentechnisch veränderten Kulturpflanzen (AMMANN et al. 1996, SRU 1998: 284 ff Tz 813ff),
    - Eingriffstiefe technischer Verfahren (VON GLEICH 1988),
    - enge Kopplungen und komplexe Verknüpfungen in technischen und organisatorischen Systemen (PERROW 1987),
    - zivilisatorisch-technische Durchdringung der Landschaft (EWALD 1978),
    - Kriterium der Disposition (bzw. Herabsetzung der *landscape connectivity*) zur Bewertung struktureller Landschaftsveränderungen (JAEGER 1998).

Ökologische Wirkungen von Umwelteingriffen sind grundsätzlich nur partiell prognostizierbar. Der Umsetzung auswirkungsorientierter Konzepte sind daher Grenzen gesetzt. Je mehr man in den Bereich der Umwelt*gefährdung* kommt, um so dringender werden neue Strategien für den Umgang mit der Unsicherheit benötigt, welche stärker vorsorgeorientiert sind als die Strategie der Wirkungsorientierung. Für die Planung ergibt sich daraus ein differenzierterer Umgang mit Unsicherheiten. Eine Begrenzung der Umweltgefährdung im Bereich der Landschaftszerschneidung könnte beispielsweise auf der Ebene der Konfiguration durch die Einführung von vorsorgeorientierten Grenz- oder Richtwerten erfolgen (JAEGER 2000c).

Danksagung

Anna-Katharina Pantli und Martin Scheringer haben eine frühere Fassung dieses Beitrages kritisch kommentiert, ihnen verdanke ich viele konstruktive und klärende Hinweise. Für hilfreiche Anmerkungen zum Manuskript danke ich außerdem Martin Blohm, Arnim von Gleich, Wolf Hagenau, Torsten Meyer-Oldenburg, Johannes Reidel und Thomas Schmitt sowie zwei anonymen Gutachtern/-innen; für die Betreuung meiner Arbeit bin ich Klaus Ewald, Ulrich Müller-Herold, Ortwin Renn und Michael Zwick sehr zu Dank verpflichtet; für Literaturhinweise danke ich Martin Dittrich, Holger Hoffmann-Riem und Felix Müller. Großer Dank gebührt den Befragten aus den verschiedenen Institutionen, die mir geduldig und offen meine Fragen beantwortet haben. Für finanzielle und ideelle Unterstützung danke ich der Studienstiftung des deutschen Volkes sowie meinen Eltern Erika und Günther Jaeger.

Literatur

ALBRECHT, U. & A.-K. PANTLI 1996: Leitfaden zur sprachlichen Gleichbehandlung im Deutschen. Herausgegeben von der Schweizerischen Bundeskanzlei, Bern.

AMMANN, K., JACOT, Y., RUFENER & P. AL MAZYAD 1996: Field release of transgenic crops in Switzerland: an ecological risk assessment of vertical gene flow. In: SCHULTE, E. & O. KÄPPELI (eds.): Gentechnisch veränderte krankheits- und schädlingsresistente Nutzpflanzen. Band 1: Materialien Bats, Basel: 101–157.

BACHFISCHER, R. 1978: Die ökologische Risikoanalyse - eine Methode zur Integration natürlicher Umweltfaktoren in die Raumplanung. Diss. Technische Univ. München.

BARKMANN, J. 2000: Eine Leitlinie für die Vorsorge vor unspezifischen ökologischen Gefährdungen, *dieser Band*.

BECK, U. 1986: Risikogesellschaft. Auf dem Weg in eine andere Moderne. Suhrkamp, Frankfurt/Main.

BECK, U. 1988: Gegengifte. Die organisierte Unverantwortlichkeit. Suhrkamp, Frankfurt/Main.

BERG, M.; ERDMANN, G.; HOFMANN, M.; JAGGY, M.; SCHERINGER, M. & H. SEILER (eds.) 1994: Was ist ein Schaden? Zur normativen Dimension des Schadensbegriffs in der Risikowissenschaft. Verlag der Fachvereine vdf, Zürich.

BERG, M. & M. SCHERINGER 1994: Problems in environmental risk assessment and the need for proxy measures. Fresenius environmental bulletin 3 (8): 487–492.

BONK, A. 1998: Beiträge der Ökosystemforschung zum Problemfeld Wechselwirkungen in Umweltverträglichkeitsuntersuchungen. Diplomarbeit (Geographie) Univ. Kiel.

BRECKLING, B. & F. MÜLLER (eds.) 2000: Der ökologische Risikobegriff. Beiträge zu einer Tagung des Arbeitskreises „Theorie" in der Gesellschaft für Ökologie im März 1998. Peter Lang, Frankfurt.

DEUTSCHER VERBAND FÜR WASSERWIRTSCHAFT UND KULTURBAU (DVWK) (ed.) 1996: Wirkungen wasserbaulicher Maßnahmen auf abiotische und biotische Faktoren. Arbeitsmaterialien zur ökologischen Wirkungsanalyse. DVWK-Materialien 1/96, Wirtschafts- und Verlagsgesellschaft Gas und Wasser mbH, Bonn.

DÜRRENBERGER, G. 1994: Klimawandel – eine Herausforderung für Wissenschaft und Gesellschaft. - In: Bulletin / Magazin der ETH Zürich. Nr. 253, April 1994: 20–22.

EBERLE, D. 1984: Die ökologische Risikoanalyse. Kritik der theoretischen Fundierung und der raumplanerischen Verwendungspraxis. Kaiserslautern (= Werkstattbericht Nr. 11 des Fachgebietes Regional- und Landesplanung im Fachbereich Architektur/Raum- und Umweltplanung der Universität Kaiserslautern).

ELLSBERG, D. 1961: Risk, ambiguity, and the Savage axioms. Quarterly Journal of Economics 75: 643–669.

EWALD, K.C. 1978: Der Landschaftswandel – Zur Veränderung schweizerischer Kulturlandschaften im 20. Jahrhundert. In: Tätigkeitsberichte der naturforschenden Gesellschaft Baselland 30: 55–308. Liestal (= Berichte der Eidgenössischen Anstalt für das forstliche Versuchswesen, Nr. 191).

FLICK, U. 1995: Qualitative Forschung. Theorie, Methoden, Anwendung in Psychologie und Sozialwissenschaften. Rowohlt, Reinbek.

FLURY, M., FLÜHLER, H., JURY, W.A. & J. LEUENBERGER 1994: Susceptibility of soils to preferential flow of water: A field study. Water resources research 30 (7): 1945–1954.

FLURY, M. 1996: Experimental evidence of transport of pesticides through field soils – a review. Journal of environmental quality 25 (1): 25–45.

GILL, B.; BIZER, J. & G. ROLLER 1998: Riskante Forschung. Zum Umgang mit Ungewißheit am Beispiel der Genforschung in Deutschland. edition sigma, Berlin.

GLEICH, A. VON 1988: Werkzeugcharakter, Eingriffstiefe und Mitproduktivität als zentrale Kriterien der Technikbewertung und Technikwahl. In: RAUNER, F. (ed.): „Gestalten" - eine neue gesellschaftliche Praxis. Neue Gesellschaft, Bonn: 115–147.

GLEICH, A. VON 1997: Ökologische Kriterien der Technik- und Stoffbewertung. In: WESTPHALEN, R. VON (ed.): Technikfolgenabschätzung als politische Aufgabe. 3. Aufl. Oldenbourg, München/Wien: 499–570.

GORKE, M. 1999: Artensterben. Von der ökologischen Theorie zum Eigenwert der Natur. Klett-Cotta, Stuttgart.

GRIMM, V. 1994: Stabilitätskonzepte in der Ökologie: Terminologie, Anwendbarkeit und Bedeutung für die ökologische Modellierung. Diss. Univ. Marburg.

GRIMM, V., SCHMIDT, E. & C. WISSEL 1992: On the application of stability concepts in ecology. Ecological modelling 63: 143–161.

HÄFELE, W., RENN, O. & G. ERDMANN, G. 1990: Risiko, Unsicherheit und Undeutlichkeit. In: HÄFELE, W. (ed.): Energiesysteme im Übergang – Unter den Bedingungen der Zukunft. mi-Poller, Landsberg: 373–423.

HARGREAVES HEAP, S., HOLLIS, M., LYONS, B., SUGDEN, R. & A. WEALE 1992: The theory of choice. A critical guide. Blackwell, Oxford and Cambridge/MA.

HELTEN, E. 1991: Ökologische Risiken und Versicherungsmöglichkeiten. Zeitschrift für angewandte Umweltforschung (ZAU) 4 (2): 122–125.

JAEGER, J. 1998: Exposition und Konfiguration als Bewertungsebenen für Umweltgefährdungen. Zeitschrift für angewandte Umweltforschung (ZAU) 11 (3/4): 444–466.

JAEGER, J. 1999: Gefährdungsanalyse der anthropogenen Landschaftszerschneidung. Diss ETH Nr. 13503 (Abteilung für Umweltnaturwissenschaften), Zürich.

JAEGER, J. 2000a: Vom „ökologischen Risiko" zur „Umweltgefährdung": Einige kritische Gedanken zum wirkungsorientierten Risikobegriff. In: BRECKLING, B. & F. MÜLLER (ed.): Der ökologische Risikobegriff. Beiträge zu einer Tagung des Arbeitskreises „Theorie" in der Gesellschaft für Ökologie im März 1998. Peter Lang, Frankfurt: 203–216.

JAEGER, J. 2000b: Landscape division, splitting index, and effective mesh size: new measures of landscape fragmentation. Landscape ecology 15 (2): 115–130.

JAEGER, J. 2000c: Beschränkung der Landschaftszerschneidung durch die Einführung von Grenz- oder Richtwerten. Natur und Landschaft (im Druck).

JAEGER, J. 2000d: Bedarf nach Unsicherheitsunterscheidungen. Eine empirische Untersuchung zum Umgang mit Unsicherheit bei der Eingriffsbewertung. Naturschutz und Landschaftsplanung 32 (7): 204-212.

JAEGER, J. & M. SCHERINGER 1998: Transdisziplinarität - Problemorientierung ohne Methodenzwang. GAIA 7 (1): 10–25.

KEYNES, J.M. 1921: A treatise on probability. Macmillan, London.

KLASCHKA, U., LANGE, A. & S. MADLE, S. 1997: Das OECD-Prüfrichtlinienprogramm. Umweltwissenschaften und Schadstoff-Forschung Zeitschrift für Umweltchemie und Ökotoxikologie 9 (6): 387–396.

KNIGHT, F.H. 1921: Risk, uncertainty, and profit. Boston.

KUNREUTHER, H. 1992: A conceptual framework for managing low-probability events. In: KRIMSKY, S. & D. GOLDING (eds.): Social theories of risk. Praeger, Westport/CT: 301–320.

LAMNEK, S. 1989: Qualitative Sozialforschung, Bd. 2: Methoden und Techniken. Psychologie Verlags Union, München.

MEIER, H. 1997: Koordination von Eingriffsregelung und Umweltverträglichkeitsprüfung in Niedersachsen. Aufgaben und Handlungsstratgegien der Naturschutzverwaltung im Spannungsfeld zwischen Umweltvorsorge und Verfahrensbeschleunigung. Diss. Univ. Hannover.

MEUSER, M. & U. NAGEL 1991: ExpertInneninterviews – vielfach erprobt, wenig bedacht. Ein Beitrag zur qualitativen Methodendiskussion. In: GARZ, D. & K. KRAIMER (eds.): Qualitativ-empirische Sozialforschung. Westdeutscher Verlag, Opladen: 441–468.

MÜLLER, D., PERROCHET, S., FAIST, M. & J. JAEGER 1998: Ernähren und Erholen mit knapper werdender Landschaft. In: BACCINI, P. & F. OSWALD (eds.): Netzstadt. Transdisziplinäre Methoden zum Umbau urbaner Systeme. Verlag der Fachvereine, Zürich: 28–59.

PANTLI, A.-K. 1998: „Es besteht indessen [k]ein Anlass, an der Richtigkeit des Protokolls zu zweifeln." Die juristische Protokollierungspraxis aus linguistischer Sicht. Lizentiatsarbeit (Germanistik) Univ. Zürich.

PERROW, C. 1987: Normale Katastrophen. Die unvermeidbaren Risiken der Großtechnik. Campus, Frankfurt/Main, [2]1992.

RAYNER, S. 1992: Cultural theory and risk analysis. In: KRIMSKY, S. & D. GOLDING (eds.): Social theories of risk. Praeger, Westport/CT: 83–115.

RENN, O. 1981: Wahrnehmung und Akzeptanz technischer Risiken. Bd. I: Zur Theorie der Risikoakzeptanz: Forschungsansätze und Modelle. Jülich (= Spezielle Berichte der Kernforschungsanlage Jülich, Nr. 97, Bd. I).

RENN, O. 1992: Concepts of risk: a classification. In: KRIMSKY, S. & D. GOLDING (eds.): Social theories of risk. Praeger, Westport/CT: 53–79.

RENN, O. 1993: Technik und gesellschaftliche Akzeptanz: Herausforderungen der Technikfolgenabschätzung. In: GAIA 2 (2): 67–83.
ROLLER, G. 1999: Die Möglichkeiten und Grenzen der rechtlichen Risikosteuerung. Politische Ökologie 17, Nr. 60 (Juni 99): 55–58.
ROPOHL, G. 1991: Technologische Aufklärung. Beiträge zur Technikphilosophie. Suhrkamp, Frankfurt/Main.
SACHVERSTÄNDIGENRAT FÜR UMWELTFRAGEN (SRU) 1987: Umweltgutachten 1987. Kohlhammer, Stuttgart.
SACHVERSTÄNDIGENRAT FÜR UMWELTFRAGEN (SRU) 1994: Umweltgutachten 1994. Metzler-Poeschel, Stuttgart.
SACHVERSTÄNDIGENRAT FÜR UMWELTFRAGEN (SRU) 1996: Umweltgutachten 1996. Metzler-Poeschel, Stuttgart.
SACHVERSTÄNDIGENRAT FÜR UMWELTFRAGEN (SRU) 1998: Umweltgutachten 1998. Metzler-Poeschel, Stuttgart.
SCHAEFER, H. 1976: Die Hierarchie der Risikofaktoren. Medizin, Mensch, Gesellschaft (MMG) 1 (3): 141–146.
SCHAEFER, J., DEPPERT, W. & B. KRALEMANN 2000: Das Risikofaktorkonzept in der Medizin. Kritik, Probleme und Grenzen seiner Anwendung. In: BRECKLING, B. & F. MÜLLER (eds.): Der ökologische Risikobegriff. Beiträge zu einer Tagung des Arbeitskreises „Theorie" in der Gesellschaft für Ökologie im März 1998. Peter Lang, Frankfurt: 191–202.
SCHERINGER, M. 1997: Characterization of the environmental distribution behavior of organic chemicals by means of persistence and spatial range. In: Environmental science and technology 31 (10): 2891–2897.
SCHERINGER, M. 1999: Persistenz und Reichweite von Umweltchemikalien. Wiley-VCH, Weinheim.
SCHERINGER, M. & M. BERG 1994: Spatial and temporal range as measures of environmental threat. Fresenius environmental bulletin 3 (8): 493–498.
SCHERINGER, M., BERG, M. & U. MÜLLER-HEROLD 1994: Jenseits der Schadensfrage: Umweltschutz durch Gefährdungsbegrenzung. In: BERG, M., et al. (eds.): Was ist ein Schaden? v/d/f Hochschulverlag, Zürich: 115–146.
SCHERINGER, M., MATHES, K., WEIDEMANN, G. & G. WINTER 1998: Für einen Paradigmenwechsel bei der Bewertung ökologischer Risiken durch Chemikalien im Rahmen der staatlichen Chemikalienregulierung. Zeitschrift für angewandte Umweltforschung (ZAU) 11 (2): 227–233.
SCHERINGER, M. & K. HUNGERBÜHLER 1998: Exposure-based and effect-based environmental risk assessment for chemicals: two complementary approaches. In: ALEF, K., et al. (eds.): Eco-Informa '97: Information and Communication in environmental and health issues. Vol. 12, Eco-Informa Press, Bayreuth: 173–178.
SCHOLLES, F. 1996: Methoden zur Bewertung der Umweltverträglichkeit – Beispiele. In: BUCHWALD, K., & W. ENGELHARDT (eds.): Bewertung und Planung im Umweltschutz. (= Umweltschutz - Grundlagen und Praxis, Band 2), Economica, Bonn: 474–499.
SCHOLLES, F. 1997: Abschätzen, Einschätzen und Bewerten in der UVP. (= UVP spezial 13), Dortmunder Vertrieb für Bau- und Planungsliteratur, Dortmund.
SCHULZ-BALDES, M. 1999: Politikberatung zum Globalen Wandel - Zum Wissenschaftlichen Beirat der Bundesregierung Globale Umweltveränderungen. Zeitschrift für angewandte Umweltforschung (ZAU) 12 (1): 22–29.
WISSENSCHAFTLICHER BEIRAT DER BUNDESREGIERUNG GLOBALE UMWELTVERÄNDERUNGEN (WBGU) 1999: Welt im Wandel: Strategien zur Bewältigung globaler Umweltrisiken. Jahresgutachten 1998. Springer, Berlin.

Eine Leitlinie für die Vorsorge vor unspezifischen ökologischen Gefährdungen

Jan Barkmann

Ökologie-Zentrum der Christian-Albrechts-Universität zu Kiel (ÖZK)
Schauenburger Str. 112, D-24118 Kiel
e-mail: jbarkmann@pz-oekosys.uni-kiel.de

Abstract

Sustainable Development stresses the importance of ecological systems to fulfil social and economic development objectives. It demands a risk averse treatment of the 'global life support system' in environmental decision-making. While specific Sustainable Development guidelines have been developed for many relevant facets of the human-environment interaction, a management guideline for a pro-active, prophylactic treatment of unspecific environmental risks is lacking. This unfortunate state of affairs is not caused primarily by insufficient ecological knowledge; it is rather due to an insufficient analysis of the normative foundation of applied ecosystem research. This paper reconstructs the Ecological Integrity concept in a normatively sound way in order to sketch the lacking management guideline for long-term prophylactics against unspecific environmental risks.

A triple uncertainty characterizes long-term risks to the ability of the global life support system to provide essential services for human needs. Fundamental uncertainty prevails (i) on why and how the global ecological baselines change, (ii) on future changes of existential human needs, and (iii) on the question if current scientific knowledge identifies all relevant risk dimensions. In the worst case, the triple uncertainty keeps us ignorant in face of, and vulnerable to existential dangers. Conversely, there is little doubt that the physical expansion of the human sphere diminishes the overall capacity of the ecological life support systems to provide essential ecosystem services. If the very general premise is accepted that self-organizing ecological systems are an indispensable source of ecosystem services, the long-term capacity of these systems to self-organize must be protected and/or enhanced by management guidelines for Sustainable Development. Only this capacity is sufficiently unspecific to promise protection against the equally unspecific risks highlighted by the triple uncertainty.

The long-term capacity of ecological systems to self-organize rests on the availability of biological information, utilizable energy, the material building blocks of organismic life, and on the realized degree of ecosystem self-organization. Protection and development of these preconditions represent the core of the Ecological Integrity guideline. Simultaneously, they form high-level indicators for Ecological Integrity.

Keywords: *environmental risk, sustainable development, ecosystem service, ecological integrity, thermodynamic self-organisation, biological information*

Schlüsselwörter: *Umweltrisiko, Nachhaltige Entwicklung, Ökosystem-Dienstleistungen, Ökologische Integrität, thermodynamische Selbstorganisation, biologische Information*

1 Einleitung

Über ein Jahrzehnt Diskussion und Forschung über das globale Leitbild der Nachhaltigen Entwicklung haben zur Formulierung zahlreicher Leitlinien geführt, die auf die Umsetzung („Operationalisierung") von Teilaspekten der Nachhaltigen Entwicklung zielen. Für den im engeren Sinne umweltwissenschaftlichen Bereich sind im deutschsprachigen Raum beispielsweise Leitlinien zur „dauerhaft-umweltverträglichen" Nutzung erneuerbarer und erschöpflicher Ressourcen, zur Höhe akzeptabler Schadstoffemissionen und -immissionen, zum Energieverbrauch sowie zum Schutz der menschlichen Gesundheit veröffentlicht worden (SRU 1994, BMU 1996, BUND/MISEREOR 1996, SRU 1996, ENQUETE-KOMMISSION 1998). Für eine bedeutende Zieldimension Nachhaltiger Entwicklung fehlt eine solche Leitlinie allerdings noch weitgehend: für den langfristigen Schutz vor schwer bestimmbaren („unspezifischen") Gefährdungen der ökologischen Umweltfunktionen.

Ein solcher Schutz lässt sich grundsätzlich auf zweierlei, sich ergänzenden Wegen erreichen. Bevor ich diese Wege in den folgenden zwei Absätzen kurz charakterisiere, sei erläutert, warum im Weiteren auf die Bezeichnung „Umweltfunktion" verzichtet und stattdessen von „Ökosystem-Dienstleistungen" gesprochen wird. „Ökosystem-Dienstleistung" stellt zunächst eine angemessene Übersetzung der international eingeführten *ecosystem services* dar (DAILY et al. 1997). Dies allein wäre sicher kein Grund, auf die im deutschen Sprachraum gebräuchliche „Umweltfunktion" zu verzichten – wenn eben diese Bezeichnung nicht zusätzlich zu ontologisierenden Fehldeutungen über ihren Gegenstand verleitete. Die verbreitete „Anleitung zur Bewertung des Leistungsvermögens des Landschaftshaushaltes" (MARKS et al. 1992) möge beispielhaft für die Hypostasierung des Begriffs der „Funktion" genannt sein. Die Bezeichnung Ökosystem-Dienstleistung betont hingegen eine Betrachtungsweise von Umweltsystemen, die sich in eindeutiger Weise auf „menschliche Umweltansprüche" bezieht (vgl. JAX, dieser Band). Ein Bezug auf menschliche Umweltansprüche war vom Umweltrat für den Begriff der Umweltfunktion zwar vorgesehen (SRU 1988, Tz. 12f), hat sich jedoch nicht allgemein durchsetzen können. Ohne den expliziten *Bewertungs*bezug (!) auf menschliche Umweltansprüche ist der Begriffsumfang von „Umweltfunktion" jedoch nicht eindeutig genug gegen Umweltsystemprozess, -struktur oder -zustand abzugrenzen – und daher besser durch diese, eindeutig deskriptiven Termini zu ersetzen.

Der erste der zwei Wege besteht nun im Versuch, die ökologischen Systeme von einzelnen Gefährdungen freizuhalten, die deren Fähigkeit herabsetzen, Ökosystem-Dienstleistungen zu erbringen. Ausgehend von einer Kritik am wirkungsorientierten Risikobegriff der Umweltwissenschaften unterscheidet JAEGER (2000a) *wirkungsorientierte* Risikofaktoren von solchen Faktoren, für die kein strenger Wirkungsnachweis für die Gefährdung von Umwelt-Dienstleistungen erbracht werden kann. Diese *Gefährdungsfaktoren* beziehen sich nicht auf ein „kalkulierbares" Umweltrisiko in engeren Sinne, d. h. auf ein Risiko, dessen Erwartungswert (Schadenshöhe * Eintrittswahrscheinlichkeit) bekannt ist. Gefährdungsfaktoren tragen jedoch zur Entstehung von Risiken im weiteren Sinne – eben „Gefährdungen" – bei, deren Eintrittswahrscheinlichkeiten und/oder Schadenshöhen sich nicht hinreichend quantifizieren lassen. Trotz dieser Unbestimmtheit kann Wissen über Gefährdungsfaktoren handlungsrelevant werden. Dies ist der Fall, wenn durch eine verstärkte Vorsorgeorientierung identifizierbare, aber nicht quantifizierbare Gefährdungen vermindert werden sollen. Es gibt empirische Hinweise darauf, dass die fehlende begriffliche Differenzierung im Bereich dieser Gefährdungen zur unzulänglichen Berücksichtigung langfristiger oder schwer zu fassender Vorsorgeaspekte in der Planungspraxis führen kann (JAEGER, dieser Band).

Der zweite Weg versucht im Gegensatz zur Minimierung *identifizierbarer* Gefährdungsfaktoren die „Widerstandsfähigkeit" ökologischer Systeme vor *nicht identifizierbaren* Gefährdungsfaktoren zu erhöhen. Unter „Widerstandsfähigkeit" ökologischer Systeme sei hier zunächst lediglich die Fähigkeit ökologischer Systeme verstanden, trotz der ökologischen Gefährdungen eine Vielzahl wichtiger Ökosystem-Dienstleistungen langfristig zur Verfügung zu stellen. Eine Leitlinie für die langfristige Vorsorge vor nicht identifizierbaren – also unspezifischen – ökologischen Gefährdungen bezieht sich daher nicht auf die kalkulatorische Unbestimmtheit des Risikos, sondern auf die Unbestimmtheit des potenziell belastenden Faktors (sowie die Unbestimmtheit der gefährdeten Ökosystem-Dienstleistung; s.u.). Es ist eine Aufgabe dieses Beitrages, eine Nachhaltigkeitsleitlinie zur langfristigen Vorsorge vor schwer bestimmbaren, unspezifischen Gefährdungen dieser Art zu umreißen. Weiterhin werde ich zeigen, dass inhaltliche Übereinstimmungen und die Begriffsgeschichte in der Ökosystemtheorie es nahe legen, diese Leitlinie als „Ökologische Integrität" zu bezeichnen.

Im Gegensatz zur handlungslimitierenden Vorbeugung gegenüber ökologischen Gefährdungsfaktoren an Hand von Kriterien wie „Eingriffstiefe" oder „Reichweite" (JAEGER 2000a) handelt es sich bei der hier vorgelegten Interpretation Ökologischer Integrität um eine Leitlinie mit einer starken proaktiven Komponente. In dieser Hinsicht ähnelt sie dem medizintheoretischen Konzept der *Salutogenese* (siehe SCHAEFER *et al.* 2000): Salutogenetische Schutzfaktoren dienen nicht der Vermeidung von (kausalanalytisch wenig abgesicherten) Risiko- oder Gefährdungsfaktoren, sondern der *Stärkung systemimmanenter Mechanismen*, die etwaigen „Störungen" entgegen wirken. Mit Schutz und Förderung der ökosystemaren Selbstorganisationsfähigkeit stärkt die Leitlinie Ökologische Integrität einen solchen systemimmanenten Mechanismus, dessen Auswirkung zu Beginn des vorherigen Absatzes in erster Annäherung als „Widerstandsfähigkeit" bezeichnet wurde.

Die Tatsache, dass eine Leitlinie zum Schutz gegen unspezifische ökologische Gefährdungen bislang fehlt, beruht indessen nur vordergründig auf fehlendem ökologischen Wissen. Wesentlich schwerer wiegt die unzureichende Klärung der normativen Grundlagen angewandter Ökosystemforschung. Dieser Mangel kommt in einigen Definitionsversuchen Ökologischer Integrität *(Ecological Integrity)* deutlich zum Ausdruck: Diese Versuche sind regelmäßig der Vorstellung verhaftet, aus der Hervorhebung bestimmter, als besonders bedeutsam geltender Eigenschaften oder Entwicklungstendenzen ökologischer Systeme könne umstandslos auf universelle Umweltwerte oder umweltrelevante Handlungsnormen geschlossen werden (siehe hierzu ausführlich STEINER & WIGGERING, dieser Band; BARKMANN 2000). Zunächst soll daher eine wissenschaftstheoretisch möglichst unstrittige Rekonstruktion der Ökologischen Integrität erfolgen, die ihren Ausgangspunkt nicht in ökologischen Tatsachen, sondern in den allgemeinsten Forderungen Nachhaltiger Entwicklung nimmt. Diese Analyse wird zeigen, dass die hier entworfene Leitlinie einen Ansatzpunkt liefert, um zwei Kernbegriffe des deutschen und europäischen Umweltschutzrechts, die bislang als kaum operationalisierbar galten, in Planungspraxis und Rechtsprechung stärker zu berücksichtigen. Es handelt sich (a) um die ökologischen *Wechselwirkungen* des Umweltverträglichkeitsrechts und (b) um die *Leistungsfähigkeit des Naturhaushalts*. Zusammen mit der *Funktionalität ökologischer Systeme* (MÜLLER 1998) werden diese beiden Konzepte auf die gemeinsame umweltethische Wertdimension des Schutzes vor unspezifischen ökologischen Gefährdungen bezogen.

2 Ökologische Integrität als eindimensionale Leitlinie für das Umweltmanagement

Im internationalen, vor allem im nordamerikanischen Raum stellt die *Ecological Integrity* ein einflussreiches, wenngleich wissenschaftlich kontrovers diskutiertes Konzept der Umweltdebatte dar (SHRADER-FRECHETTE 1995, BARKMANN 2000). Gemessen an der häufigen Nennung dieses Konzepts in nationalen und internationalen Umweltabkommen muss der Ökologischen Integrität zumindest ein rhetorischer Erfolg zugesprochen werden. Verweise auf die Ökologische Integrität als Zielvariable finden sich beispielsweise in der U.S. Gewässerschutz-Gesetzgebung, im Abkommen zwischen den USA und Kanada zur Wasserqualität der Großen Seen und in der Agenda 21 (vgl. WESTRA 1994). Ob es sich jedoch überhaupt um ein naturwissenschaftlich operationalisierbares Konzept handelt, darf aufgrund der ausufernden Definitionsvielfalt bezweifelt werden.

Handelt es sich bei der Ökologischen Integrität um eine *strukturelle* Eigenschaft von Ökosystemen, deren Lebensgemeinschaften „natürlich" zusammengesetzt sind (KARR 1981), oder handelt es sich eher um ein *funktionales* Konzept, dass die Bedeutung der Ökosystemprozesse und des Ökosystem-Energiehaushalts betont (SCHNEIDER & KAY 1994a, 1994b)? Ist Ökologische Integrität der Zustand eines "wilden" Ökosystems, das von menschlicher Belastung frei ist (WESTRA 1994), oder ist Ökologische Integrität eine andere Bezeichnung für biologische Autokatalyse und Selbstorganisation (ULANOWICZ 1995)? Wenn zudem selbst eine Aufzählung von 38 Ökosystem-Phänomenen die Ökologische Integrität nur unzureichend charakterisiert (REGIER 1993), liegt der Verdacht nahe, dass es sich um ein nutzloses Schlagwort aus umweltrechtlicher Prosa und Umweltdebatte handeln könnte (vgl. NOSS 1995). Mindestens ist festzuhalten, dass angesichts der Uneinigkeit über fundamentale Bedeutungsinhalte die öffentliche Zustimmung zu *Ecological Integrity* der theoretischen Unterfütterung dieses Konzepts weit voraus ist.

In Falle der Ökologischen Integrität ist Bedeutungsvielfalt nur sehr bedingt Ausdruck der rasanten Entwicklung ökosystemaren Wissens in seinen unterschiedlichen interdisziplinären Erscheinungsformen. Vielmehr ist die Bedeutungsvielfalt Symptom eines grundlegenden Konstruktionsfehlers vieler bisheriger Definitionsversuche. Diese Definitionsversuche fassen Ökologische Integrität nämlich als naturwissenschaftlich bestimmbare Eigenschaft ökologischer Systeme, also als einen *deskriptiven* Begriff auf. Die Probleme, sich auf den ökosystemaren Gegenstand Ökologischer Integrität zu einigen, sowie ihre überdurchschnittlich häufige Verwendung als positiv belegte Zielbestimmung des Umwelthandelns deuten hingegen darauf hin, dass es sich um ein *normatives* Konzept handelt. Dieses Grundsatzproblem ist nicht gänzlich unbeachtet geblieben. Schon KAY & SCHNEIDER (1995: 56) sehen beispielsweise die Kluft zwischen normativem Anspruch und deskriptivem Inhalt herkömmlicher Integrity-Definitionen:

> „Ultimately, any evaluation of the ecological acceptability of a human activity will depend on value judgments about whether the resulting changes in the affected ecosystem are acceptable to the human participants."

Da diese Einsicht jedoch nur unzureichend für die Definitionsversuche Ökologischer Integrität genutzt wurde, herrscht weiter das Missverständnis vor, es könne sich bei der Ökologischen Integrität um einen Satz deskriptiver Ökosystemattribute handeln. Solche Sätze „integerer" Ökosystemattribute stellen jedoch das Ergebnis eines klassischen Naturalistischen Fehlschlusses dar. Sie sagen mehr über die subjektive Wertehierarchie der Definierenden als über die Vorzugswürdigkeit bestimmter ökologischer Strukturen aus.

Im Gegensatz zu den vorherrschenden, auch als *ökozentrisch* beschriebenen Definitionsstrategien (vgl. MÜLLER 1998:24ff) baut die hier referierte Interpretation Ökologischer Integrität auf dem strikt anthropozentrischen Leitbild der Nachhaltigen Entwicklung im Sinne der Brundtland-Definition auf (WCED 1987). Aufgrund der Unfähigkeit nicht-anthropozentrischer Ansätze der Umweltethik, das Bestehen bindender Verpflichtungen gegenüber der

"sustenance of ecological and evolutionary processes, viable populations of native species, and other non-human qualities of ecosystems, *for their own sakes*"

zu demonstrieren, erscheint eine „aufgeklärt" anthropozentrische Ausrichtung der Leitlinie als folgerichtig (Zitat aus NOSS 1995: 64, Hervorhebung im Original; zur Umweltethik siehe z. B. KREBS 1997, OTT 1994, PFORDTEN 1996). Diese Ausrichtung der Leitlinie Ökologische Integrität hat den entscheidenden Vorteil, auf einem Leitbild aufzubauen, dessen Orientierung an berechtigten menschlichen Bedürfnissen *(needs)* nach strengen umweltethischen Maßstäben als gerechtfertigt gelten darf (vgl. OTT 1996b). Eine solche normativ anspruchsvolle Rechtfertigung darf zumindest hinsichtlich der zentralen Normen Nachhaltiger Entwicklung angenommen werden: der Forderung nach internationaler und intergenerationeller Gerechtigkeit sowie der Verpflichtung, umweltrelevante Entscheidungen unter dem Gesichtspunkt der Retinität, d. h. der Gesamtvernetzung von Ökologie, Ökonomie und sozialer Sphäre (SRU 1994), zu treffen.

Die Darstellung des *needs*-Ansatzes des Brundtland-Berichts (WCED 1987) in einem vieldimensionalen Bewertungsraum (siehe Abb. 1) verdeutlicht einen weiteren Vorteil der anthropozentrischen Interpretation Ökologischer Integrität als Leitlinie für den Schutz vor unspezifischen ökologischen Gefährdungen. Eine Vielzahl menschlicher Bedürfnisse oder Nutzungsinteressen ist auf die Strukturen, Prozesse oder Zustände ökologischer Systeme gerichtet oder unmittelbar auf sie angewiesen (Ökosystem-Dienstleistungen). Über die Erfüllung existentieller Grundbedürfnisse hinaus sind die einzelnen Bedürfnisse streng subjektiver Art; dennoch können aus ihnen Klassen von gesellschaftlichen Werthaltungen und Zielsetzungen abstrahiert werden. Diese Aggregation kann unterschiedlich weit getrieben werden. Für die Zwecke der Umweltbewertung kann beispielsweise eine Differenzierung in je zwei grundlegende Werte (Selbstverwirklichung und materielle Sicherung) und zwei grundlegende Normen (Gerechtigkeit und Freiheit) erfolgen (Norm sei hier als *moralische* Norm, d. h. geltungstheoretisch gerechtfertigtes Handlungsverbot oder -gebot verstanden, Wert als eine Dimension des instrumentell, ästhetisch, spirituell „Guten" oder „Wünschbaren").

Wenngleich die vier Grundnormen und Grundwerte nicht für die Umweltbewertung spezifisch sind, so manifestieren sie sich *auch* in Beziehung zu den Strukturen, Prozessen und Zuständen ökologischer Systeme. Je nach gefordertem Detaillierungsgrad können diese vier Bewertungsdimensionen weiter aufgespalten werden, bis sie schließlich als Nutzungsinteresse oder als sonstige Zielvorstellung zum Umgang mit konkreten ökologischen Systemen wieder unmittelbar greifbar werden. Auf dem Aggregationsniveau der vier Grundnormen und Grundwerte ist evident, dass es der Naturwissenschaft unmöglich ist, eine Präferenzreihenfolge etwa zwischen materieller Sicherung und Selbstverwirklichung festzulegen. Ebensowenig kann es gelingen, das „richtige" Verhältnis von Gerechtigkeit und Freiheit empirisch zu bestimmen. In dieser Unmöglichkeit tritt eine nicht hintergehbare Mehrdimensionalität jeder Umweltbewertung zu Tage.

Den abstrakten mehrdimensionalen Raum, der von den Norm- und Wertdimensionen aufgespannt wird, nenne ich *umweltethischen Bewertungsraum* (siehe Abb. 1). Der Bewertungsraum kann eingesetzt werden, um den normativen Gehalt vorgeschlagener Definitionen Ökologischer Integrität zu explizieren. Dazu werden die Strukturen, Prozesse und Zustände ökologischer Systeme, die von einer deskriptiven Definition Ökologischer Integrität als bedeutsam hervorgehoben werden, im Hinblick auf ihre jeweilige Relevanz für jede einzelne Dimension des Bewertungsraums analysiert. Der sich ergebende Bewertungsvektor kennzeichnet die normative Schwerpunktsetzung der jeweiligen Definition. In dieser Darstellungsform ist zu erkennen, welche außer-naturwissenschaftlichen Werturteile faktisch in die Definitionen Ökologischer Integrität eingeflossen sind. Da auch innerhalb der Ökosystemforschung unterschiedliche Auffassungen zu normativen Schwerpunktsetzungen im umweltethischen Bewertungsraum vorherrschen, ist nicht verwunderlich, dass bislang nur wenig Fortschritt in Richtung auf eine einheitliche Definition Ökologischer Integrität verzeichnet werden konnte.

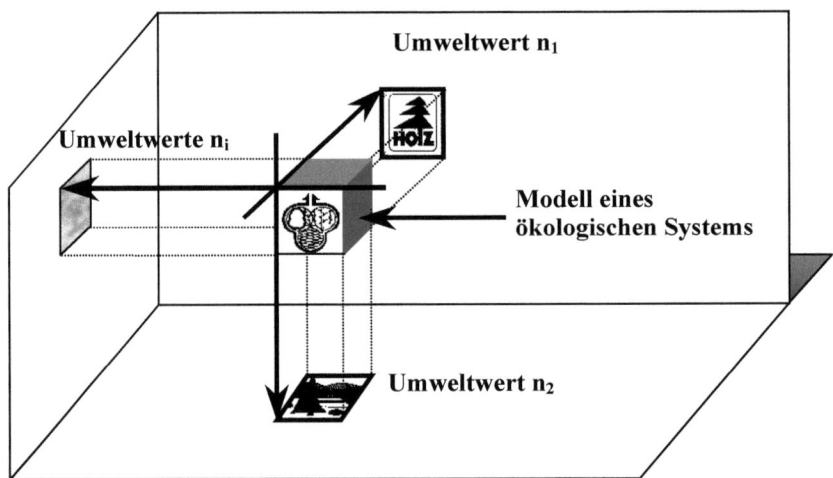

Abb. 1.: Dimensionen des umweltethischen Bewertungsraums. Als Umweltwert n_1 ist beispielhaft die Holzproduktion als Aspekt der materiellen Sicherung dargestellt. Umweltwert n_2 symbolisiert den „Freizeitwert" als Aspekt der Selbstverwirklichung. Die Umweltwerte n_i können von weiteren Wertdimensionen – wie Landschaftsästhetik, der Einhaltung von Eigentumsrechten, ethisch motiviertem Naturschutz oder auch der langfristigen Vorsorge vor schwer bestimmbaren ökologischen Gefährdungen – ausgefüllt werden. An Stelle des Modells eines ökologischen Systems kann auch der ökologische Gegenstand einer „deskriptiven" Definition Ökologischer Integrität auf die Achsen des Bewertungsraums projiziert werden.

Da die gemeinsame Darstellung von Wert- und Normdimensionen in *einem* Koordinatensystem nicht unproblematisch ist, sei eine kurze Erläuterung eingefügt (vgl. OTTs Kritik an der Wertbaummethode; OTT 1996a). Der Bewertungsraum stellt lediglich ein Analysewerkzeug dar, das nicht den Anspruch erhebt, den Norm- und Wertediskurs zu ersetzen. Im Gegenteil, eine Darstellung im Bewertungsraum dient dazu, den Norm- und Wertediskurs durch eine Explikation der relevanten Dimensionen zu unterstützen. Da die meisten (ethischen) Umweltnormen zu unbestimmt sind, als dass sie im mehrdimensionalen Anwendungsfall bereits zu einer eindeutigen Handlungsvorschrift führen könnten *(imperfect duties)*, kann deren partielle Berücksichtigung als skalierbare „Werterfüllung" aufgefasst werden. Diese Werterfüllung darf m. E. legitimerweise im Bewertungsraum dargestellt werden. Dennoch erfordert es der Inhalt des Normbegriffs, den Bewertungsraum gedanklich durch eine Evaluationsprozedur zu ergänzen. Diese Evaluationsprozedur kennzeichnet solche Vektoren kategorial als „verboten", die in eindeutiger Weise bindenden Umweltnormen *(constraints)* zuwider laufen.

Soll die normative Mehrdimensionalität des Konzeptes Ökologische Integrität beibehalten werden, besteht der Beitrag ökologischer Wissenschaft zur Definition Ökologischer Integrität – wie im Falle der Nachhaltigen Entwicklung – vorwiegend in einer Bereitstellung wert*urteils*freier ökologischer Kenntnisse für den *gesellschaftlichen* Diskurs. In Anlehnung an die ENQUETE-KOMMISSION „Nachhaltige Entwicklung" des Deutschen Bundestages (1998) würde auch die Ökologische Integrität in diesem Fall als „regulative Idee des Umweltdiskurses" aufzufassen sein, etwa als Umweltkomponente des allgemeingesellschaftlichen Leitbildes Nachhaltiger Entwicklung. Eine ähnliche Konzeption findet sich in BARKMANN *et al.* (1998). In Abwesenheit allgemeingültiger Wertehierarchien für die Mensch-Umwelt-Beziehung könnte eine „gültige" inhaltliche Definition Ökologischer Integrität in diesem Fall nur durch eine – ausstehende – diskursive Inhaltsbestimmung erfolgen.

Aus der Grundeinsicht in die Problematik normativer Mehrdimensionalität kann jedoch auch eine alternative Schlußfolgerung gezogen werden: Es könnte versucht werden, Ökologische Integrität von Beginn an als normativ *eindimensionales Zielsystem* (LEHNES & HÄRTLING 1997) zu konzipieren. Für ein eindimensionales Zielsystem könnte die ökologische Wissenschaft mit empirischen Mitteln nach Indikatoren und Umsetzungsmaßnahmen suchen, *ohne* für ihre Tätigkeit auf die Ergebnisse des Umweltdiskurses warten zu müssen. Die relative Bedeutung der Ökologischen Integrität für Landschaftsmanagement und Umweltpolitik hinge von der relativen Bedeutung der zu Grunde liegenden Wertdimension im Verhältnis zu konkurrierenden und/oder komplementären Wertdimensionen ab. Diese relative Bedeutung zu bestimmen, ist dem gesellschaftlichen Diskurs vorbehalten und nicht Gegenstand ökologischer (aber auch nicht ökonomischer, juristischer oder soziologischer!) Wissenschaft. Als Ertrag dieser eigentlich trivialen Selbstbescheidung könnte die Ökologie diese eine Dimension nun naturwissenschaftlich operationalisieren – und damit überhaupt erst dem Diskurs die erforderlichen Informationen zur Verfügung stellen. Genau dies ist der Vorteil der eindimensionalen Interpretation Ökologischer Integrität als Leitlinie zur langfristigen Vorsorge vor unspezifischen ökologischen Gefährdungen, die diesem Beitrag im Folgenden zu Grunde liegt.

3 Schutz vor schwer bestimmbaren ökologischen Gefährdungen: eine zentrale umweltethische Wertdimension

Eine der zentralen Forderungen Nachhaltiger Entwicklung zielt auf die Berücksichtigung der Bedürfnisse zukünftiger Generationen (WCED 1987). Eine effektive Umsetzung dieser Norm scheitert jedoch daran, dass die Bedürfnisse zukünftiger Generationen nicht mit Gewissheit vorhergesagt werden können. Insbesondere ist es nicht möglich vorherzusagen, welche Strukturen, Prozesse und Zustände ökologischer Systeme in Zukunft für die Bereitstellung essentieller Ökosystem-Dienstleistungen unverzichtbar sind. Die *soziale Ungewissheit* über zukünftige Bedürfnisstrukturen bildet eine bedeutende Quelle möglicher Fehlentscheidungen für die Gestaltung der Mensch-Umwelt-Beziehung. Aus der Schwierigkeit, die ökologischen Korrelate zukünftiger Bedürfnisse vorherzusagen, darf jedoch nicht der Schluss gezogen werden, die Strukturen, Prozesse und Zustände ökologischer Systeme seien grundsätzlich durch technische Einrichtungen *substituierbar*. Genau auf dieser Auffassung fußt jedoch das „Substituierbarkeitsaxiom" der neoklassischen Ressourcenökonomie (HAMPICKE 1992).

So wenig eine vollständige Substituierbarkeit für weit entfernte „Science-Fiction-Welten" ausgeschlossen werden kann, so wenig deutet bislang darauf hin, dass die nächsten Generationen zu Beginn des 3. Jahrtausends vollständig auf die Ökosystem-Dienstleistungen der *ecological life support systems* (ODUM 1991) werden verzichten können. Im Gegenteil, ein Gremium angesehener Ökologen und Ökologinnen der Ecological Society of America zog aus einer umfassenden Studie zur Bedeutung der Ökosystem-Dienstleistungen kürzlich den Schluss, *"ecosystem services operate on such a grand scale and in such intricate and little-explored ways that most could not be replaced by technology"* (DAILY et al. 1997: 1). Die globale Klima- und Atmosphärengas-Regulation sowie die Versorgung mit Frischwasser und fruchtbarem Boden gehören sicher auf lange Sicht zu den essentiellen Ökosystem-Dienstleistungen. Dieser Tatsache trägt die Retinitätsforderung Nachhaltiger Entwicklung Rechnung, indem Ökosystem-Dienstleistungen und der produzierte Kapitalstock als *komplementär* für die Befriedigung der *needs* angesehen werden. In Verantwortung gegenüber zukünftigen Generationen sind die *ecological life support systems* daher nach Möglichkeit zu schonen. In der Sprache der Risikotheorie fordert das Leitbild Nachhaltiger Entwicklung einen vorsichtigen (= risiko-aversen) Umgang mit den *ecological life support systems* (vgl. BARKMANN & WINDHORST 2000)

Mit der sozialen Ungewissheit ist die erste von drei Ungewissheiten in Bezug auf die Gefährdung essentieller Ökosystem-Dienstleistungen genannt, die unter unterschiedlichen Bezeichnungen bei verschiedenen Autoren auftreten (z. B. NORTON 1989, OTT 1996b, RENN 1998, WBGU 1999, JAEGER 2000a). Neben die soziale Ungewissheit treten eine *stochastische* und eine *epistemische* Ungewissheit. Stochastische Ungewissheit meint die Ungewissheit über Richtung und Ausmaß langfristiger ökologischer Trends. Die primäre Quelle stochastischer Ungewissheit liegt in der originären Zufallsbedingtheit ökologischer Ereignisse. Selbst wenn ein zutreffendes naturwissenschaftliches Modell eines Prozesses vorliegt, ist eine längerfristige Vorhersage oft nur in einem sehr begrenzten Umfang möglich. Ein fließender Übergang findet von hier zur Situation eines methodisch kaum kontrollierbaren „komplexen" Zusammenwirkens einer Vielzahl von Prozessen und Einzelfaktoren statt. Zum einen erschwert es die Stochastizität der Ereignisse, zu eindeutigen Trendaussagen zu kommen. Zum anderen ist sehr schwer abzuschätzen, ob die augenblicklichen Modellvorstellungen hinreichen, um aussagekräftige Gefährdungsabschätzungen zu ermöglichen. Wir wissen also weder, in welche Richtung sich viele globale Trends *in Zukunft* bewegen, noch wissen wir hinreichend sicher, welche Bedeutung die *jetzigen* geo-ökologischen Wechselwirkungen für die einzelnen Ökosystem-Dienstleistungen besitzen. Dieser dritte Fall kann als *epistemische Ungewissheit* gefasst werden.

Die obige Einteilung verfolgt vorrangig das Ziel, eine Klasse von Gefährdungen zu umreißen, die durch ihre *Unspezifität* gekennzeichnet ist: Die Gefährdung wird weder durch ein bestimmbares Agens hervorgerufen, noch trifft die Gefährdung eine bestimmte Ökosystem-Dienstleistung. Sofern die Einschätzung richtig ist, dass die von selbstorganisierenden ökologischen Systemen bereit gestellten Ökosystem-Dienstleistungen *in toto* nicht substituierbar sind, muss damit gerechnet werden, dass die fortschreitende physische Verdrängung dieser Systeme zu einer verminderten Möglichkeit zukünftiger Generationen führt, ihren Bedarf an Ökosystem-Dienstleistungen angemessen zu decken. Die maximalen Schäden durch einen Ausfall der Ökosystem-Dienstleistungen können kaum zu hoch veranschlagt werden. Eine Berücksichtigung der dreifachen Ungewissheit ist daher im Rahmen von Entscheidungsprozessen für eine Nachhaltige Entwicklung unerlässlich. Anders formuliert: Im Schutz gegen unspezifische, aber potenziell desaströse Gefährdungen liegt eine zentrale umweltethische Wertdimension.

Die „Unspezifität" der zentralen Wertdimension findet eine auffällige Entsprechung in zwei ebenfalls unspezifischen Schutzgütern des Umweltschutzrechts: den ökologischen *Wechselwirkungen* des Gesetzes über die Umweltverträglichkeitsprüfung und der *Leistungsfähigkeit des Naturhaushalts* des Bundesnaturschutzgesetzes. Da „Naturhaushalt" als „Gesamtheit der biotischen und abiotischen Elemente ökologischer Systeme einschließlich ihrer Wechselwirkungen" definiert werden kann (vgl. SCHAEFER 1992) und die ökologischen Wechselwirkungen notwendig zwischen Systemelementen bestehen, handelt es sich um zwei eng verwandte Schutzgüter. Beide Schutzgüter teilen mit der Funktionalität ökologischer Systeme und dem Ökosystemschutz eine weitere wichtige Eigenschaft. Die Schutzgüter zerfallen jeweils in zwei Komponenten: in eine Komponente, die sich durch eine stärkere Detaillierung einzelner Schutzziele näher bestimmen lässt und in eine allgemeine, extensional nicht bestimmbare Komponente. So stellt die Nutzungsfähigkeit der Naturgüter eine Partialexplikation der Leistungsfähigkeit des Naturhaushalts dar (siehe BNatSchG § 1 Abs. 1). Ebenso kann der Schutz der ökologischen Wechselwirkungen nach dem Gesetz über die Umweltverträglichkeitsprüfung (UVPG § 2 Abs. 1 S. 2) durch den Schutz ebenfalls zu schützender Lebewesen und Umweltmedien verwirklicht werden, da sie die Träger der Wechselwirkung sind. Auch der Schutz von Ökosystemen (oder deren Funktionalität) wird üblicherweise über den Schutz des Biotops und der darin lebenden Tiere und Pflanzen verwirklicht.

Die genannten Umweltzielbestimmungen erschöpfen sich jedoch nicht in ihren möglichen Partialexplikationen. Es bleibt ein unspezifischer, gemeinsamer Rest: der langfristige Schutz gegen unspezifische ökologische Gefährdungen.

Ich sehe in einer naturwissenschaftlichen Operationalisierung dieser Wertdimension einen aussichtsreichen Versuch, die bislang kaum operationablen Zielbestimmungen („unbestimmte Rechtsbegriffe") fachwissenschaftlich zu präzisieren. Nur auf der Grundlage einer solchen Präzisierung ist mit einer verstärkten Berücksichtigung dieser zentralen Wertdimension des Nachhaltigkeitsleitbildes zu rechnen.

4   Schutz vor unspezifischen ökologischen Gefährdungen durch die Selbstorganisationsfähigkeit ökologischer Systeme

Der Schutz gegen unspezifische Gefährdungen stellt eine vorsorgeorientierte Praxis Nachhaltiger Entwicklung vor ein schwieriges Problem. Es gilt, Vorsorgemaßnahmen zu ergreifen, obwohl weder einzelne Gefährdungsfaktoren identifiziert noch die gefährdeten Ökosystem-Dienstleistungen näher bestimmt werden können. *Der unspezifische Charakter der Gefährdungen vereitelt daher spezifische Vorsorgeanstrengungen; es muss nach einer hinreichend unspezifischen Vorsorge Ausschau gehalten werden.*

Der Begriff der *Ecological Integrity* hat innerhalb der thermodynamisch und system- bzw. informationstheoretisch ausgerichteten Ökosystemforschung eine gewisse Tradition. Im Zentrum der Aufmerksamkeit steht die selbstorganisierte Entwicklung ökologischer Systeme weg vom thermodynamischen Gleichgewichtszustand unter Ausnutzung nutzbarer Energiegradienten (Exergie). Detaillierte Beschreibungen dieser Ansätze finden sich u. a. bei SCHNEIDER & KAY (1994a, 1994b), JØRGENSEN (1997) sowie MÜLLER & NIELSEN (1998). Letztere integrieren thermodynamische Ansätze mit Netzwerk-Theorie, Informationstheorie und Synergetik in die klassische ODUM'sche Sukzessionstheorie (ODUM 1969). Nicht alle Autoren widerstehen freilich der Versuchung, aus dem thermodynamischen Faktum der Selbstorganisation auf eine naturgesetzliche Optimierung ökologischer Systeme zu schließen. So findet sich bereits bei BERTALANFFY Ende der 20er Jahre ein „2. Gesetz der organischen Gestalt", nach dem die „organischen Gestalten" freie Energie „in möglichst vollkommener Weise zur Erzeugung von Ordnung ausnützen" (zitiert nach SCHWARZ 1996). Mit ähnlicher Zielrichtung formulierte JØRGENSEN (1997) kürzlich einen „Vierten Hauptsatz der Thermodynamik". Eine derartige, empirisch eher widerlegte als gestützte Extrapolation thermodynamischen Systemdenkens ist jedoch kein konstruktives Element der Selbstorganisationsfähigkeit ökologischer Systeme, wie sie der hier vertretenen Leitlinie Ökologische Integrität zu Grunde liegt. Für eine detailliertere Auseinandersetzung mit den naturwissenschaftlichen Grundlagen einer „biologisch-thermodynamischen" Ökosystemauffassung wird auf BARKMANN & WINDHORST (2000) verwiesen.

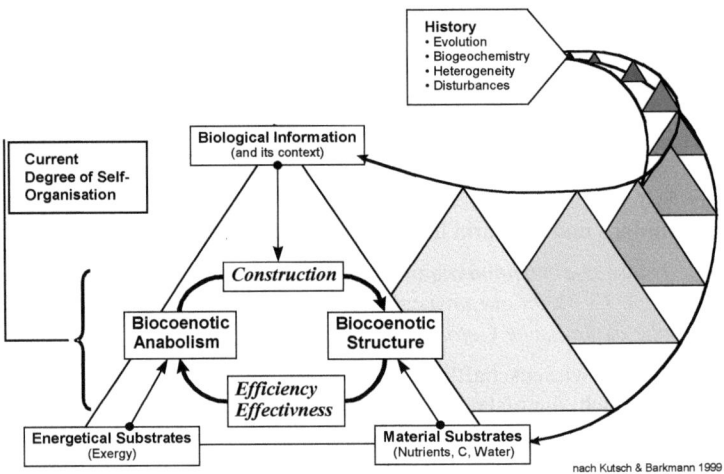

Abb. 2.: Faktoren der langfristigen Selbstorganisationsfähigkeit ökologischer Systeme: biologische Information, der augenblickliche Grad der Selbstorganisation sowie deren materielle und energetische Substrate (ergänzt nach KUTSCH & BARKMANN 1999)

Das biologisch-thermodynamische Ökosystemmodell wird in Abbildung 2 veranschaulicht. Ein Gradient nutzbarer Energie (Exergie) treibt den biozönotischen Stoffwechsel und somit die ökosystemare Selbstorganisation an. Unter dem Einfluss biologischer Information kann ein Teil der genutzten Energie zum Aufbau biozönotischer Strukturen, insbesondere zum Aufbau von Biomasse, eingesetzt werden (*Construction*). Die biozönotische Struktur kann ihrerseits dazu beitragen, den Exergiegradienten effektiver und effizienter zu nutzen. Je stärker dieser Selbstorganisationskreislauf ausgeprägt ist, um so flexibler kann das System auf eine Veränderung des Exergiegradienten reagieren (vgl. *restated second law*; SCHNEIDER & KAY 1994b).

Der Inhalt der gesuchten unspezifischen Vorsorge lässt sich nun näher bestimmen. Die allgemeinen Bedingungen für die thermodynamisch aufzufassende Selbstorganisation ökologischer Systeme bilden dabei einen hinreichend unspezifischen Ausgangspunkt für die Suche nach geeigneten Vorsorgemaßnahmen. Um die langfristige Fähigkeit ökologischer Systeme zu sichern, Ökosystem-Dienstleistungen bereit zu stellen, müssen jene Faktoren geschützt werden, die für die thermodynamische Selbstorganisation auf der Ebene ökologischer Systeme unverzichtbar sind: biologische Information, der augenblickliche Grad der Selbstorganisation sowie deren materielle und energetische Substrate. Die thermodynamische Selbstorganisationsfähigkeit ökologischer Systeme stellt daher die naturwissenschaftliche Grundlage der Leitlinie Ökologische Integrität dar.

5 Indikation und Anwendung Ökologischer Integrität

Mit einer wissenschaftstheoretisch möglichst unumstrittenen Rekonstruktion der Ökologischen Integrität und ihrer Verknüpfung mit der ökologischen Selbstorganisation ist die naturwissenschaftliche Operationalisierung einer Leitlinie für die Vorsorge vor unspezifischen ökologischen Gefährdungen nicht abgeschlossen. Ohne Mess- und Berechnungsvorschriften, die (belastende oder entlastende) Eingriffe in den Naturhaushalt im Hinblick auf die ökologische Selbstorganisationsfähigkeit abschätzen, bleibt die Leitlinie steril und kaum anwendbar. Ein erster Versuch, auf der hier vorgestellten Konzeption aufbauend Indikatoren für Ökologische Integrität zu berechnen, konnte indessen erfolgreich durchgeführt werden (KUTSCH et al. 2001).

Die Definition von Mess- und Berechnungsvorschriften für die langfristige Selbstorganisationsfähigkeit ökologischer Systeme *in einer Kulturlandschaft* stellt angewandte Ökosystemforschung vor besondere Herausforderungen. Dies sei am Beispiel des augenblicklichen Grades der Selbstorganisation erläutert. Als Indikator für den augenblicklichen Grad der Selbstorganisation werden beispielsweise Größen vorgeschlagen und untersucht, die auf der (vegetationsbedingten) Transpirationsrate des zu untersuchenden Ökosystems oder auf dessen Photosyntheseleistung beruhen (MÜLLER 1998, KUTSCH et al. 2001). Diese Größen regeln sich kurzfristig ein und bilden zwei thermodynamisch bedeutsame Prozesse ökologischer Systeme ab. Hinsichtlich dieser beiden Kenngrößen zeigen nun auch Agrarökosysteme oft sehr hohe („gute") Werte. Zu berücksichtigen ist aber, dass der „augenblickliche Grad der thermodynamischen Selbstorganisation *auf der Ebene ökologischer Systeme*" als das Indikandum fungiert (vgl. Abschnitt 4.). Hohe Indikatorwerte in der intensiv genutzten Agrarlandschaft beruhen jedoch nicht auf der allein relevanten Fähigkeit ökologischer Systeme, sich auf der *Systemebene* selbst zu organisieren. Diese hohen Werte sind statt dessen das Ergebnis massiver bäuerlicher Fremdorganisation auf der Ebene des Agrarökosystems, die sich die von Züchtern geleistete Abstimmung der *physiologischen Selbstorganisation der Einzelpflanze* auf die Erfordernisse einer agro-industriellen Landbewirtschaftung zu nutze macht (BARKMANN & WINDHORST 2000). Es tritt daher die Situation auf, das der auf Transpiration oder Photosynthese beruhende Indikator das Indikandum prinzipiell nicht abzubilden vermag: Wenn bekannt ist, dass *Fremd*organisation vorherrscht, darf ein *Selbst*organisationsindiaktor nicht zum Nennwert interpretiert werden. Er muss in seiner Bedeutung im Anwendungsfall „Agrarlandschaft" herabgestuft werden.

Es sei an dieser Stelle darauf hingewiesen, dass die vorstehende Betrachtung ein wichtiges, jedoch rein methodisches Problem der Indikatorinterpretation behandelt. Insbesondere impliziert die kritische Betrachtung der Anwendbarkeit bestimmter Indikatoren für den Grad der thermodynamischen Selbstorganisation keinen Rückfall auf eine Position, die Ökologische Integrität etwa mit der WESTRAschen *excellence* unberührter und wilder Ökosysteme (WESTRA 1994) indentifiziert. Dies sei am Beispiel der langfristigen Anreicherung vieler Agrarökosysteme mit Stickstoff und Phosphat verdeutlicht. In vielen „natürlichen" Ökosystemen der temperaten Zone treten diese Nährstoffe als limitierende Faktoren ökologischer Selbstorganisation auf (VITOUSEK & HOWARTH 1991). Während die hohe Netto-Primärproduktion etwa eines Feldes Hybridmais ohne landwirtschaftliche Eingriffe (Ernte, Neubestellung, ...) bereits in der nächsten Vegetationsperiode nicht mehr auftritt, bleiben die Effekte der erhöhten Nährstoffpools ohne weitere Eingriffe über nachhaltigkeitsrelevante Zeiträume erhalten. Indikatoren für die Bedingungen thermodynamischer Selbstorganisation in ökologischen Systemen, die auf die langfristige Verfügbarkeit dieser Nährstoffe zurückgreifen, können also sehr wohl durch intensive Bewirtschaftung ansteigen.

In der Praxis wird die Ökologische Integrität selten die einzige Grundlage für Umweltplanungen darstellen. Pragmatische Überlegungen legen den Schluß nahe, die Ökologische Integrität als eine von mindestens drei unterschiedlichen ökosystemaren Perspektiven aufzufassen. Neben (1) die Perspektive des Schutzes vor unspezifischen Gefährdungen muss immer (2) eine Beschäftigung mit jenen ökologischen Prozessen treten, die unmittelbar Ökosystem-Dienstleistungen bereit stellen. Hinzu kommt (3) eine spezifische Naturschutzperspektive, die Elemente der vorherigen Gesichtspunkte aufnehmen kann, die jedoch darüber hinaus einen eigenen Satz normativer Prämissen unterschiedlichster Art einbringt. BAUMANN & MÜLLER (Vortrag auf der Tagung in Blaubeuren) schlagen mit ähnlicher Intention vor, diese drei Sichtweisen unter das „Dach" einer Nachhaltigen Landschaftsentwicklung zu stellen. Eine solche Perspektivenvielfalt schließt bruchlos an die normative Multidimensionalität des Bewertungsraums an. In der hier gewählten Dreiteilung treten die pragmatischen Gesichtspunkte einer effektiven Kommunikation bewertungsrelevanter Umweltdaten in den Vordergrund. Grundsätzlich muss die Darstellung jedoch nach Maßgabe des Planungserfordernisses (dis-) aggregierbar bleiben.

Gerade die normative Fundierung der Ökologischen Integrität erleichtert es dem hier vertretenen Ansatz, Erkenntnisse der Ökosystemtheorie in den Umweltdiskurs und in die rechtliche Anwendungspraxis einzubringen; und zwar ohne unerfüllbar hohe Anforderungen an im Einzelfall schwer beweisbare Kausalbeziehungen anlegen zu müssen. Dies gilt insbesondere für explizit diskursive Verfahren, wie die Diskursive Leitbildentwicklung (WIEGLEB 1996, BARKMANN i.V.) oder die diskursive Entwicklung regionaler Nachhaltigkeitsindikatoren (BARKMANN & WINDHORST 1999). Zu den kommunikativen Vorteilen, den Schutz vor unbestimmten ökologischen Gefährdungen auf den Begriff gebracht zu haben, kommt die konzeptionelle Anknüpfung an das etablierte, wenn auch unzureichend umgesetzte Vorsorgeprinzip des Umweltrechts. Die partielle Neuinterpretation der Leistungsfähigkeit des Naturhaushalts und der ökologischen Wechselwirkungen dienen einer fachwissenschaftlichen Konkretisierung dieser unbestimmten Rechtsbegriffe. Die Anknüpfung an das bestehende Umweltrecht sollte es der Leitlinie Ökologische Integrität erleichtern, der langfristigen Vorsorge vor schwer bestimmbaren ökologischen Gefährdungen einen angemessenen Platz unter den Nachhaltigkeitsleitlinien zu erstreiten. Wie weit es in der Praxis tatsächlich gelingt, dem Vorsorgeprinzip anhand der Ökologischen Integrität Geltung zu verschaffen, wird empirisch zu überprüfen sein. Mit der Quantifizierung der ökologischen Selbstorganisationsfähigkeit und mit Maßnahme-orientierten Umsetzungsvorschlägen kann die angewandte Ökosystemforschung den ihr möglichen Beitrag zu diesem Vorhaben leisten.

Danksagung

Diese Arbeit wurde als Teil meines Promotionsvorhabens durch das Bundesministerium für Bildung, Wissenschaft, Forschung und Technologie im Rahmen des F+E-Vorhabens „Ökosystemforschung im Bereich der Bornhöveder Seenkette" (BMBF 033 9077) gefördert. Ich danke F. MÜLLER, W. WINDHORST, W. RADERMACHER, Ch. NOELL, W. KUTSCH, R. BAUMANN, S. BÖGEHOLZ sowie zwei anonymen GutachterInnen für kritische Diskussionen und hilfreiche Hinweise zu Form und Inhalt der in diesem Beitrag geäußerten Gedanken.

Literatur

BARKMANN, J., BAUMANN, R., BRECKLING, B., IRMLER, I., MÜLLER, F., NOELL, Ch., RECK, H., REICHE, E.W. & W. WINDHORST 1998: Ökologische Integrität als Leitbild für Ökosystemschutz und nachhaltige Landschaftsentwicklung: Eine Diskussionsgrundlage. ÖZK, Kiel.

BARKMANN, J. 2000: Ökologische Integrität. In: FRÄNZLE, O., MÜLLER, F. & W. SCHRÖDER (eds.): Handbuch der Umweltwissenschaften, ecomed, Landsberg am Lech: Kapitel VI-3.8.2, *im Druck*.

BARKMANN, J. i.V.: Modellierung und Indikation nachhaltiger Landschaftsentwicklung unter Nutzung agarstatistischer Daten. Dissertation Universität Kiel, *in Vorbereitung*.

BARKMANN, J. & W. WINDHORST 1999: A discoursive approach to defining regionalised sustainability indicators. Paper presented at the 5th auDes Conference, Zurich, Switzerland April 15-17, 1999.

BARKMANN, J. & W. WINDHORST 2000: Hedging our bets: the utility of ecological integrity. In: JØRGENSEN, S.E., & F. MÜLLER (eds.): Handbook of Ecosystem Theories and Management. Lewis Publishers, Boca Raton, FL (USA): 497-519.

BMU 1996: Schritte zu einer nachhaltigen, umweltgerechten Entwicklung: Umweltziele und Handlungsschwerpunkte in Deutschland - Grundlage für eine Diskussion (Stand Juni 1996). BMU, Bonn.

BUND/MISEREOR (eds.) 1996: Zukunftsfähiges Deutschland – Ein Beitrag zu einer global nachhaltigen Entwicklung. Eine Studie des Wuppertalinstituts für Klima, Umwelt und Energie. Birkhäuser, Basel: 453 S.

DAILY, G.C., ALEXANDER, S., EHRLICH, P.R., GOULDER, L., LUBCHENCO, J., MATSON, P.A., MOONEY, H.A., POSTEL, S., SCHNEIDER, S.H., TILMAN, D., & G.M. WOODWELL 1997: Ecosystem Services: Benefits Supplied to Human Societies by Natural Ecosystems. Issues in Ecology 2 (Spring 1997).

ENQUETE-KOMMISSION 1998: Konzept Nachhaltigkeit. Vom Leitbild zur Umsetzung. Abschlußbericht der Enquete-Kommission „Schutz des Menschen und der Umwelt...". Deutscher Bundestag, Bonn.

HAMPICKE, U. 1992: Ökologische Ökonomie. Individuum und Natur in der Neoklassik. Natur in der ökologischen Theorie: Teil 4. Westdeutscher Verlag, Opladen: 487 S.

JAEGER, J. 2000a: Vom „ökologischen Risiko" zur „Umweltgefährdung": Einige kritische Gedanken zum wirkungsorientierten Risikobegriff. In: BRECKLING, B. & F. MÜLLER (eds.): Der ökologische Risikobegriff. Peter Lang, Frankfurt, *im Druck*.

JAEGER, J. 2000b: Zur Unterscheidung zwischen verschiedenen Arten von Unsicherheit bei der Bewertung von Landschaftseinheiten. *Dieser Band*.

JAX, K. 2000: Verschiedene Verständnisse des Funktionsbegriffs in den Umweltwissenschaften. *Dieser Band*.

JØRGENSEN, S.E. 1997: Thermodynamik offener Systeme. In: FRÄNZLE, O., MÜLLER, F. & W. SCHRÖDER (eds.): Handbuch der Umweltwissenschaften. Abschnitt III-1.6. ecomed, Landsberg am Lech.

KARR, J.R. 1981: Assessment of biotic integrity using fish communities. Fisheries 6: 21-27.

KAY, J.J. & E.D. SCHNEIDER 1995: Embracing Complexity: The Challenge of the Ecosystem Approach. In: WESTRA, L. & J. LEMONS (eds.): Perspectives on Ecological Integrity. Kluwer, Dordrecht: 49-59.

KREBS, A. 1997: Naturethik im Überblick. In: KREBS, A. (ed.): Naturethik. Grundtexte der gegenwärtigen tier- und ökoethischen Diskussion. Suhrkamp, Frankfurt/Main: 337-379.

KUTSCH, W. & J. BARKMANN 1999: Ecological self-organisation and its constraints. *Unpublished figure*.

KUTSCH, W., STEINBORN, W., HERBST, M., BAUMANN, R., BARKMANN, J. & L. KAPPEN 2001: Environmental indication: A field test of an ecosystem approach to quantify biological self-organization. Ecosystems, *im Druck*.

LEHNES, P. & J.W. HÄRTLING 1997: Der logische Aufbau von Umweltzielsystemen – Zielkategorien und Transparenz von Abwägungen am Beispiel der „nachhaltigen Entwicklung". In: Gesellschaft für Umwelt-Geowissenschaften (GUG) (ed.): Umweltqualitätsziele: Schritte zur Umsetzung. Schriftleitung HUCH, M. & H. GELDMACHER: 9-49.

MARKS, R., MÜLLER, M.J., LESER, H. & H.-J. KLINK (eds.) 1992: Anleitung zur Bewertung des Leistungsvermögens des Landschaftshaushaltes. Zentralausschuß für deutsche Landeskunde, Trier: 222 S.

MÜLLER, F. 1998: Ableitung von integrativen Indikatoren zur Bewertung von Ökosystem-Zuständen für die Umweltökonomischen Gesamtrechnungen. Beiträge zu den Umweltökonomischen Gesamtrechnungen, Bd. 2. Metzler-Poeschel, Stuttgart. 135 S.

MÜLLER, F., NIELSEN, S.N. 1996: Thermodynamische Systemauffassungen in der Ökologie. In: MATHES, K., BRECKLING, B. & K. EKSCHMITT, K. (eds.): Systemtheorie in der Ökologie. ecomed, Landsberg am Lech: 45-60.

NORTON, B.G. 1989: Intergenerational Equity and environmental decisions: a model using Rawls' veil of ignorance. Ecological Economics 1: 137-159.

NOSS, R.F. 1995: Ecological integrity and Sustainability: Buzzwords in conflict? In: WESTRA, L. & J. LEMONS, J. (eds.): Perspectives on Ecological Integrity. Kluwer, Dordrecht: 60-76.

ODUM, E.P. 1969: The strategy of ecosystem development. Science 164: 262-270.

ODUM, E.P. 1991: Prinzipien der Ökologie. Spektrum, Heidelberg: 305 S.

OTT, K. 1994: Ökologie und Ethik. Ein Versuch praktischer Philosophie. Attempto, Tübingen: 188 S.

OTT, K. 1996a: Energie und Ethik – Über Klimamodelle, Pflichten gegenüber zukünftigen Generationen, Wertbäume und Energiepolitik. In: OTT, K.: Vom Begründen zum Handeln. Attempto, Tübingen: 129-170.

OTT, K. 1996b: An ethical Contribution to the Moral Questions Embedded in the Water Resource Provisions of UN-Agenda 21. In: OTT, K.: Vom Begründen zum Handeln. Attempto, Tübingen: 171-194.

PFORDTEN, D.v.d. 1996: Ökologische Ethik – Zur Rechtfertigung menschlichen Verhaltens gegenüber der Natur. Rowohlts Enzyklopädie. Rowohlt, Reinbeck: 352 S.

REGIER, H.A. 1993: The Notion of Natural and Cultural Integrity. In: WOODLEY, S.; KAY, J.J. & G. FRANCIS (eds.): Ecological Integrity and the Management of Ecosystems. St. Lucie Press, Ottawa: 3-18.

RENN, O. 1998: Unsicherheit und Ambivalenz: Welche Aussagekraft haben die Erkenntnisse der Technikfolgenabschätzung? In: DASCHKEIT, A. & W. SCHRÖDER (eds.): Umweltforschung quergedacht. Perspektiven integrativer Umweltforschung und -lehre. Springer, Berlin: 235-258.

SCHAEFER, M. 1992: Wörterbuch der Biologie – Ökologie. 3. überarb. und erw. Auflage. Gustav Fischer, Jena: 433 S.

SCHAEFER, J., DEPPERT, W. & B. KRALEMANN 2000: Das Risikofaktorkonzept in der Medizin – Kritik, Probleme und Grenzen seiner Anwendung. In: BRECKLING, B & F. MÜLLER (eds.): Der ökologische Risikobegriff. Peter Lang, Frankfurt, *im Druck*.

SCHNEIDER, E.D. & J.J. KAY 1994a: Complexity and Thermodynamics: Towards a New Ecology. Futures 24: 626-647.

SCHNEIDER, E.D. & J.J. KAY 1994b: Life as a Manifestation of the Second Law of Thermodynamics. Mathematical and Computer Modelling 19: 25-48.

SCHWARZ, A. 1996: Aus Gestalten werden Systeme: Frühe Systemtheorie in der Biologie. In: MATHES, K., BRECKLING, B. & K. EKSCHMIDT (eds.): Systemtheorie in der Ökologie. ecomed, Landsberg am Lech: 35-43.

SHRADER-FRECHETTE, K., 1995: Hard ecology, soft ecology and ecosystem integrity. In: WESTRA, L. & J. LEMONS (eds.): Perspectives on Ecological Integrity. Kluwer, Dordrecht: 125-145.

SRU 1988: Umweltgutachten 1987. Rat von Sachverständigen für Umweltfragen. Kohlhammer Stuttgart: 674 S.

SRU 1994: Umweltgutachten 1994. Rat von Sachverständigen für Umweltfragen. Metzler-Poeschel, Stuttgart: 380 S.

SRU 1996: Umweltgutachten 1996. Rat von Sachverständigen für Umweltfragen. Metzler-Poeschel, Stuttgart: 468 S.

STEINER, M. & H. WIGGERING 2000: Normativer Gehalt in den Konzepten „Ecosystem Health" und „Ecosystem Integrity" und ihre Verwendung des Funktionsbegriffs. *Dieser Band*.

ULANOWICZ, R.E. 1995: Ecosystem integrity: A causal necessity. In: WESTRA, L. & J. LEMONS (eds.): Perspectives on Ecological Integrity. Kluwer, Dordrecht: 77-87.

VITOUSEK, P.M. & R.W. HOWARTH 1991: Nitrogen limitation on land and in the sea: How can it occur? Biogeochemistry 13: 87-115.

WBGU 1999: Welt im Wandel: Strategien zur Bewältigung globaler Umweltrisiken. Wissenschaftlicher Beirat der Bundesregierung Globale Umweltveränderungen (WBGU). Springer, Berlin: 383 S.

WCED 1987: Our Common Future. World Council for Environment and Development. Oxford University Press, Oxford: 383 S.

WESTRA, L. 1994: An environmental proposal for ethics: the principle of integrity. Rowman & Littlefield, Lanham, MD (USA): 237 S.

WIEGLEB, G. 1996: Leitbilder des Naturschutzes in Bergbaufolgelandschaften am Beispiel der Niederlausitz. Verhandlungen der Gesellschaft für Ökologie 25: 309-319.

Neue Methoden der ökosystemaren Umweltbeobachtung unter Einbeziehung eines Umweltinformationssystems

Ulrike Meyer[1], Karin Lehniger[1] und Thomas Clemen[2]

[1]Ökologie Zentrum an der Christian Albrechts Universität zu Kiel, Schauenburgerstr. 112, 24118 Kiel,
e-mail: {ulrikem, karinl}@pz-oekosys.uni-kiel.de

[2]HP Consulting Germany, Posener Str. 1, 71065 Sindelfingen, e-mail: thomas_clemen@hp.com

Abstract

The continuous monitoring and description of the state of the environment and its changes are important prerequisites of political decisions. Environmental monitoring should fulfil the following requirements: (1) monitor the complex cause-effect relationships considering the environment as a system, and (2) fulfil the function of an early diagnosis system by detecting long-term, gradual environmental changes. Therefore, an integrated monitoring system considering all environmental media and the surveying of system processes of ecosystems is presented in this article. It includes a concept to describe the state of the environment from two different perspectives: it focuses both on relevant environmental issues (such as eutrophication, acidification etc.) and ecosystem functions. The integration of these two kinds of description is suggested by presenting the concept of a matrix table. In the sense of an early warning system, this matrix could help to detect unknown causes for changes in ecosystem functions and identify 'new' environmental issues. In order to provide technical support for integrated ecosystem monitoring programmes, an environmental information system, including an analytical evaluation tool, is presented. It analyses environmental data according to the needs of different users with regard to environmental reporting.

Keywords: *integrated environmental monitoring, ecosystem functions, description of the state of environment, environmental reporting, early diagnosis, environmental information system*

Schlüsselwörter: *Ökosystemare Umweltbeobachtung, Ökosystemfunktionen, Umweltzustandsbeschreibung, Umweltberichterstattung, Frühwarnsystem, Umweltinformationssystem*

1 Einleitung

Die Zunahme menschlicher Eingriffe in die Umwelt und die Intensivierung anthropogener Nutzungen machen eine kontinuierliche Überwachung des Umweltzustandes erforderlich. Die regelmäßige Erfassung und Beschreibung des Umweltzustandes und seiner allmählichen langfristigen Veränderungen sind Aufgaben der ökologischen Umweltbeobachtung. Hierdurch werden in erster Linie wichtige Grundlagen für umweltpolitische Entscheidungen geschaffen und darüber hinaus grundlegende Informationen für die Wissenschaft und die interessierte Öffentlichkeit zur Verfügung gestellt.

Neben der Überwachung der bereits bekannten Umweltthemen (wie z.B. Versauerung) soll die Umweltbeobachtung als Frühwarnsystem schleichende Umweltveränderungen identifizieren. Dabei sollen systemare Zusammenhänge in der Umwelt berücksichtigt und vor allem auch indirekte Wirkungen auf den Umweltzustand erkannt werden (SRU, 1991). Dies erfordert eine ökosystemare Vorgehensweise der Umweltbeobachtung.

Im folgenden wird ein Konzept für eine ökosystemare Umweltbeobachtung vorgestellt, das eine systemare funktionale Beschreibung des Umweltzustandes sowie eine Auswertungsmatrix vorsieht. Die Matrix kann Hilfestellung dabei geben, frühzeitig Veränderungen der Umwelt bzw. der betrachteten Ökosysteme aufzudecken. Anschließend wird ein technisches Umweltinformationssystem vorgestellt, welches im Rahmen der Umweltbeobachtung die Analyse des Umweltzustandes und die Erstellung von Umweltberichten unterstützen kann.

2 Ökosystemare Umweltbeobachtung

Die ökologischen Umweltbeobachtungsaktivitäten auf Bundes- und Länderebene konzentrieren sich größtenteils auf einzelne Umweltmedien[1] (SRU, 1991; BMU, 1998), wie z.B. das Luftmessnetz des Umweltbundesamtes (UBA, 1997) oder die Gewässergütekartierung der Bundesländer. Darüber hinaus sind die bestehenden Messprogramme wenig miteinander koordiniert.

Die ökosystemare Umweltbeobachtung erfordert jedoch die Anwendung oder Entwicklung von Auswertungsmethoden, die die Zusammenhänge zwischen den Umweltmedien berücksichtigt. Erste Ansätze zu ökosystemaren Umweltbeobachtungsprogrammen bestehen auf nationaler Ebene z. B. in der Umweltprobenbank des Bundes (UBA, 1998) sowie im Level II-Programm des 'Internationalen Kooperationsprogramms für die Erfassung und Überwachung der Auswirkungen von Luftverunreinigungen auf Wälder' (ICP Forests der UN ECE) (BMELF, 1997; EUROPÄISCHE KOMMISSION, 1996; UBA, 1996). Konzeptionelle Überlegungen hinsichtlich einer ökosystemaren Umweltzustandsbeschreibung und deren Umsetzung werden derzeit im Rahmen zweier Vorhaben[2] erarbeitet und im folgenden erläutert.

2.1 Umweltzustandsbeschreibung

Im Rahmen der ökosystemaren Umweltbeobachtung steht die Beschreibung von systemaren und funktionalen Zusammenhängen in der Umwelt im Vordergrund. Sie kann aus 2 verschiedenen Blickwinkeln erfolgen (Tab. 1): aus einem 'umweltthemenorientierten' und einem 'umweltthemenneutralen'.

Bei der *Umweltthemen-orientierten Umweltzustandsbeschreibung* soll der Zustand der Ökosysteme hinsichtlich der wichtigsten umweltrelevanten Themenfelder beschrieben werden. Hierbei werden die wesentlichen, derzeit in der umweltpolitischen Diskussion als relevant erachteten anthropogen verursachten Umweltveränderungen thematisiert (Tab. 1) (u.a. SETAC, 1993; OECD, 1994; BfN, 1996; UBA, 1997; BMU, 1998; SRU, 1998). Zur Verständlichkeit der komplexen Zusammenhänge dieser Themenfelder und zur besseren Vergleichbarkeit können die Umweltthemen durch Indikatoren beschrieben werden (s. beispielsweise die Indizierung der Eutrophierung eines Agrarökosystems, Abschnitt 3) (WALZ et al., 1997; BMU, 1998; SRU, 1998).

Die *Umweltthemen-neutrale Umweltzustandsbeschreibung* hingegen soll den Anspruch der ökosystemaren Betrachtungsweise erfüllen. Sie soll langfristige Veränderungen in der Struktur und Entwicklung von Ökosystemen sowie deren Wirkungsgefüge darstellen. Hierbei wer-

---

[1] Der Begriff 'Medien' wird für die Umweltmedien Boden, Wasser, Luft, Pflanzen- und Tierwelt verwendet.
[2] F+E-Vorhaben „Modellhafte Umsetzung und Konkretisierung der Konzeption für eine ökosystemare Umweltbeobachtung am Beispiel des länderübergreifenden Biosphärenreservats Rhön", im Auftrag des UBA und des Bayerischen Staatsministeriums für Umweltfragen, bearbeitet von Bosch & Partner, dem ÖZK und ARSU Oldenburg; sowie das F+E-Vorhaben „Makroindikatoren des Umweltzustandes - INDECO[2]", im Auftrag des BMBF, bearbeitet vom Statistischen Bundesamt, dem ÖZK und der FFU der FU Berlin.

den funktionale systemare Zusammenhänge berücksichtigt und Ökosystemprozesse und -funktionen wie Kreisläufe und Speicherkapazitäten abgebildet. Ziel ist es zu dokumentieren, „... in welchem Umfang repräsentative Ökosysteme in der Lage sind, dauerhaft und nachhaltig zu bestehen, ihre Organisation gegenüber Störungen zu erhalten, sich an neue Entwicklungstendenzen anzupassen und sich langfristig selbstorganisiert fortzuentwickeln" (MÜLLER et al., 1997; MÜLLER, 1998). Die umweltthemenneutrale Beschreibung basiert auf den aus dem nordamerikanischen Sprachraum stammenden ökosystemtheoretischen Konzepten „Ecosystem Health" (COSTANZA et al., 1992) und „Ecosystem Integrity" (SCHNEIDER & KAY, 1994).

Tab. 1: Übersicht über relevante umweltpolitische Themenfelder sowie Ökosystemfunktionen (*nach BAUMANN & MÜLLER 2000*).

UMWELTTHEMEN-ORIENTIERTE UMWELTZUSTANDSBESCHREIBUNG	UMWELTTHEMEN-NEUTRALE UMWELTZUSTANDSBESCHREIBUNG
Umweltpolitische Themenfelder	**Ökosystemfunktionen**
• Eutrophierung von Ökosystemen	*Energiehaushalt*
• Versauerung von Ökosystemen	• Bruttoprimärproduktion (BPP)
• Toxische Belastung; Kontamination von Ökosystemen	• Blattflächenindex
• Bodendegradation (Versiegelung, Erosion)	• Respiration
• Veränderungen der Biodiversität	• Metabolischer Quotient (Respiration/Biomasse)
• Bodennahes Ozon	*Wasserhaushalt*
• Ozonloch	• Transpiration
• Klimaveränderungen; Treibhauseffekt	• Quotient Transpiration/Evapotranspiration
• Zunahme der Nutzungsintensität	*Stoffhaushalt*
• Gefährdung von Biotopen	• Kreislaufführung
• Abnahme der Strukturvielfalt	• Anzahl Trophiestufen
	• Anzahl Pfade im Nahrungsnetz
	• Speicherkapazitäten für Stoffe und Energie
	• Verlustminimierung (Makronährstoffe)
	• Quotient BPP/verfügbare Nährstoffe
	Struktur
	• Vielfalt räumlicher Strukturen
	• Artenzahl; Diversitäts-Index

Auch hier können Indikatoren die wichtigsten Ökosystemfunktionen (Tab. 1) und deren Veränderungen anzeigen.

Eine Möglichkeit der Umweltthemen-neutralen Darstellung des Umweltzustandes ist ein Kreisdiagramm, bei dem die Funktionalitätsindikatoren radialen Achsen zugeordnet sind (Abb. 1). Diese auch als AMOEBA-Ansatz (TEN BRINK et al., 1991) bezeichnete Darstellungsform ermöglicht dem Betrachter einen anschaulichen und raschen Überblick über die Werte der Indikatoren. Dabei kann der dargestellte aktuelle Umweltzustand durch den Vergleich mit einem hypothetischen Referenzzustand beurteilt werden. Dieser Referenzzustand kann entweder durch einen zeitlichen Vergleich (z.B. Umweltzustand des Vorjahres) oder durch einen bewusst gesetzten Wert definiert werden. In diesem Zusammenhang besteht jedoch noch erheblicher Forschungs- bzw. politischer Diskussionsbedarf.

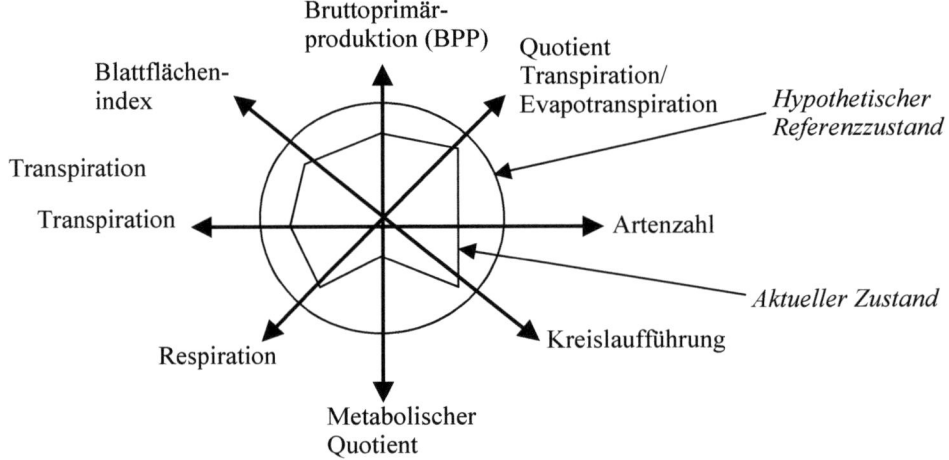

Abb. 1: Ökosystemare Umweltzustandsbeschreibung anhand von Funktionalitätsindikatoren.

Hinweise auf *mögliche Ursachen für Veränderungen der Ökosystemfunktionen* könnten durch eine inhaltliche Verknüpfung der Umweltthemen-orientierten und der Umweltthemen-neutralen Zustandsbeschreibung gegeben werden. Diese Verknüpfung kann in Form einer Matrix dargestellt werden (Tab. 2) und als Grundlage zur Formulierung von kausalen Zusammenhängen zwischen den umweltpolitischen Themenfeldern und den Ökosystemfunktionen dienen. Dazu sind folgende Schritte denkbar:

- Zunächst kann beschrieben werden, ob das betreffende Umweltthema einen verstärkenden, vermindernden oder neutralen Effekt auf die Ökosystemfunktionen hat. Dies ist in Tabelle 2 durch eine beispielhafte Zuordnung dargestellt. Darüber hinaus können Ursache-Wirkungs-Zusammenhänge bezogen auf bestimmte Ökosystemtypen (Waldökosystem, Agrarökosystem, Fließgewässerökosystem etc.) detailliert verbal formuliert werden.

- Als nächster Schritt könnten die umweltpolitischen Themenfelder auf einer Ordinalskala nach der Stärke ihres Einflusses auf die einzelnen Ökosystemfunktionen geordnet werden; so könnte beispielsweise angegeben werden, dass die Eutrophierung einen stärkeren Einfluss auf die Nutzung der Globalstrahlung hat als die Bodendegradation oder die Veränderungen der Biodiversität. Umgekehrt könnte für jedes Themenfeld eine Reihung hinsichtlich seiner Auswirkungen auf die Ökosystemfunktionen benannt werden. So könnte z.B.

dargestellt werden, dass die Eutrophierung sich stärker auf die Speicherkapazitäten als auf die Nutzung der Globalstrahlung auswirkt.

- Schließlich könnten statistische Methoden (Sensitivitätsanalyse mit berechneten oder plausibel abgeleiteten Indikatorwerten, multiple Regressionsanalyse von Daten unterschiedlicher örtlicher und zeitlicher Räume) zu einer Beurteilung der Zusammenhänge zwischen den Umweltthemen und den Ökosystemfunktionen verhelfen.

Tab. 2: Ausschnitt aus der Matrix: vorläufige beispielhafte Darstellung der Auswirkungen von Umweltthemen auf die Funktionalität von Ökosystemen (+ verstärkend, - vermindernd, o neutral)

Ökosystem-funktionen \ Umweltthemen	Eutrophierung	Versauerung	Toxische Belastung	Boden-degradation	...
Energiehaushaltsgrößen					
• Bruttoprimärproduktion (BPP)	+	-	-	-	
• Blattflächenindex	+	-	-	-	
• Respiration	+	-	-	-	
• Metabolischer Quotient	+	-	-	-	
Wasserhaushaltsgrößen					
• Transpiration	+	-	-	-	
• Quotient Transpiration/ Evapotranspiration	+	-	-	-	
....					

Die Matrix kann Anhaltspunkte dafür liefern, ob eine beobachtete Zustandsveränderung der Ökosystemfunktionen durch die aufgeführten Umweltthemen erklärt werden kann. Falls keine Ursachen für die Veränderungen der Ökosystemfunktionen ermittelt werden können, sollten im Rahmen von Forschungsvorhaben mögliche Gründe dieser Veränderungen erarbeitet werden. Aus diesen Untersuchungen könnten 'neue', bisher nicht bekannte umweltrelevante Themenfelder identifiziert werden. Langfristig wäre dann ggf. eine Ergänzung der Monitoringprogramme um die Messgrößen erforderlich, die zur Beobachtung dieses 'neuen' Themenfeldes nötig sind.

2.2 Umweltberichterstattung

Beschreibungen des Umweltzustandes werden im Rahmen der Umweltberichterstattung veröffentlicht (z.B. EEA, 1999; UBA, 1997; BMU, 1998; LfU, 1997) und schaffen dadurch eine Grundlage für umweltpolitische Dialoge (FRINGS, 1999). Die Berichterstattung dient im administrativen umweltpolitischen Bereich als Basis für Entscheidungen über das Ergreifen von Umweltschutzmaßnahmen und deren Erfolgskontrolle. So bildet die Umweltberichterstattung beispielsweise in der umweltbehördlichen Praxis eine wichtige Voraussetzung für die Durchführung von Umweltverträglichkeitsprüfungen sowie eine Basis für die ökologische Beweissicherung bei langfristigen Folgen von Eingriffen.

Die Umweltberichterstattung muss auf die Ansprüche der Adressaten verschiedener gesellschaftlicher Gruppen in Politik, Wissenschaft und sonstigen interessierten Gruppen der Öffentlichkeit ausgerichtet sein. Dabei ist das spezielle Anforderungsprofil der unterschiedlichen Nutzer (z.B. Berichtspflichten, Zeit- und Raumbezug, Detailgenauigkeit, Erscheinungsfrequenz, Umfang usw.) zu berücksichtigen. So benötigen beispielsweise die in der umweltpolitischen Verwaltung tätigen Fachmitarbeiter überschaubare, gebündelte Informationen über den Umweltzustand, die eine gezielte Entscheidungsfindung in Bezug auf Umweltschutzmaßnahmen ermöglichen. Die interessierte Öffentlichkeit verlangt hingegen verständlich aufbereitete Informationen; Wissenschaftler wiederum sind auf umfassende Daten für die Forschung angewiesen.

Die Berichterstattung im Rahmen der hier vorgestellten ökosystemaren Umweltbeobachtung soll eine neue Form der Umweltberichterstattung ermöglichen und die bestehenden Berichterstattungsaktivitäten ergänzen.

3 Ein analytisches Umweltinformationssystem für die ökosystemare Umweltbeobachtung

Die ökosystemare Umweltbeobachtung liefert - wie oben ausgeführt - Informationen über den Zustand der Umwelt und veröffentlicht diese in Umweltberichten. Für die praktische Umsetzung dieser Aufgabe kann ein Umweltinformationssystem helfen, welches sowohl die Analyse des Umweltzustandes als auch die Erstellung von Umweltberichten unterstützt.

Architektur des Umweltinformationssystems

Ein Umweltinformationssystem zur Unterstützung der Umweltbeobachtung sollte die folgenden Anforderungen erfüllen:

- Die in der Regel in lokalen Fachinformationssystemen vorgehaltenen Daten müssen zentral in einem gemeinsamen, konsistenten System zusammengeführt und effizient verfügbar gemacht werden. Dabei ist zusätzlich die Anpassung der physikalischen Dimensionen vorzunehmen, so dass die Vergleichbarkeit der unterschiedlichen Daten gewährleistet werden kann.
- Eine zentrale Verwaltung macht die Bereitstellung von Internet-tauglichen Zugriffs- und Analysewerkzeugen erforderlich, so dass die angebotenen Dienstleistungen von jedem Ort aus in Anspruch genommen werden können.
- Je nach Intention und Vorwissen des Benutzers sind unterschiedliche Zugangsebenen vorzusehen. Das abzudeckende Spektrum reicht von einer starren, d. h. vom System vorgegebene Benutzungsführung bis zur Bereitstellung einer Programmiersprache zur flexiblen Formulierung von Anfragen.
- Der Zugriff auf die gespeicherten Informationen sollte möglichst auf Basis einer konfigurierbaren Benutzerverwaltung erfolgen. Auf diese Weise können frei verfügbare von kommerziellen oder sicherheitskritischen Daten getrennt vorgehalten werden.
- Zu jedem Datum muss eine Beschreibung der Herkunft, des Erfassers und der verwendeten Messinstrumente existieren. Nur so kann die Qualität von Anfrage- und Analyseergebnissen nachträglich abgeschätzt werden.
- Die Integration von Simulationsmodellen zur Steigerung der Analysefähigkeit sowie zur Abschätzung zukünftiger Zustände ist vorzusehen.

Am Institut für Informatik an der Universität Kiel mit Unterstützung von HP Consulting, Sindelfingen wird zur Zeit in Zusammenarbeit mit dem Ökologie-Zentrum in einem studentischen Projekt ein Prototyp für ein analytisches Informationssystem entwickelt, das insbesondere für die oben beschriebenen Belange konzipiert wird. Im folgenden wird die Schichtenarchitektur des Systems vorgestellt (s. Abb. 2):

- Die Basis wird von einer objekt-relationalen Datenbank gebildet. Diese wird als sogenanntes Data Warehouse geführt, d.h. in vorgegebenen Aktualisierungszyklen werden konsolidierte Daten aus räumlich verteilten Fachinformations- (FIS) und Datenbanksystemen (DBS) unter Zuhilfenahme von Anpassungsalgorithmen importiert. Auf diese Datenreplikate kann im folgenden ausschließlich lesend zugegriffen werden. Damit kann ein global konsistenter Zustand erhalten werden. Zusätzlich zu den reinen 'Faktdaten' werden sogenannte 'Metadaten' vorgehalten, z.B. Volltext-Beschreibungen über die Herkunft der Daten. Durch die Wahl einer objekt-relationalen Datenbank kann der heterogenen Struktur der Daten Rechnung getragen werden, d.h. Zeitreihen können ebenso verwaltet werden, wie Abbildungen, Volltexte, Karten etc. Zur Zeit wird davon ausgegangen, dass Simulationsergebnisse aus Modellen jeweils lokal vorgehalten und damit in gleicher Weise importiert werden können.

- Die geforderte Flexibilität innerhalb der Benutzerführung wird durch den Aufsatz eines Workflow Managementsystems erreicht. Eine detailliertere Beschreibung dazu findet sich im nächsten Abschnitt.

- Auf das Informationssystem kann über das Internet zugegriffen werden. Die Schnittstelle befindet sich in einer Zugriffsschicht, in der Sicherungsstrategien und mögliche Abrechnungsmodi operationalisiert werden.

- Aus Sicht des Benutzers erfolgt die gesamte Interaktion mit dem System über einen Internet-Browser. Auf diese Weise kann die Eingewöhnungszeit verringert und die Akzeptanz deutlich gesteigert werden.

Ein Workflow Managementsystem als Auswertungsinstrument

Die Berechnung von Indikatorwerten zur Beschreibung des Umweltzustandes sowie die regelmäßige Erstellung von Umweltberichten werden zukünftig immer wiederkehrende Vorgänge in der Umweltbeobachtung sein. Für ähnliche, sich ständig wiederholende Arbeitsvorgänge, sogenannte Geschäftsprozesse wird im industriellen Bereich seit einiger Zeit der Einsatz von Workflow Managementsystemen (WFMS) diskutiert. Ein solches WFMS soll im Rahmen der Umweltbeobachtung als Bestandteil des oben vorgestellten analytischen Informationssystems als Prototyp implementiert werden.

WFMS organisieren und verwalten Arbeitsvorgänge und -abläufe. Dabei repräsentiert ein Workflow einen (Arbeits-)vorgang, der von einem WFMS angestoßen, organisiert, kontrolliert, gesteuert, koordiniert oder ausgeführt wird (JABLONSKI et al., 1997). In der Umweltbeobachtung kann ein WFMS sowohl die regelmäßige Auswertung der Umweltzustandsbeschreibung ausführen als auch die inhaltlichen und strukturellen Anforderungen der Umweltberichterstattung organisieren.

Für die Umweltzustandsbeschreibung werden Messgrößen ausgewertet und zu Indikatoren (s. Kap. 2.1) aggregiert. Dieser Vorgang kann in einer Workflow-Struktur technisch umgesetzt werden. Dabei soll die Aufgabe „Berechne Werte für die Umweltzustandsindikatoren" erfüllt werden. Der Umweltzustand Z setzt sich aus den Indikatoren $z_0, z_1, ..., z_n$ zusammen und wird für einen bestimmten Zeitpunkt t für einen Raum x berechnet. Der Indikator z_0 wird aus den Messgrößen $z_0, z_1, ... z_m$ durch Aggregation gebildet. Die Aggregation kann sowohl mathematische Operationen als auch „wenn – dann" Abfragen umfassen.

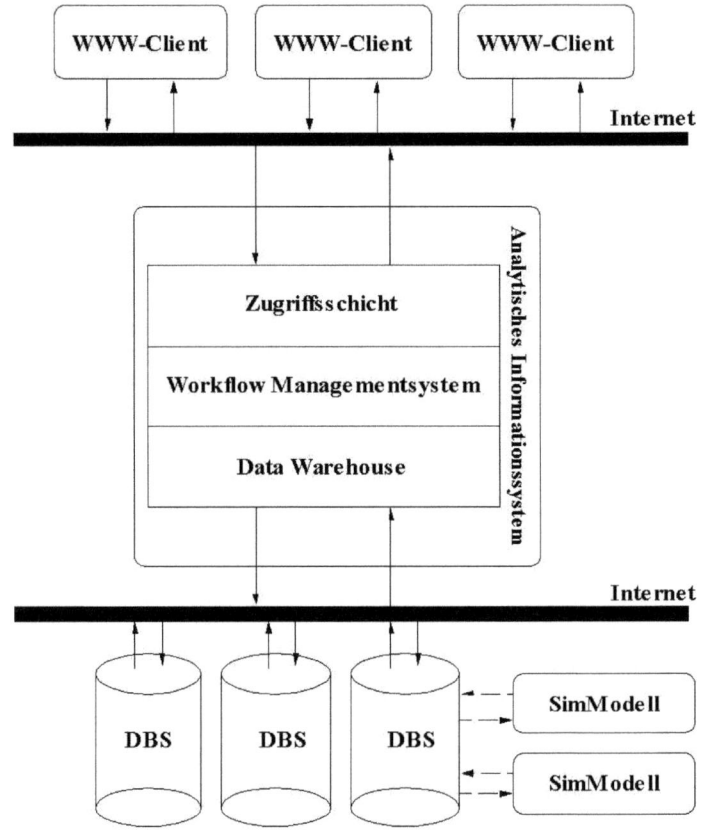

Abb. 2: Schichtenarchitektur eines Umweltinformationssystems zur Unterstützung der Umweltbeobachtung

$$Z = <z_0, z_1, ..., z_n>|_{t,x} := Z(t,x) = (z_0(t), z_1(t), ..., z_n(t))|_x$$
$$\text{mit } z_0 = (z_0, z_1, ...z_m) \quad Z_0 = z_0(t_0)$$

Z = Umweltzustand

$z_0, z_1, ..., z_n$ = Indikatoren

$z_0, z_1, ...z_m$ = Messgrößen

t = Zeit

x = Raum

Der Vorteil des WFMS ist, dass die Ausführung der Aufgabe beliebig oft nach einmal festgelegten Kriterien wiederholt und leicht auf andere Gebiete übertragen werden kann. Auch die Bewertung des Umweltzustandes, d.h. der Vergleich des Ist-Zustands Z_{ist} mit einem Soll-Wert Z_{soll}, kann in Workflow-Strukturen umgesetzt und jederzeit vom WFMS angestoßen werden. Zusätzlich sind die Workflows aufgrund ihrer hierarchischen Strukturierung modular vielseitig verwendbar und kombinierbar.

Ein weiterer wichtiger Aspekt ist, dass die Modellierung des WFMS nutzerorientiert ausgerichtet ist. Der Nutzer entwickelt gemeinsam mit den Systementwicklern die spezifischen Fragen, welche vom Informationssystem beantwortet werden sollen.

In Abbildung 3 wird die Berechnung eines Indikators in einer Workflow-Struktur beispielhaft vorgestellt.

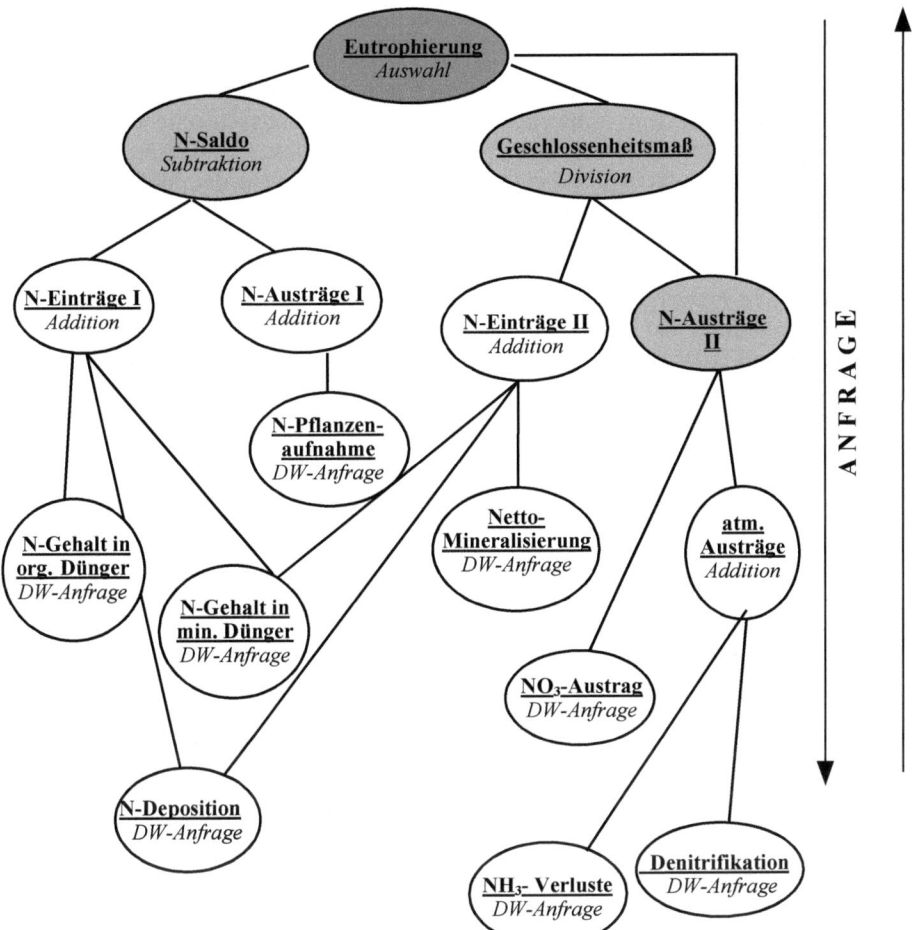

Abb. 3: Workflow-Struktur zur Anfrage „Wie ist der Zustand eines bestimmten Agrarökosystems in Bezug auf die Eutrophierung am Standort Bornhöved?" (Funktionalitäten der Knoten kursiv, N: Stickstoff, DW: Data Warehouse, atm.: atmosphärisch, org.: organisch, min.: mineralisch)

Dabei wird die Anfrage „Wie ist der Zustand eines bestimmten Agrarökosystems in Bezug auf die Eutrophierung?" sukzessiv von oben nach unten in Teilaufgaben zerlegt. Bei der Bearbeitung der Anfrage wird dann von unten nach oben vorgegangen, und erst wenn eine Teilaufgabe erledigt ist, kann die darüber liegende Teilaufgabe ausgeführt werden.

Zunächst erfolgt eine Auswahl, durch welchen Indikator die Eutrophierung indiziert werden soll. Vorstellbar ist beispielsweise, den Stickstoff-Saldo (BACH et al., 1997; ECKERT et al., 1998), ein Geschlossenheitsmaß (SCHIMMING, mdl. Mitt.) oder die Stickstoff-Austräge (II) als Indikatoren zu benutzen (Abb. 3). Die Auswahl kann der fachlich vorgebildete Nutzer mit Hilfe von Zusatzinformationen treffen. Die zur Aggregierung verwendeten Größen werden mit unterschiedlichen mathematischen Operationen verknüpft. Bei den Eingangsgrößen handelt es sich dabei sowohl um Messgrößen (z.b. mineralischer und organischer Dünger) als auch um Outputgrößen aus ökosystemaren Simulationsmodellen (z.B. Nitrat-Austrag, Denitrifikation). Diese Größen werden im Data Warehouse (s. o.) bereitgestellt.

Neben der Organisation der Berechnung der Umweltzustandsindikatoren lassen sich mit Hilfe des Umweltinformationssystems Umweltberichte je nach den unterschiedlichen Anforderungen der Nutzer von einem WFMS strukturieren. Denkbar ist, dass es grundsätzlich zwei verschiedene Typen von Benutzern gibt: Zu Typ (1) gehören Nutzer aus der Politik, der Wissenschaft oder der Öffentlichkeit, die keine eigenen Umweltberichte erstellen, sondern diese nur lesen. Je nach ihren Zugriffsrechten auf das System und dem Interesse des Nutzers organisiert das WFMS die Bereitstellung der Informationen aus den Umweltberichten. Der Typ (2) wird durch administrative Nutzergruppen verkörpert, die damit beauftragt sind, die Umweltbeobachtung durchzuführen und Umweltberichte zu erstellen. Je nachdem über welches Gebiet berichtet werden soll (z.B. Biosphärenreservat, Bundesland, BRD), sind die Berichte anders strukturiert und aufgebaut. Das WFMS kann dem jeweiligen Nutzer helfen, seinen Bericht, der immer wieder ähnlich strukturiert verfasst wird, interaktiv mit dem Informationssystem zeit- und kostensparend zu erstellen.

Neue bislang unbekannte Umweltprobleme können jederzeit durch eine objektorientierte Modellierung des WFMS ergänzt werden. Workflows oder 'Subworkflows' werden mit geringem Programmieraufwand hinzugefügt oder gelöscht.

Ausblick

Die Beschreibung der intern ablaufenden Prozesse und Funktionen von Ökosystemen ist im Vergleich zu den derzeit laufenden Umweltbeobachtungsaktivitäten ein neuer Aspekt in der Umweltbeobachtung. Sie spiegelt eine ökosystemare Herangehensweise bei der Umweltzustandsbeschreibung wider, mit der der Anspruch eines Frühwarnsystems erfüllt und indirekte Wirkungen erfasst werden könnten. Zunächst bedarf das vorgestellt Konzept jedoch einer Weiterentwicklung und Überprüfung anhand vorliegender Messdaten und durch die Einbeziehung der Indikatoren für Ökosystemfunktionen in ein dauerhaft angelegtes Umweltbeobachtungsprogramm. Zusätzlich ist eine Abstimmung der bestehenden Umweltbeobachtungsprogramme notwendig. Dies soll im Rahmen der in Kapitel 2 erwähnten Vorhaben untersucht werden.

Für die Umsetzung ist auch die technische Operationalisierung in Form eines analytischen Umweltinformationssystems von Bedeutung, damit die Fülle der erhobenen Daten effektiv verwaltet und zu Zwecken der Umweltberichterstattung aufbereitet werden kann. Hier muss geprüft werden, inwieweit ein solches System zukünftig in der Umweltbeobachtung effektiv eingesetzt werden kann.

Literatur

BACH, M., FREDE, H.-G. & G. LANG 1997: Stickstoff-, Phosphor- und Kalium-Bilanzen für die Bundesrepublik Deutschland - Methodik, Trends und Bewertung von PARCOM-gemäßen und flächenbezogenen Bilanzierungen, in: Stoff- und Energiebilanzen in der Landwirtschaft, Kongressband, VDLUFA-Schriftenreihe. Darmstadt, 46: 351-354.

BAUMANN, R. & F. MÜLLER 2000: Indikatoren für Ökosystemfunktionen. Projektinternes Manuskript, unveröfftl.

BfN (BUNDESAMT FÜR NATURSCHUTZ), 1996: Daten zur Natur, Bonn.

BMELF (BUNDESMINISTERIUM FÜR ERNÄHRUNG, LANDWIRTSCHAFT UND FORSTEN), 1997: Dauerbeobachtungsflächen zur Umweltkontrolle im Wald. Level II. Erste Ergebnisse, Bonn: 148 S.

BMU (BUNDESMINISTERIUM FÜR UMWELT, NATURSCHUTZ UND REAKTORSICHERHEIT), 1998: Umweltbericht 1998. Bericht über die Umweltpolitik der 13. Legislaturperiode. Unterrichtung durch die Bundesregierung, Deutscher Bundestag, 13. Wahlperiode. Drucksache 13/10735: 209 S.

COSTANZA, R., NORTON, B.G. & B.D. HASKELL (eds.) 1992: Ecosystem Health. – Island Press, Washington.

ECKERT, H., BREITSCHUH, G., HEGE, U., HEYN, J. & D. SAUERBECK 1998: Kriterien umweltverträglicher Landbewirtschaftung, in: Standpunkt des Verbandes Deutscher Landwirtschaftlicher Untersuchungs- und Forschungsanstalten (VDLUFA) (ed.), Darmstadt.

EEA – EUROPEAN ENVIRONMENT AGENCY, 1999: Environment in the European Union at the turn of the century. Environmental assessment report no. 2, Luxemburg.

EUROPÄISCHE KOMMISSION – GENERALDIREKTION LANDWIRTSCHAFT (GD VI), 1996: Europäisches Programm für die intensive Überwachung von Waldökosystemen. Allgemeine Angaben über die Dauerbeobachtungsflächen in Europa (Level II). Zweite Auflage: 45 S. + Anhänge.

FRINGS, E. 1999. Indikatoren und Kennzahlen in der Umweltberichterstattung – Aufgaben und Anforderungen. In: Indikatoren für eine nachhaltige Entwicklung in Kommunen, Workshop 8./9.2.1999. Deutsches Institut für Urbanistik.

JABLONSKI, S., BÖHM, M. & W. SCHULZE (eds.), 1997: Workflow-Management - Entwicklung von Anwendungen und Systemen. - dpunkt verlag, Heidelberg.

LfU (Landesanstalt für Umweltschutz Baden-Württemberg). 1997. Umweltdaten 95/96. Hrsg.: Ministerium für Umwelt und Verkehr Baden-Württemberg. Kraft Druck und Verlag, Ettlingen.

MÜLLER, F., BRECKLING, B., BREDEMEIER, M., GRIMM, V., MALCHOW, H., NIELSEN, S.N. & E.W. REICHE 1997: Emergente Ökosystemeigenschaften. In: FRÄNZLE, O., MÜLLER, F., & W. SCHRÖDER (eds.), Handbuch der Umweltwissenschaften. - ecomed, Landsberg.

MÜLLER, F., 1998: Ableitung von integrativen Indikatoren zur Bewertung von Ökosystem-Zuständen für die Umweltökonomischen Gesamtrechnungen. Band 2 der Schriftenreihe „Beiträge zu den Umweltökonomischen Gesamtrechnungen"; Hrsg. Statistisches Bundesamt. – Metzler-Poeschel, Stuttgart: 135 S.

OECD, 1994: Environmental Indicators - OECD Core Set. Paris.

SCHNEIDER, E.D. & J.J. KAY 1994: Life as a manifestation of the second law of thermodynamics. - Mathematical and Computer Modelling 19 (6-8): 25-48.

SETAC, 1993: Guidelines for Life-Cycle Assessment: A Code of Practice. Brüssel, Pensacola.

SRU (RAT VON SACHVERSTÄNDIGEN FÜR UMWELTFRAGEN), 1991: Allgemeine ökologische Umweltbeobachtung. Sondergutachten, Oktober 1990. - Metzler-Poeschel Verlag, Stuttgart: 75 S.

SRU (RAT VON SACHVERSTÄNDIGEN FÜR UMWELTFRAGEN), 1998: Umweltgutachten. Erreichtes sichern – Neue Wege gehen. - Metzler-Poeschel Verlag, Stuttgart: 388 S.

TEN BRINK, B.J.E., HOSPER, S.H., & F. COLIJN 1991: A Quantitative Method for Description & Assessment of Ecosystems: The AMOEBA-Approach. IN: Marine Pollution Bulletin, 23: 265-270.

UBA (UMWELTBUNDESAMT), 1996: Manual on methodologies and criteria for mapping Critical Levels/Loads and geographical areas where they are exceeded. UN ECE Convention on Long-range Transboundary Air Pollution. UBA-TEXTE 71/96: 144 S. + Anhänge.

UBA (UMWELTBUNDESAMT), 1997: Daten zur Umwelt. Der Zustand der Umwelt in Deutschland. Ausgabe 1997. – Erich Schmidt Verlag GmbH & Co., Berlin: 570 S.

UBA (UMWELTBUNDESAMT), 1998: Umweltprobenbank des Bundes. Ausgabe 1997. Ergebnisse aus den Jahren 1994 und 1995. – Bericht und Anhang. UBA-TEXTE 14/98: 547 S.

WALZ et al., 1997. Grundlagen für ein nationales Umweltindikatorensystem. – Weiterentwicklung von Umweltindikatoren für die Umweltberichterstattung. UBA-TEXTE 37/97: 470 S.

Ausgewählte Methoden zur Behandlung unsicheren Wissens bei Modellierung und Simulation ökologischer Systeme

Rolf Grützner

Universität Rostock, Fachbereich Informatik, Lehrstuhl Modellierung und Simulation von Informatiksystemen, Albert-Einstein-Str. 21, 18059 Rostock
e-mail: gruet@informatik.uni-rostock.de oder gruet@web.de

Abstract

The main emphasis of this paper is on methods which are used to model systems with uncertainties. These systems are for example biological, ecological or sociological systems. Uncertainty of a system means that we do not know all components of a system including its functions and structures. As a consequence of this there are some difficulties in modeling of such systems. Fortunately mathematical methods exist which can be used to model systems with uncertainties. To handle uncertain knowledge the important methods are: mathematical theory of probability, rule-based system descriptions to model networks of certain and/or uncertain knowledge, different reasoning methods, qualitative simulation methods (shallow and deep reasoning), fuzzy-logic, and neuronal networks. The areas of application of these methods are compared including the required knowledge of the systems which are modeled, that means the input/output data and structure information.

Keywords: *modelling, simulation, ill-defined models, modelling methods, soft computing*

Schlüsselwörter: *Modellierung, Simulation, unsichere Modelle, Modellierungsmethoden, Softcomputing*

1 Definition – Begriffe

Erkenntnisse über die reale Welt werden durch Nachdenken über ihr Verhalten, über die Abläufe in ihr sowie ihre Strukturen gewonnenen. Diese Erkenntnisse dienen entweder zum Verständnis der realen Welt oder um sie zú beeinflussen und zu verändern. Unter realer Welt werden die natürliche Welt (die existierende) aber auch gedachte Welten (nicht existierende bzw. noch nicht existierende – wie z.B. noch zu entwickelnde technische Systeme, künstliche Ökosysteme, hypothetische soziologische Systeme) verstanden. Im folgenden wird ausschließlich auf Grundbegriffen und Grundlagen der Systemtheorie aufgebaut, die heute wegen ihres hohen Abstraktionsgrades für naturwissenschaftliche und technische Systeme bestimmend ist, was auch für biologisch-ökologische Systeme gilt.

Zur Lösung bestimmter Fragestellungen sind Untersuchungen der realen Welt erforderlich, wobei im Prozeß der Systemanalyse zunächst ein reales System entwickelt wird. Das reale System, auch Originalsystem genannt, bildet einen Ausschnitt der realen Welt. Im Prozeß der Systemanalyse erfolgt die Auswahl, der für die Untersuchung der Fragestellung relevanten Objekte, die Bestimmung der Beziehungen zwischen den Objekten und der Wechselwirkungen mit der Umgebung, dem Teil der realen Welt, der nicht zum realen System gehört. Bei der Bildung des Originalsystems sollten zwischen ihm und seiner Umgebung minimale Wechselwirkungen angestrebt werden.

Ein Originalsystem ist somit eine Komponente der realen Welt. Entsprechend der hierarchischen Struktur der realen Welt, kann auch ein reales System wieder aus weiteren realen Systemen bestehen. Biologische, ökologische u.a. Systeme bilden demnach ein reales System. Von diesem Originalsystem bzw. von der Vielzahl der darin existierenden Subsysteme sind für Analysen, entsprechend einer Frage- oder Aufgabenstellung, Modelle anzufertigen.

Eine Modellbildung erfordert Beschreibungsmittel, um die Objekte mit ihrer Funktionalität (Dynamik), die Beziehungen zwischen ihnen, die Struktur und die Input-Output-Beziehungen darzustellen. Für die Beschreibung stehen vielfältige Mittel bereit, z.B. verbale Möglichkeiten, künstlerische Mittel, materielle Stoffe (Ton, Gips, Holz, chemische, technische), graphische und mathematische Konzepte. Im folgenden werden ausschließlich moderne mathematische Konzepte betrachtet.

Bei der Abbildung eines Originalsystems in ein mathematisches Modell (der Modellbildung) werden, vereinfacht ausgedrückt, Objekte des Originalsystems, ihre Funktionen, die Beziehungen zwischen ihnen und die Input-Output-Beziehungen durch mathematische Objekte ausgedrückt, d.s. beispielsweise mathematische Operatoren, Funktionen und Algorithmen.

Auf Grund der hohen Komplexität, Dynamik und Vielfalt von biologisch-ökologischen Systemen bleiben Schwierigkeiten bei der Systemanalyse, der Auswahl und Entwicklung geeigneter Systembeschreibungsmittel und der Modellbildung nicht aus, auch kann ein Modell nicht mehr Wissen enthalten, als über das reale System vorliegt.

Modellbildung und Simulation bilden in diesem Zusammenhang eine Problemlösungsmethode, mit deren Hilfe neue Erkenntnisse und Theorien gewonnen werden können. Um den Unsicherheiten und Ungewißheiten Rechnung tragen, die bei einer Vielzahl von biologisch-ökologischen Systemen existieren, kommen innovative Methoden und Konzepte der Informatik zum Einsatz. Im folgenden stehen einige davon im Mittelpunkt der Betrachtung. Zunächst sollen jedoch einige weitere Definitionen und Begriffe vorgestellt werden.

Ein System besteht aus einem oder mehreren strukturell verbundenen Objekte, deren Zustände von anderen Objekten (oder sich selbst) abhängen und die Zustände anderer Objekte oder sich selbst beeinflussen. Ein System enthält somit Objekte und eine Struktur. Beides sind notwendige Bestandteile eines Systems. Die Menge der Relationen zwischen den Systemobjekten bestimmt die Struktur des Systems.

Zur simulativen Untersuchung von Systemen sind Modelle erforderlich. Einem Modell liegt ein Ziel – das Aufgabenziel – zugrunde. Jedes Ziel verlangt in der Regel ein spezifisches Modell, man spricht vom Modellziel. Als eine umfassende Definition eines Modells sei die von WÜSTENECK (1963) angegeben. Unter einem Modell ist ein System zu verstehen, das als Repräsentant eines komplizierten Originals auf Grund mit diesem gemeinsamer, für eine bestimmte Aufgabe wesentlicher Eigenschaften von einem dritten System benutzt, ausgewählt oder geschaffen wird, um letzterem die Erfassung oder Beherrschung des Originals zu ermöglichen oder zu erleichtern bzw. es zu ersetzen. Selbstverständlich ist ein Modell wieder ein System – jedoch kein Originalsystem, sondern eine Beschreibung davon.

Bei einer Simulation werden durch Experimente mit Modellen Aussagen über das Verhalten von Systemen gewonnen. In einem Experiment werden Fragen an ein System gestellt, um die Aufgabenstellungen bearbeiten und lösen zu können. Eine derartige Vorgehensweise verlangt Modellbeschreibungen, die das Verhalten der realen Systeme adäquat widerspiegeln. Der Nachweis dieser Adäquatheit erfolgt durch eine Modellvalidierung, BOSSEL (1994),

KNEPELL & ARANGNO (1993). Leider ist ein Nachweis nicht in allen Fällen möglich, er ist aber Voraussetzung dafür, daß Experimentierergebnisse korrekt auf reale Systeme übertragen werden können (s. Abb.1).

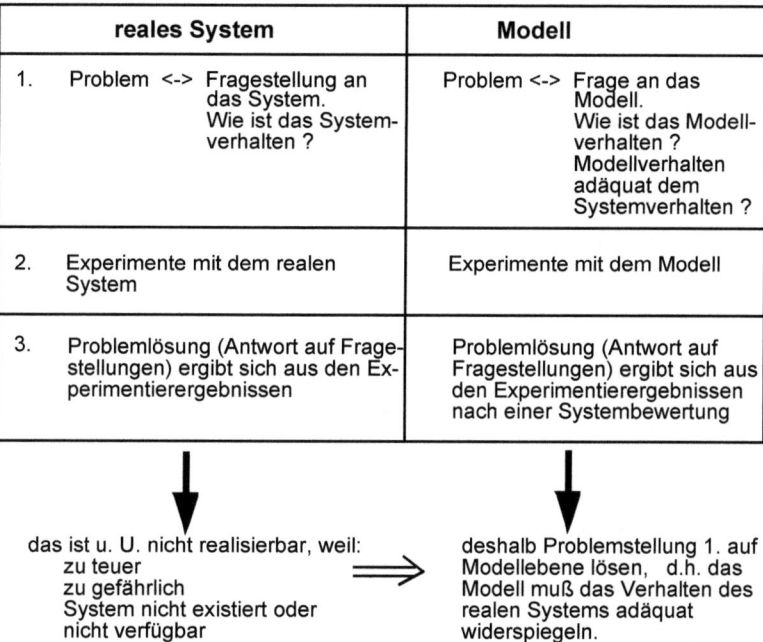

Abb. 1: Vorgehensweisen zur Lösung eines Problems: entweder Experimente am realen System oder mit einem Modell

1.1 Fehlermöglichkeiten bei der Modellbildung

Bei der Modellierung von Systemen und bei computergestützten Experimenten gibt es eine Reihe von Schwierigkeiten, die sich aus der Komplexität, den Rückkopplungen zwischen Systemobjekten, den teilweise unbekannten Abläufen und den Strukturen in biologisch-ökologischen Systemen ergeben. Sie resultieren aus Unsicherheiten und Ungewißheiten im Wissen über die Originalsysteme. Dazu sei auf JAKEMAN et al. (1993) und andere Forscher verwiesen, die diese Probleme ausführlicher behandeln.

Um solche Unsicherheiten und Ungewißheiten – das unsichere Wissen – während der Modellierung zu berücksichtigen, werden im folgenden geeignete Methoden vorgestellt. Nicht betrachtet werden Fehler, die bei der Überführung eines mathematischen Modells in ein Simulationsprogramm und durch numerische Lösungsverfahren entstehen.

2 Unsicheres Wissen

Das Wissen ist grundsätzlich vom aktuellen Erkenntnisstand abhängig, es kann in sicheres und unsicheres Wissen unterteilt werden. Mit wachsendem Erkenntnisstand können sich sicheres Wissen oder Teile davon durchaus als unsicher oder sogar falsch erweisen. Unsicheres Wissen werde nun genauer definiert. Es stellt sich die Frage: Ist es nicht ein Widerspruch »Wissen als unsicher« zu bezeichnen? Muß Wissen nicht stets etwas gesichertes sein, um als Wissen zu gelten? Schließlich werden keine wissenschaftlichen Ergebnisse als gültig betrachtet, wenn die Beweislage ungesichert ist, auch erfolgen in solchen Situationen (in der Regel) keine gerichtlichen Verurteilungen. Dennoch gibt es im täglichen Leben eine ganze Reihe von Aussagen und regelhaften Zusammenhängen, die solche Voraussetzungen nicht erfüllen. Sie beruhen meistens auf vielfältigen Erfahrungen, nicht aber auf Vermutungen. Beispielsweise gehört dazu eine einfache Lebensweisheit:

Wenn die Sommertage heiß sind und der Boden auszutrocknen beginnt, muß täglich beregnet werden, um eine hohe Gemüseernte zu erreichen.

Das ist sicher eine einfache Regel, die zum Grundwissen eines Gärtners gehört. Ist sie aber sicher? Wann sind die Bedingungen genau erfüllt, die zum Beregnen Anlaß geben? Niemand kennt die genauen Meßdaten, die jedoch für den wirtschaftlichen Erfolg eines Gartenbaubetriebes bedeutsam sein können - das ist *unscharfes Wissen*.

Ein anderer Typ unsicheren Wissens liegt vor, wenn ein Arzt feststellt, daß ein Patient alle Voraussetzungen für ein erhöhtes Lungenkrebsrisiko erfüllt. Eine Aussage, die auf statistischen Erhebungen beruht, und die Zusammenhänge zwischen Lebensweise, Berufstätigkeit und Erkrankungsart herstellt. Dieses Wissen kann für den Patienten lebensverlängernd sein – sicheres Wissen ist es aber nicht.

Ein weiterer Typ von unsicheren Wissen beruht darauf, wie wir uns auf Wissen stützen, das nicht vollständig gesichert ist. So kann man davon ausgehen, daß ein Alibi erst dann für gesichert gilt, wenn es mindestens durch zwei unabhängige Zeugen bestätigt werden kann. Das Wissen beruht auf plausiblen Schlußfolgerungen aus Aussagen (z.B. in der Kriminalistik). Es kann als *plausibles Wissen* bezeichnet werden und bildet eine dritte Art des unsicheren Wissens.

Eine vierte Art unsicheren Wissens basiert darauf, Wissen aus unvollständigen, verzerrten Informationen herauszufiltern.

Damit können nach SPIES (1993) vier Gruppen menschlichen Wissens eingeführt werden, in denen Unsicherheit enthalten ist. Das sind:

- unscharfes Wissen,
- Wahrscheinlichkeitsschliessen,
- plausibles Schließen,
- Erkennen und Verstehen unvollständiger und verzerrter Muster.

Dabei ist unsicheres Wissen nicht gleichzusetzen mit Unsicherheit über ein Wissen. Unsicherheit über Wissen existiert, wenn z.B. ein Student sich nicht an den gelernten Text einer Vorlesungsnachschrift erinnert oder ein Forschungsproblem noch ungelöst ist. Unaufgeklärte ökologische Verhaltensweisen sind damit kein unsicheres Wissen sondern fehlendes, nicht vorhandenes Wissen, das ist Unkenntnis.

„Unsicheres Wissen ist somit eine spezifische Form des Wissens über einen Sachverhalt, das gewisse Unsicherheiten mit berücksichtigt. Unsicherheit im Wissen ist nicht eine Last, die es uns schwer macht, etwas zu wissen, sondern ein Produktivfaktor, durch den wir manche Problemstellung in alltäglichen und fachlichen Situationen erst angemessen bewältigen können", SPIES (1993).

Komplexität und Vernetzung von Systemen geht stets mit Unsicherheit einher. Auf Grund der hohen Bedeutung, der weiten Verbreitung von unsicherem Wissen im täglichen Leben und in der wissenschaftlichen Arbeit, ist es notwendig, Methoden und Konzepte zu finden, um damit sinnvoll und effektiv umzugehen.

Unsicherheit im Wissen – das unsichere Wissen – kann wissenschaftlich modelliert werden. Dabei kann man auf vier wesentliche Disziplinen zurückgreifen:

- kognitive Psychologie,
- Wissensverarbeitung in der Informatik,
- mathematische Statistik,
- Epistemologie.

Die Nutzung von Modellen auf der Basis dieser Disziplinen ist heute ohne Informatik undenkbar.

3 Ausgewählte Konzepte zur Behandlung von unsicherem Wissen

In diesem Abschnitt werden ausgewählte mathematische Konzepte vorgestellt, die zur Behandlung von unsicherem Wissen in der Modellbildung und Simulation nutzbar sind. Mit ihrer Hilfe kann ein wichtiger Beitrag zur Analyse und Erforschung biologisch-ökologischer Systeme erbracht werden. Voraussetzung ist allerdings eine Intensivierung der Zusammenarbeit von Ökologen, Biologen, Informatikern und Mathematikern. Einige Beispiele zeigen, daß mit Methoden zur Verarbeitung unsicheren Wissens und interdisziplinärer Arbeit neue Lösungen zu finden sind und Anregungen für weitere biologische Forschungen entstehen. LUTZE und WIELAND (1997) modellierten das Verhaltens der Schleiereule (*Tyto alba*) und anderer Objekte in durch Menschen gestörten Gebieten mit Fuzzy- und neuronalen Netzmethoden, GLASS und GRÜTZNER (1998) nutzten regelbasierte Konzepte zur Modellierung des Kohlenstoffkreislaufes aquatischer Systeme im Freiwasser, SALSKI & BOCK (1998) verwendete Fuzzymethoden.

3.1 Mathematische Methoden zur Modellierung und Verarbeitung von unsicherem Wissen

Die Verarbeitung von unsicherem Wissen ist durch eine breite Methodenpalette möglich. Zunächst wären die klassischen kompartimentorientierten Ansätze (z.B. Differentialgleichungssysteme, Differenzengleichungen) zu nennen, die durch Hinzufügung stochastischer Elemente unsicheres Wissen repräsentieren. Erfolgreiche Anwendungen existieren z.B. in Waldmodellen, s. PRETZSCH (1992).

Weiter sind die agentenorientierten und individuenbasierten Simulationsmethoden zu nennen. Sie bieten einen methodischen Rahmen, der es u.a. gestattet, unsicheres Wissen über Synergismen in Populationen und Gesellschaften aufklären zu helfen, (GRÜTZNER 1997). Diese Konzepte unterstützen, einerseits durch eine objektorientierte Programmierung die modulare Strukturierung komplexer Modelle, anderseits können sie durch Hinzufügen von Methoden zur Verarbeitung von unvollständigem und qualitativem Wissen erweitert werden. Sie bilden damit interessante Ansätze für Ökologen und Biologen, s. z.B. FRYER (1987), PETERS (1991). Die wesentlichen Methoden zur Verarbeitung unvollständigen oder qualitativen Wissens – dem unsicheren Wissen – werden im folgenden diskutiert:

- Beschreibung unsicheren Wissens mittels der mathematischen Wahrscheinlichkeitstheorie einschließlich ihres Einsatzes in Expertensystemen, d.s. Softwaresysteme zur Wissensverarbeitung;
- Regelbasierte Systembeschreibungen;
- Schließverfahren;
- Fuzzylogik (unscharfe Logik) für die Modellierung unscharfen Wissens. Mit ihrer Hilfe kann man unscharfe Modelle erstellen sowie Steuer- und Regelvorgänge nachbilden;
- Qualitative Simulation für die Analyse unvollständig bekannter dynamischer Systeme, wobei keine Kenntnisse über Daten erforderlich sind;
- Neuronale Netze als Klassifikationsmethode bei der Erkennung und dem Verstehen unvollständiger und verzerrter Muster – der Musterverarbeitung. Mit diesem methodischen Konzept sind gleichfalls Aufgaben der Modellierung und Simulation dynamischer Systeme (u.a. auch aus der Ökologie) sowie ihrer Steuerung realisierbar.

Da die Ansätze der Wahrscheinlichkeitstheorie zur Verarbeitung unsicheren Wissens als bekannt vorauszusetzen sind, sei dazu auf die einschlägige Literatur verwiesen, z.B. SOKAL & ROHLF (1998), BOROVKOV (1998), DEVORE (1997). Im folgenden werden vielmehr Grundprinzipien von neueren Informatikkonzepten zur Verarbeitung unsicheren Wissens erläutert.

Regelbasierte Systembeschreibung

Vernetztes Wissen beruht auf den Erkenntnissen der 80er Jahre, daß monokausales Denken den Anforderungen moderner Wissenschaftskonzepte nicht mehr gerecht wird. Ein Beispiel für die zwingende Notwendigkeit für vernetztes Denken ist das Problem, Ökologie und Ökonomie in ein vernünftiges Gleichgewicht zu bringen. Die Wechselbeziehungen zwischen Umweltschutz, Technologie und sozialem Wohlstand sind verwirrend – die Welt ist komplex und vernetzt – und leider werden diese Zusammenhänge selbst von führenden Politikern nicht verstanden (z.B. Atomausstiegsdebatte, CO_2-Verringerung und Ökosteuer).

Wir unterscheiden auch beim vernetzten Wissen zwischen sicherem und unsicherem Wissen. Zunächst einige Aussagen zum vernetzten sicheren Wissen.

Grundlage von regelbasierten Systembeschreibungen ist die Darstellung des Wissens in Form von *Wenn – Dann – Beziehungen* zwischen Prämissen und Konklusionen. Diese Beziehungen werden Regeln genannt, sie bestehen aus »*Wenn* Prämisse *Dann* Konklusion«. Selbstverständlich können Sachverhalte im Wenn-Teil oder im Dann-Teil durch logische Verknüpfungen verbunden werden. Das Ziel ist, aus den Regeln alle logischen Schlüsse zu ziehen.

Beim vorwärtsverketteten Schließen wird geprüft, ob die angenommenen Sachverhalte in der Prämisse enthalten sind. Trifft das zu, dann lassen sich die Aussagen aus der Konklusion (dem Dann-Teil) der betreffenden Regel ableiten. Diese Aussagen werden zum Vorrat der angenommenen Tatsachen, den Prämissen, hinzugefügt und man betrachtet wieder, ob sie in den Wenn-Teilen irgendwelcher Regeln vorkommen. Ist dies der Fall, so leitet man weitere Aussagen aus dem Dann-Teilen der Regeln ab. Das geschieht solange, bis sich keine neuen Ableitungen ergeben. Das folgende Beispiel zeigt einige ausgewählte Regeln (R1 bis R8) aus einem Sachverhalt zur Steigerung des Treibhauseffektes:

R1: *Wenn* es mehr Menschen gibt *Dann* werden mehr Reisfelder angelegt

R2: *Wenn* es mehr Menschen gibt *Dann* werden mehr Wiederkäuer gehalten

R3: *Wenn* es mehr Menschen gibt *Dann* gibt es einen höheren Treibhauseffekt

R4: *Wenn* mehr Reisfelder angelegt werden *Dann* wird mehr anaerobes Material bakteriell abgebaut

R5: *Wenn* mehr Wiederkäuer gehalten werden *Dann* entsteht mehr CH_4

R6: *Wenn* mehr anaerobes Material abgebaut wird *Dann* entsteht mehr CH_4

R7: *Wenn* mehr CH_4 entsteht *Dann* wird mehr CO_2, H_2O und O_3 in der Troposphäre erzeugt

R8: *Wenn* mehr CO_2, H_2O und O_3 in der Troposphäre ist *Dann* gibt es einen höheren Treibhauseffekt.

Die Vernetzung dieser Regeln ist in Abbildung 2 dargestellt.

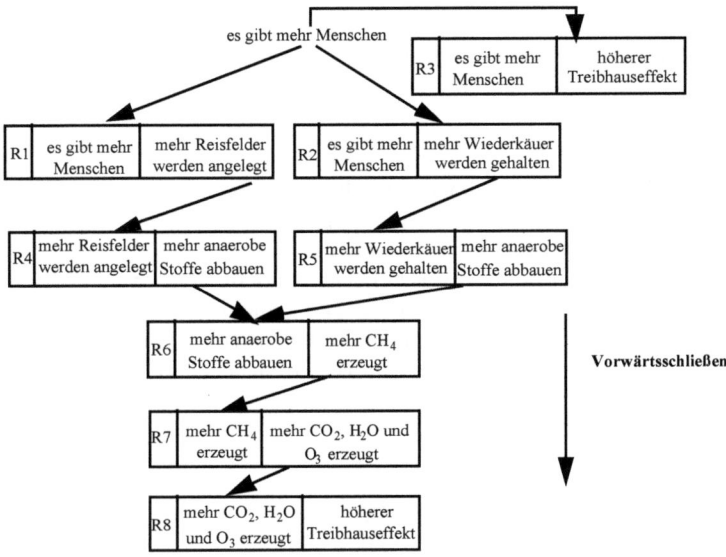

Abb. 2: Graphische Darstellung der Netzstruktur des durch die Regeln beschriebenen Wissens

Beim Schließen in sicheren Wissensnetzen ist es völlig unerheblich, auf welchem der vielen Wege durch ein Netz die Aussage abgeleitet (bewiesen) wurde.

Eine Umkehrung des Vorwärtsschließens bildet das Rückwärtsschließen. Hier geht es darum, daß herauszufinden ist, ob ein bestimmter Sachverhalt unter bestimmten Voraussetzungen zutrifft oder nicht.

Bei unsicherem Wissen werden die Regeln der Wissensbasis durch bedingte Wahrscheinlichkeitsaussagen ergänzt. Auch hier werden Graphen zur Darstellung der Vernetzung genutzt, jedoch tritt eine Prämisse mit unterschiedlichen Zustandswahrscheinlichkeiten auf, z.B. mehr Menschen mit hoher, mit mittlerer und niedriger Wahrscheinlichkeit. Entsprechend der Anzahl der zugeordneten Zustandswahrscheinlichkeitswerte ergeben sich verschiedene Aussagen, die ihrerseits wieder mit Wahrscheinlichkeiten behaftet sein können. In bestimmten Anwendungsfällen muß die Wahrscheinlichkeit der Konklusionen durch eine Wahrscheinlichkeitsverteilung bestimmt werden. Über Einzelheiten zur Gestaltung der vernetzten unsicheren Wissensbasen berichtet SPIES (1993).

Wesentlich ist, daß bei unsicherem Wissen weder der Beweisweg noch eventuelle Beweiswiederholungen unbeachtet bleiben dürfen. HECKERMANN (1986), GROSOF (1986) und andere zeigen, daß bei unsicherem Wissen beliebige Beweiswege zu inkorrekten Resultaten führen können.

Der Vorzug eines solchen Ansatzes ist seine Nutzbarkeit in Expertensystemen und die Tatsache, daß Expertensysteme auf der Basis unsicherer ökologischer Sachverhalte eine wesentliche Unterstützung der Forschungen in diesen Fachgebieten ergeben. Solche Aussagen lassen sich durch Beispiele aus der Medizin belegen.

Expertensysteme sind Softwaresysteme, mit denen das Spezialwissen und die Schlußfolgerungsfähigkeit von Experten auf eng begrenzten Aufgabengebieten rekonstruiert werden soll. Ihr grundlegendes Organisationsprinzip ist die Trennung zwischen Problemlösungsmethoden und Wissen. Daraus ergeben sich ihre wichtigsten Eigenschaften, nämlich Änderungsfreundlichkeit durch Austausch des Wissens bei unveränderter Problemlösungsmethode und Erklärungsfähigkeit durch Angabe des zur Herleitung einer Problemlösung benutzten Wissens. Eine verständliche Einführung in Grundkonzepte der Expertensysteme gibt PUPPE (1990).

Fallbasierte Schließverfahren

Zunächst soll ein kurzer Überblick über die Schließverfahren (reasoning methods) gegeben werden. Sie sind, vereinfacht betrachtet, dadurch gekennzeichnet, daß von bekannten Fakten auf unbekannte geschlossen wird, wobei die unbekannten Fakten den gesuchten Antworten entsprechen. Eine Zusammenstellung wesentlicher Schließverfahren zeigt Abbildung 3. Induktive Verfahren, z.B. Entscheidungsbäume, verallgemeinern das in den Fällen inhärente Wissen, um es dann in den Regeln anzuwenden. In fallbasierten Ansätzen bleibt dagegen die Spezifität einzelner Situationen erhalten, indem zur Problemstellung analoge Erfahrungen gesucht und adaptiert werden.

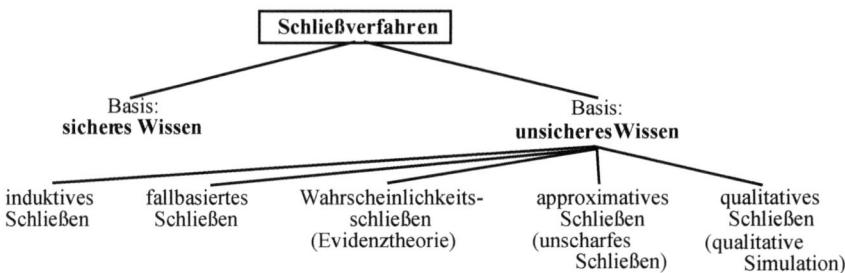

Abb. 3: Zusammenfassung wesentlicher Schließverfahren

Ein Fall wird als eine Problembeschreibung P mit einer zugehörigen Lösung L und einer Erläuterung der Lösung E definiert. Die Vorgehensweise beim fallbasierten Schließen (case-based reasoning, KOLODNER (1993)) entspricht dem Ablauf beim Problemlösen durch den Menschen, wobei sehr oft aus bekannten ähnlichen Situationen – hier Fälle genannt – auf das

Verhalten in einer aktuellen Situation gefolgert wird. Der allgemeine Grundablauf ist in Abbildung 4 skizziert.

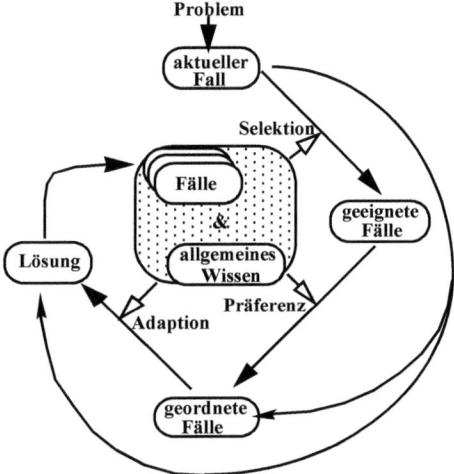

Abb. 4: Phasen des fallbasierten Schließens, UHRMACHER (1998)

Der Lösungsprozeß wird häufig als Simulation bezeichnet. Die Lösung beginnt damit, daß das Problem in Form eines Falles beschrieben wird. Das ist die Ausgangssituation, auf die sich die Vorhersage beziehen soll. Sie dient dazu, geeignete Fälle aus der Fallbasis auszusondern. Die darin dokumentierten Erfahrungen, das in den Fällen enthaltene Wissen, wird nun auf die neue Situation angewandt, um Aussagen herzuleiten. Das Ergebnis einer solchen Problemlösung kann wiederum in die Fallbasis aufgenommen werden und steht dann für weitere Problemlösungen zur Verfügung.

Neben den gespeicherten Fällen und dem neuen Fall beeinflußt sogenanntes Hintergrundwissen die unterschiedlichen Phasen des fallbasierten Schließens. Dieses Hintergrundwissen wird durch die Methoden zur Selektion, zur Bewertung der Nützlichkeit und zur Adaption verkörpert. Unter einer Methode sei ein programmierter Algorithmus verstanden. Eine wichtige Ergänzung bildet die Integration einer expliziten Lernphase in den Problemlösungsprozeß, wodurch die Qualität der Lösung gesteigert werden kann.

Zur Veranschaulichung wird ein einfaches Beispiel angeführt. Es werden Erfahrungen aus der Landwirtschaft – als Fälle – dokumentiert, d.h. Beziehungen zwischen Bodenart, Bodenzustand, Niederschlagshäufigkeit, Beregnungsgrad, Düngungsintensität, Schädlingsbehandlung und Ernteertrag. Die Anfragen betreffen Aussagen über die Notwendigkeit zur Schädlingsbekämpfung und über die zu erwartenden Ernteerträge bei Vorgabe der übrigen Größen. Aus der Analyse adäquater Fälle kann mit den Vorgabedaten – dem aktuellen Fall – eine Lösung generiert werden.

Zur Generierung der Lösung ist neben der Identifikation und Formalisierung von Fällen die Frage wichtig, welche Methode in den einzelnen Phasen genutzt wird und wie das fachgebietsabhängige Wissen, das in einigen Methoden verfügbar sein muß, akquiriert werden kann. Einerseits wird es vom Nutzer vorgegeben, anderseits wird es vom System bei Bedarf aus dem Fall abgeleitet. In den Methoden kann das Wissen in Form von Fuzzy-Mengen oder durch scharfe Meßwerte aus Experimenten eingehen. Beispiele und Vorgehensweisen für fallbasiertes Schließen, auch aus dem ökologischen Bereich, gibt UHRMACHER (1998) an.

Fuzzylogik (unscharfe Logik) für die Modellierung unscharfen Wissens

Die auf ZADEH (1965) zurückgehende Theorie der unscharfen Mengen rückte in der jüngsten Zeit unter dem Begriff »Fuzzylogik« in den Mittelpunkt des Interesses. Sie stellt eine der wichtigsten Methoden zur Verarbeitung unsicheren Wissens dar und wird deshalb ausführlicher betrachtet.

Das Grundkonzept soll an einem einfachen Beispiel erläutert werden. Es ist bekannt, daß die meisten natürlichsprachlichen Eigenschaftsbezeichnungen eher »weiche« Übergänge zwischen den unterschiedlichen Abstufungen haben. Wo liegt beispielsweise das trennende Alter zwischen *jungen, alten* und *greisen* Personen? Bei einer Befragung einer Personengruppe, mit dem Ziel eine Zuordnung zu diesen drei Kategorien vorzunehmen, könnten sich vom Alter abhängige Zuordnungshäufigkeiten ergebe, siehe Abbildung 5. Dabei wurde nur das Alter von 5 bis 90 Jahren betrachtet.

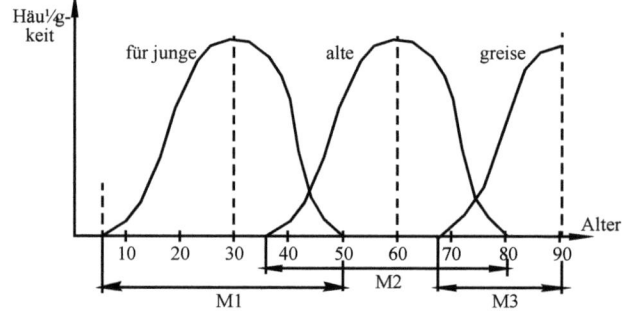

Abb. 5: Streuung der Zuordnungshäufigkeit um einen Mittelwert für junge, alte und greise Personen

In Abbilldung 5 ist ersichtlich, daß es drei verschiedene Mengen gibt, die Menge M1 enthält alle Alterswerte, die als jung bezeichnet worden sind, M2 enthält die Alterswerte der alten und M3 die der greisen Personen. Mit diesen Mengen werden der Basisskala bestimmte Eigenschaften zugeordnet. Die Mengen überschneiden sich, sie sind nicht disjunkt, wir nennen sie Fuzzy-Mengen. Wird jetzt eine Zugehörigkeit definiert, die den Grad angibt, mit dem ein Alterswert zu einer Menge gehört, dann hat man damit eine Abstufung definiert, die eine gewisse Ordnung herbeiführt. Zugehörigkeit definiert eine Intensität, mit der eine Eigenschaft der Basisskala (*jung, alt, greis*) auf ein Objekt (Person) zutrifft. Die Zugehörigkeit wird durch eine Zugehörigkeitsfunktion

$$\mu_A(x) \quad \text{mit} \quad 0 \leq \mu_A(x) \leq 1 \quad \text{und} \quad A \in \{\text{jung, alt, greis}\}$$

bestimmt. Sie sagt aus: eine Person mit dem Alter x wird mit der Zugehörigkeit $\mu_A(x)$ zur Menge A gezählt. Bei Überschneidungen der Mengen kann ein Alterswert durchaus zu zwei Mengen gehören (z.B. das Alter zwischen 36 und 50 Jahren, s. Abb.6).

$\mu_A(x) = 0$ bedeutet: x gehört nicht zu A, $\mu_A(x) = 1$ bedeutet: x gehört völlig zu A, dazwischen können beliebig viele Grade der Zugehörigkeit liegen. Abbildung 6 gibt Zugehörigkeitsfunktionen für die Einteilung von Personen in Altersklassen an. Sehr häufig werden die Zugehörigkeitsfunktionen als Dreiecksfunktionen definiert.

Behandlung unsicheren Wissens bei der Modellierung und Simulation

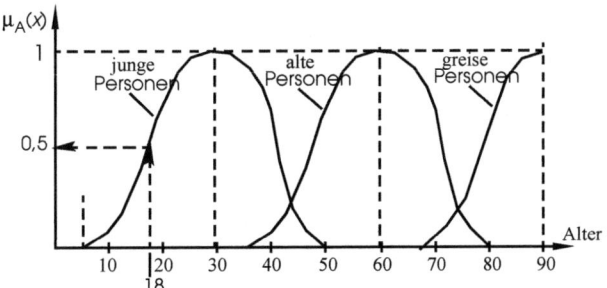

Abb. 6: Zugehörigkeitsfunktionen für das Beispiel der Klassifikation von Personen nach dem Alter

Auf diesen hier nur kurz skizzierten Grundgedanken baut die Fuzzylogik auf, wobei Relationen zwischen Größen hergestellt werden, die Werte wie jung, alt groß, klein, hell, dunkel, dämmrig annehmen.

Dazu ein einfaches Beispiel aus dem Umweltbereich. Es wird für einen Großstadtbezirk eine Beziehung zwischen: Lärmpegel l, Luftverschmutzung v und Migration m (Zahl der wegziehenden Personen bei hoher Umweltbelastung) aufgestellt. Dabei gelten folgende Relationen, die durch Fuzzy-Regeln ausgedrückt werden:

Regel 1: <u>if</u> l <u>is</u> *hoch* <u>and</u> v <u>is</u> *sehr hoch* <u>then</u> m <u>is</u> *überdurchschnittlich*,

Regel 2: <u>if</u> l <u>is</u> *niedrig* <u>and</u> v <u>is</u> *schwach* <u>then</u> m <u>is</u> *niedrig*.

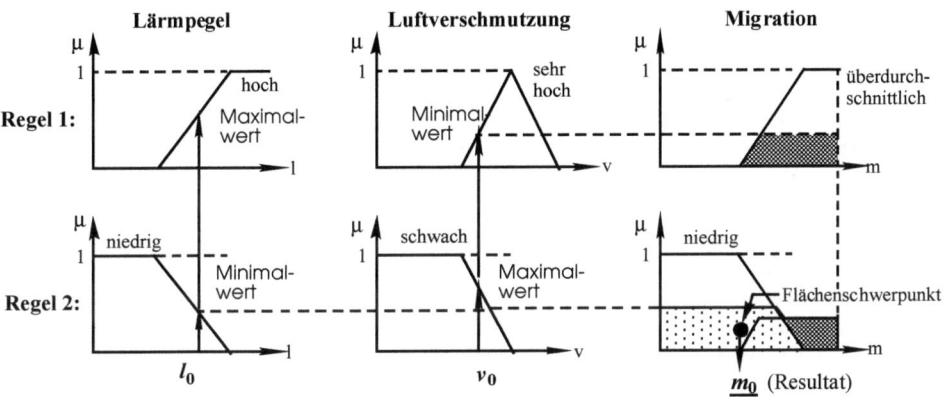

Abb. 7: Zugehörigkeitsfunktionen für das Migrationsbeispiel und prinzipielle Vorgehensweise zur Bestimmung von m_0

Die Zugehörigkeitsfunktionen sind in Abbildung 7 gegeben. Nun stellt sich die Frage nach der Migration m_0 bei gegebenen Werten l_0 und v_0. Mit Hilfe der Gesetze und Rechenregeln der Fuzzylogik kann der Wert m_0 ermittelt werden. Der Ablauf ist in Abbildung 7 skizziert, dabei werden jeweils die Minimalwerte der Zugehörigkeitsfunktionen für die Rechnung genutzt, was einer pessimistischen Betrachtungsweise entspricht.

Im Lösungsprozeß wird jede Regel, die in der Konklusion einen Zugehörigkeitswert größer als Null liefert, in die Endauswertung einbezogen, indem entsprechend der minimalen Werte der Zugehörigkeitgrade der scharfen Inputgrößen (l_0, v_0) die Zugehörigkeitsfunktionen der Migration abgeschnitten werden (es bleiben die Funktionsverläufe, die durch die schraffierten Flächen bezeichnet sind). Diese Flächen der Zugehörigkeitsfunktionen aller auszuwertenden Regeln werden überlagert und der zugehörige Flächenschwerpunkt bestimmt. Sein Abzissenwert markiert den gesuchten scharfen Wert für m_0.

Einen anderen Einsatzbereich der Fuzzylogik bildet die dynamische Verhaltensmodellierung von Systemen, wie sie von SALSKI & BOCK (1998) sowie SALSKI (1999) erfolgreich auf ökologische Systeme angewandt wurde. Hier werden Softwarewerkzeuge vorgestellt und zur Untersuchung der Populationsdynamik von Gelbhalsmäusen (*Apodemus flavicollis*) Fuzzy-Regeln notiert. Ihr Aufbau sei an einem Beispiel erläutert:

> if *gegenwärtige Abundanz* is *gering*
>
> and *Körpergewicht* is *durchschnittlich*
>
> and *Nahrungsmenge* is *hoch*
>
> and *Feuchtigkeit* is *durchschnittlich*
>
> then *Abundanz im nächsten Schritt* is *hoch*.

Zur Dokumentation der erzielbaren Genauigkeit, die mit diesen Ansätzen erreichbar ist, sei auf die Ergebnisse in SALSKI & BOCK (1998) sowie SALSKI (1999) verwiesen.

Bei der Arbeit mit Fuzzylogik kann auf das Softwarewerkzeug MATLAB mit der zugehörigen Fuzzytoolbox, siehe BIRAN & BREINER (1998), zurückgegriffen werden. Es muß jedoch vermerkt werden, daß zur effektiven Regelerstellung ein gewisser Erfahrungsschatz erforderlich ist.

Qualitative Simulation

Qualitative Simulation ist seit ca. 15 Jahren Gegenstand intensiver Forschung (KUIPERS 1986, IWASAKI 1989). Sie ist im Gegensatz zur quantitativen Simulation zu sehen, bei der die Aufmerksamkeit darauf gerichtet wird, wie das Verhalten (von physikalischen, biologisch-ökologischen, technischen u.a.) Systemen korrekt durch ein Computermodell (Simulationsmodell) nachgebildet werden kann. In der qualitativen Simulation wird dagegen die Aufmerksamkeit auf den Versuch konzentriert, zu ergründen, wie Menschen das Verhalten der Systeme verstehen, ohne einen Computer zu nutzen. Anders ausgedrückt, das Modellieren des Verstehens, wie ein Prozeß oder System funktioniert, steht im Vordergrund. Der Ansatzpunkt geht auf die naive Physik zurück.

Bei der quantitativen Simulation wird das Systemverhalten adäquat durch mathematische Modelle (z.B. Systeme von Differentialgleichungen) beschrieben, als Ergebnis liegen dann Zahlenwerte vor. Bei der qualitativen Simulation wird das Systemverhalten durch ein unscharfes qualitatives Modell mit präzisen mathematischen Ausdrücken beschrieben.

Ein Beispiel möge beide Ansätze verdeutlichen. Wir betrachten ein Glas Wasser, das wir in der Hand halten. Öffnen wir die Hand, dann fällt es zu Boden, zerspringt und das Wasser fließt aus. Das System kann einerseits für die quantitative Simulation mittels komplexer Gleichungen beschrieben werden und andererseits für die qualitative Simulation durch den Sachverhalt: *was passiert, wenn wir die Hand öffnen, die das Glas hält?* Es interessieren keine Zahlenwerte, also nicht, wann das Glas den Boden erreicht, wieviel Splitter entstehen und wie sich das Wasser verteilt, sondern nur, daß es den Boden erreicht, daß Splitter entstehen und sich das Wasser verteilt. Dabei sind keine Differentialgleichungen zu lösen, man konzentriert sich auf wesentliche Zustände und Ereignisse. Es wird stark abstrahiert, so daß ein Ansatz vorliegt, der für die komplexen, ökologischen Systeme mit den vielen Unsicherheiten und Unschärfen gut geeignet erscheint.

Es stellt sich nun die Frage nach Art der Systembeschreibung. Dazu existieren zwei Ansätze: das flache Schließen oder *shallow reasoning* und das tiefe Schließen oder *deep reasoning*. Beim flachen Schließen wird das gesamte mögliche Systemverhalten durch die Beschreibung aller denkbaren Situationen abgebildet. Dazu werden *if - then - else* Regeln genutzt, ein Ansatz, der schon bei einfachen Systemen zu sehr komplexen Regelsystemen führt. Das ist dadurch bedingt, daß mit Verhaltenswissen gearbeitet wird und nicht mit Strukturwissen. Ansätze zur Reduktion der Regelsysteme können deshalb keinen durchgreifenden Erfolg bringen.

Beim *deep reasoning* nutzt man dagegen das Strukturwissen über die Systeme aus, FORBUS (1984), CELLIER (1991). Unter dem Begriff *qualitative Simulation* wird überwiegend dieser Ansatz verstanden. Er geht davon aus, daß die Struktur eines Systems bekannt ist, d.h. daß die Zustandsgleichungen vorliegen. Nicht gefordert werden jedoch konkrete Werte für Parameter und Zustandsgrößen. Die Wertemenge, die den Größen zugeordnet wird, besteht aus {-∞, negativ, 0, positiv, +∞, unbekannt}. Eine Integration der Zustandsgleichungen erfolgt nicht, es wird vielmehr mit unscharfen Strukturoperatoren gearbeitet. Mit deren Hilfe kann ermittelt werden, ob z.B. eine Größe mit dem aktuellen Wert »negativ« und steigender Tendenz im nächsten Zeitschritt immer noch »negativ« ist oder den Wert Null annimmt, »positiv« ist hier nicht möglich, da sie zuvor Null annehmen müßte. Eine ausführliche Verfahrensbeschreibung gibt CELLIER (1991) an.

Die Vorteile der qualitativen Simulation liegen in den Möglichkeiten

- zur Untersuchung von Systemen bei unvollständigen Systemkenntnissen. Qualitative Modelle sind u.a. robuster, sie reagieren weniger sensitiv auf Systemveränderungen als quantitative Modelle;
- der einfachen Bereitstellung von Aussagen für Entscheidungsfindungen (z.B. in Expertensystemen);
- zur Ermittlung der gesamten Verhaltensvielfalt eines Systems während eines Simulationslaufes.

Nachteilig wirkt sich aus, daß die Systemstruktur bekannt sein muß und eine qualitative Simulation oft langsamer als die quantitative Simulation ist.

Die Anwendung der qualitativen Simulation auf Ökosysteme, verbunden mit vergleichenden quantitativen Simulationsexperimenten haben HOHMANN & MÖBUS (1997) erfolgreich durchgeführt. Es soll noch darauf hingewiesen werden, daß zahlreiche Softwarewerkzeuge (z.B. QualSim, QSIM, SAPS) verfügbar sind, s.a. bei CELLIER (1991). Mit Hilfe der Werkzeuge sind Modellbeschreibungen und Simulationsexperimente einfach zu realisieren, schwieriger gestaltet sich jedoch die Interpretation der Ergebnisse. Auf Grund der Vielzahl von möglichen Ergebnissen, es kann sogar eine Explosion des Lösungsraumes eintreten, gestaltet sich die Auswahl der Resultate für einen vorliegendes Problem unter Umständen sehr schwierig. Anderseits ist das von Vorteil, wenn die gesamte Verhaltensvielfalt eines Originalsystems analysiert werden soll. Diese wird in einem Simulationsexperiment zur Verfügung gestellt.

Neuronale Netze

Ökologische Systeme und ganz allgemein Umweltsysteme mit ihren vielen Parametern, den Vernetzungen zwischen den Systemkomponenten und ihren massiven Nichtlinearitäten können mit den klassischen Ansätzen (z.B. Differential- und Differenzengleichungen) nicht oder nur schwer modelliert werden. Besser geeignet sind dagegen die oben vorgestellten Ansätze und die neuronalen Netze. Sie sind auch in den Bereichen einsetzbar, wo klassische Verfahren versagen, weil kein oder nur unvollständiges Strukturwissen vorliegt und die Systemparameter nur ungenau bestimmt und bewertet werden können. Die mindeste Voraussetzung zum Einsatz der neuronalen Netze ist die Verfügbarkeit von Meßdaten (Zeitreihen) der Input- und Outputgrößen des Systems.

Neuronale Netze sind geeignet, einen vorhandenen und irgendwie gearteten Zusammenhang zwischen Komponenten und Größen eines Systems, der auch dynamischen Veränderungen unterworfen sein darf, über ein Training anhand vorgegebener Beispieldaten zu lernen. Neuronale Netze sind Systeme, aus vielen einfachen und gleichen Bauelementen – den Neuronen – zwischen denen gerichtete Verbindungen existieren. Die Verbindungen sind gewichtet, d.h. mit numerischen Werten versehen. Das Lernen eines neuronalen Netzes bedeutet eine Veränderung der Gewichte derart, daß die Werte der Outputgrößen des Netzes (des Modells) mit denen des Originalsystems übereinstimmen. Das gelernte »Wissen« ist somit in den Gewichten und Verbindungsstrukturen enthalten (s.a. Abb. 8).

Das Lernen der neuronalen Netze erfolgt automatisiert und kann durch verschiedene Verfahren realisiert werden. Die Anwendung neuronaler Netze wird durch die Verfügbarkeit von Softwaresystemen für die Modellierung und Simulation wesentlich erleichtert. Als Beispiel seien der Stuttgarter-Neuronale-Netzwerk-Simulator, ZELL (1994), und das Simulationssystem DESIRE/NEUNET von KORN (1995) genannt.

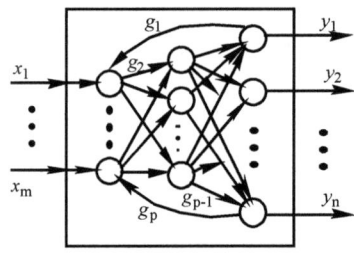

gewichtete Neuronenverbindungen

Abb. 8: Prinzipdarstellung eines neuronalen Netzes zur Berechnung von y_j aus x_i

Bei der Analyse von Umweltsystemen existieren verschiedenste erfolgreiche Anwendungen neuronaler Netze, verwiesen sei auf KELLER & MÜLLER (1997), die einen Überblick geben, und auf eine umfassende Anwendung bei LUTZE & WIELAND (1997) sowie ULTSCH (1995).

Ein verständliche Einführung in die Grundlagen, verbunden mit Beispielen, gibt SCHERER (1997).

4 Zusammenfassung

Der Beitrag gibt einen kurzen Überblick über ausgewählte Methoden und Ansätze zur Modellierung und simulativen Verarbeitung von unsicherem Systemwissen. Unsicheres Wissen bezieht sich auf Unsicherheiten bei der Angabe von Daten (Inputwerte, Parameterwerte) und Strukturen von Systemen. Trotz dieser Unsicherheiten existieren mathematische Methoden, um mit diesen verfügbaren Informationen Aussagen über das System zu generieren. Die Vor- und Nachteile sowie Einsatzbereiche der vorgestellten Methoden wurden diskutiert, und in Tabelle 1 werden die Anforderungen und der Typ der Resultate nochmals übersichtlich zusammengestellt.

Tab. 1: Wertetypen für Input- und Outputgrößen sowie Strukturwissen für die vorgestellten Methoden

Methode	Input	Struktur	Output
regelbasierte Systembeschreibung	scharfe Werte oder unscharfe Werte	grobes Strukturwissen, beschrieben durch Regeln	scharfe Werte oder unscharfe Werte
fallbasiertes Schließen mit scharfen Werten	scharfe Werte	unwesentliche Strukturkenntnisse	scharfe Werte
fallbasiertes Schließen mit unscharfen Werten	unscharfe (scharfe)* Werte	unwesentliche Strukturkenntnisse	unscharf (scharf)*
Fuzzymodellierung dynamischer Systeme	unscharfe (scharfe)* Werte	unscharfe Relationen zwischen den Größen (Fuzzyregeln)	unscharf (scharf)*
qualitative Simulation	keine Wertangaben erforderlich	detaillierte Strukturkenntnisse	funktionaler Verlauf ohne quantitative Werte
neuronale Netze	scharfe oder unscharfe Werte	keine Strukturkenntnisse	scharfe oder unscharfe Werte

Die in Tabelle 1 mit * gekennzeichneten Wertetypen bedeuten: beim Input erfolgt zuvor eine Fuzzifizierung (d.h. ein scharfer Wert wird in einen unscharfen verwandelt) oder beim Output eine Defuzzifizierung (ein unscharfer Wert wird in einen scharfen umgeformt).

Alle Methoden besitzen trotz der noch laufenden Forschungen bereits heute ein breites Einsatzgebiet. Es liegt vor allem im Umweltbereich, in der Ökologie und Biologie, der Medizin, Soziologie und der Ökonomie.

Literatur

BIRAN, A. & M. BREINER 1998: MATLAB für Ingenieure. Addison-Wesley, Bonn.
BOROVKOV, A.A. 1998: Probability Theory. Gordon & Breach, Amsterdam.
BOSSEL, H. 1994: Modeling and Simulation. Vieweg Verlag, Wiesbaden.
CELLIER, F.E. 1991: Continuous System Modeling. Springer Verlag, New York, Berlin, Heidelberg.
DEVORE, J.L. 1997: Probabilty and Statistics for Engineering and the Sciences. Duxbury Press, Pacific Grove.
FORBUS, K. 1984: Qualitative Process Theory. Artificial Intelligence Journal, Vol. 24.
FRYER, G. 1987: Quantitative and Qualitative: Numbers and Reality in the Study of Living Organisms. - Freshwater Biology 17: 177-189.
GLASS, Ä. & R. GRÜTZNER 1998: Datenspeicherung, -auswertung und Prozeßsimulation – Werkzeugentwurf und Anwendung. Universität Rostock, Fachbereich Informatik, Lehrstuhl Modellierung und Simulation von Informatiksystemen. Preprints CS-16-98.

GROSOF, B.N. 1986: Evidential Confirmation as Transformed Probability: On the Duality of Priors and Updates. in: KANAL, L.N. & J.F. LEMMER (eds.): Uncertainty in Artificial Intelligence. North Holland, Amsterdam.

GRÜTZNER, R. 1997: Individual-oriented modelling and simulation for the analysis of complex environmental systems. in: SWANE, D.A., DENZER, R. & G. SCHIMAK (eds).: Environmental Software Systems. Chapman & Hall, London: 316-326.

HECKERMAN, D. 1986: Probabilistic interpretations for MYCIN's Certainty Factors. in: KANAL, L.N. & J.F. LEMMER (eds.): Uncertainty in Artificial Intelligence. Amsterdam: North Holland.

HOHMANN, R. & E. MÖBUS 1997: Qualitative Simulation von Ökosystemen. in: GRÜTZNER, R. (ed.): Modellierung und Simulation im Umweltbereich. Fortschritte in der Simulationstechnik. Vieweg Verlag, Wiesbaden: 103-120.

IWASAKI, Y. 1989: Qualitative Physics. in: BARR, A., COHEN, P. & E. FEIGENBAUM (eds.): Handbook of Artificial Intelligence, Vol. IV. Addison Wesley.

JAKEMAN, A.J., BECK, M.B. & M.J. McALEER 1993: Modelling Change in Environmental Systems. John Wiley & Sons, Chichester, New York.

KELLER, H.B. & B. MÜLLER 1997: Anwendungen neuronaler Netze im Umweltbereich. in: GRÜTZNER, R. (ed.): Modellierung und Simulation im Umweltbereich. Vieweg Verlag, Wiesbaden: 71 -86.

KNEPELL, L.P. & D.C. ARANGNO 1993: Simulation Validation – A Confidence Assessment Methodology. IEEE Computer Society Press Monograph, Los Alamitos, CA.

KOLODNER, J. 1993: Case-Based Reasoning. Kaufmann Publishers, Morgan.

KORN, G.A. 1995: Neuronal Networks and Fuzzy-Logic Control on Personal Computers and Workstations. The MIT Press, Cambridge, MA.

KUIPERS, B. 1986: Qualitative Simulation. Artificial Intelligence, Vol. 29. pp.: 289-338.

LUTZE, G. & R. WIELAND 1997: Fuzzy in der Landschaftsforschung und -modellierung. in: GRÜTZNER, R. (ed.): Modellierung und Simulation im Umweltbereich. Vieweg Verlag, Wiesbaden.

PETERS, R.H. 1991: A Critique for Ecology. Cambridge University Press, Cambridge.

PRETZSCH, H. 1992: Konzeption und Konstruktion von Wuchsmodellen für Rein- und Mischbestände. Ludwig-Maximilians-Universität München. Lehrstuhl für Waldwachstumskunde. Forstliche Forschungsberichte München: 115 S.

PUPPE, F. 1990: Problemlösungsmethoden in Expertensystemen. Studienreihe Informatik. Springer Verlag, Berlin.

SALSKI, A. & W. BOCK 1998: A fuzzy knowledge-based model of population dynamics of the yellow-necked mouse (Apodemus flavicollis) in a beech forest. - Ecological Modelling, 108: 155-161.

SALSKI, A. 1999: Fuzzy-Methoden in der ökologischen Modellierung und Datenanalyse. in: GRÜTZNER, R., & M. MÖHRING (eds.): Werkzeuge für die Modellierung und Simulation im Umweltbereich. ASIM-Mitteilungen 62. Metropolis Verlag, Marburg: 103-114.

SCHERER, A. 1997: Neuronale Netze – Grundlagen und Anendungen. Vieweg Verlag, Wiesbaden.

SOKAL, R.S. & F.J. ROHLF 1998: Biometry - The Principles and Practice of Statistics in Biological Research. W.H. Freeman and Company, New York.

SPIES, M. 1993: Unsicheres Wissen - Wahrscheinlichkeit, Fuzzy-Logik, neuronale Netze und menschliches Denken. Spektrum Verlag, Heidelberg.

UHRMACHER, A. & A. SEITZ 1998: Fallbasierte Simulation ökologischer und biologischer Prozesse. in: GRÜTZNER, R. & J. BENZ: Werkzeuge für die Modellierung und Simulation im Umweltbereich. ASIM-Mitteilungen 61. Metropolis Verlag, Marburg.

ULTSCH, A. 1995: Einsatzmöglichkeiten von Neuronalen Netzen im Umweltbereich. in: PAGE, B., HILTY, L.M.: Umwelt-informatik-Informatikmethoden für Umweltschutz und Umweltforschung. Handbuch der Informatik. Oldenbourg Verlag, München, Wien: 219-244.

WÜSTENECK, K.D. 1963: Zur philosophischen Verallgemeinerung und Bestimmung des Modellbegriffes. - Deutsche . Zeitschrift für Philosophie, Heft 12, 1963

ZADEH, L.A. 1965: Fuzzy Sets. - Information and Control. 8: 338-353.

ZELL, A. 1994: Simulation neuronaler Netze. Addison-Wesley, Bonn

Theorie in der Ökologie

Herausgegeben von Broder Breckling

Band 1 Broder Breckling / Felix Müller (Hrsg.): Der Ökologische Risikobegriff. Beiträge zu einer Tagung des Arbeitskreises „Theorie" in der Gesellschaft für Ökologie vom 4.-6. März 1998 im Landeskulturzentrum Salzau. 2000.

Band 2 Kurt Jax (Hrsg.): Funktionsbegriff und Unsicherheit in der Ökologie. Beiträge zu einer Tagung des Arbeitskreises „Theorie" in der Gesellschaft für Ökologie vom 10. bis 12. März 1999 im Heinrich-Fabri-Institut der Universität Tübingen in Blaubeuren. 2000.